27410

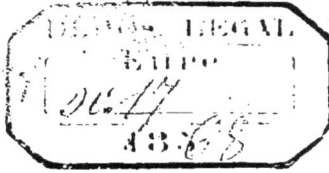
COUPS DE FUSIL

ET

COUPS DE VENT

TYPOGRAPHIE DE FIRMIN DIDOT. — MESNIL (EURE.)

COUPS DE FUSIL

ET

COUPS DE VENT

PAR

HENRY GAILLARD

PARIS

LIBRAIRIE DE FIRMIN DIDOT FRÈRES, FILS ET CIE

IMPRIMEURS DE L'INSTITUT, RUE JACOB, 56

1868

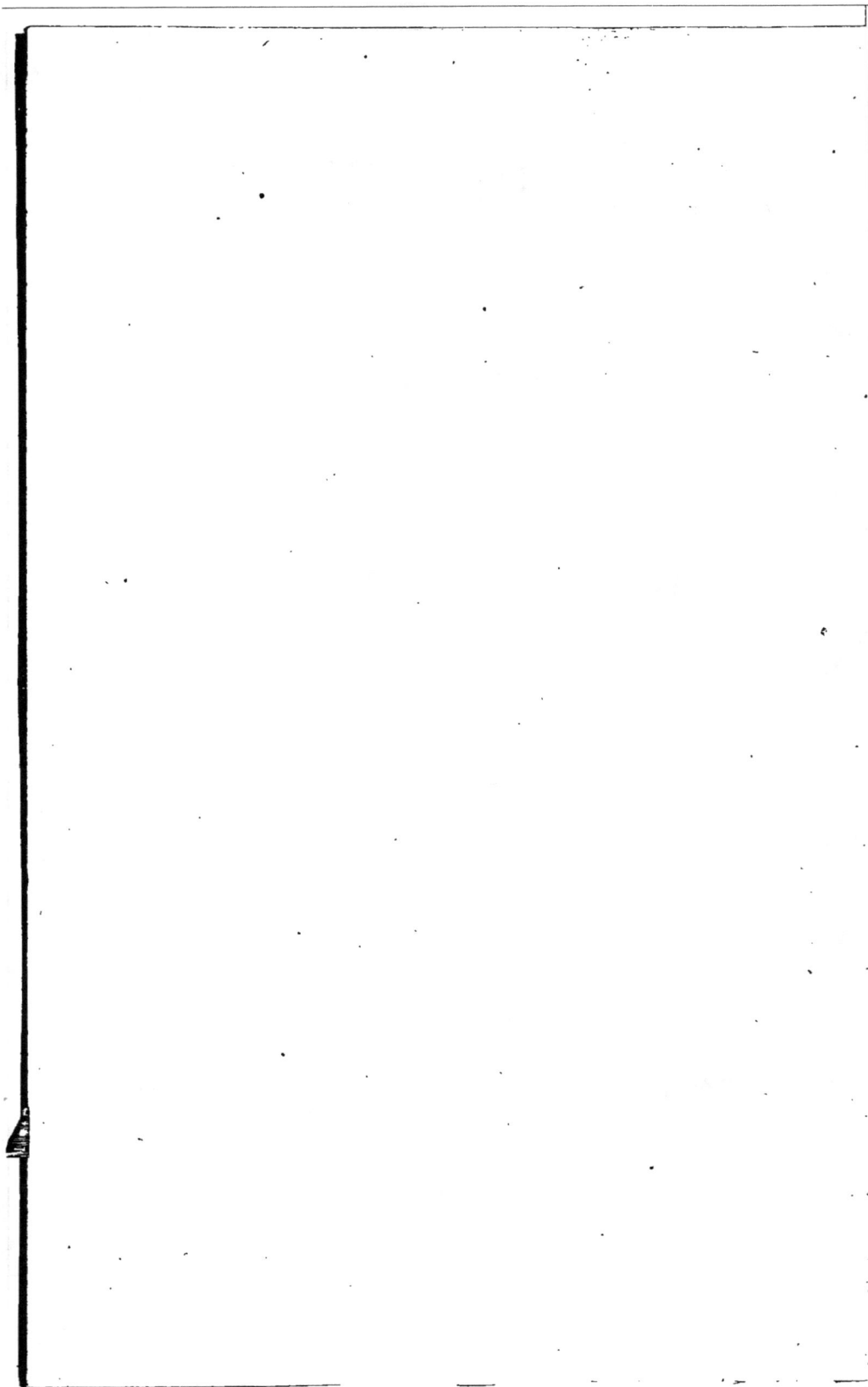

UNE PARTIE DE CHASSE

SUR LES ILES FARALLONES DE LOS FRAYLES

(AMÉRIQUE SEPTENTRIONALE).

UNE PARTIE DE CHASSE

SUR LES ILES FARALLONES DE LOS FRAYLES

(AMÉRIQUE SEPTENTRIONALE).

Dans le courant de l'année 1851, je revenais un matin de faire une de mes promenades quotidiennes aux environs de San-Francisco. Je marchais assez péniblement, ayant reçu sur un genou, peu de temps avant, un violent coup de pied d'une mule sur laquelle je chargeais un daim que j'avais tué. La douleur était même encore par moments assez vive pour me contraindre de m'arrêter durant les courtes excursions qui avaient pour but de me remettre en haleine, et au moment où commence ce récit, après avoir descendu du côté de la ville, la haute butte du télégraphe, qui la domine, je prenais un moment de repos avant de m'engager dans les rues. Appuyé sur un fort bâton, je laissais tristement errer mes regards vers les cimes de la sierra de *los Bolbones*, que le soleil levant commençait à éclairer, tandis qu'à mes pieds le brouillard couvrait encore les eaux de la baie qui me séparait de ces montagnes. L'imagination, allant autrement vite que mes jambes, me reportait par la pensée dans ces belles solitudes témoins de mes exploits cynégétiques, et je maudissais l'accident qui était venu en interrompre le cours, en m'imposant depuis plusieurs semaines une inaction bien pénible : mes rêveries m'avaient même absorbé à ce point que je n'avais pas remarqué un individu arrêté à quelques pas de moi, ou plutôt, comme je ne le connaissais pas, sa présence n'avait pu fixer mes regards, distraits par les souvenirs. Bientôt, cependant, mon inconnu s'approche et engage la conversation suivante :

— Bonjour, Monsieur.

— Monsieur, bonjour !

— Ne vous nommez-vous pas M. Henry, et n'êtes-vous pas venu ici à bord du *Jacques-Laffitte?*

— Je me nomme ainsi que vous l'avez dit, et suis en effet arrivé en Californie sur le *Laffitte*. Mais pourquoi ces questions? Que me voulez-vous?

— Vous faire une proposition que je serais très-heureux de vous voir accepter, ce que j'espère.

— Une proposition à moi? mais je n'ai pas l'honneur de vous connaître, et.....

— Oui, oui, je comprends, Monsieur Henry ; il ne vous convient pas de vous jeter à la tête du premier venu, ce qui est encore moins prudent ici qu'ailleurs, et si moi-même j'ai pensé à vous, c'est qu'un ami commun à nous deux m'a fortement engagé à vous faire part de mon projet : laissez-moi donc vous dire en deux mots de quoi il s'agit, et si la chose vous va, nous aurons promptement fait connaissance.

— Qu'est-ce que c'est? J'écoute.

— Vous connaissez les îles *Farallones?*

— Oui, pour les avoir aperçues dans le brouillard quand nous sommes arrivés.

— Eh bien, quelqu'un m'a assuré que deux ou trois chasseurs pourraient facilement, et en peu de temps, y ramasser trois ou quatre mille dollars en chassant les phoques et les loutres marines qui y sont encore assez communs. Je vous propose donc de venir avec moi et un autre compagnon passer sur ces roches quatre à cinq jours ; ce temps nous suffira pour nous assurer de la vérité de ce qui m'a été dit. Dans ce cas nous revenons ici au plus vite nous approvisionner de tout ce qui nous sera nécessaire, et nous nous hâtons d'aller exploiter les *Farallones,* avant que l'idée en soit venue à un Yankee, ce qui ne saurait tarder. Si, au contraire,

nous ne trouvons rien de ce que nous allons chercher, nous consommons nos provisions de bouche,
nous usons nos munitions de guerre sur les innombrables oiseaux qui peuplent les îles, et nous revenons, après une belle promenade en·mer et une
visite à ces roches, qui sont, à ce qu'il paraît, assez
curieuses. Qu'en dites-vous?

Celui qui venait de me parler ainsi était un beau
garçon de vingt-huit à trente ans, dont la tournure
et le langage m'avaient de suite laissé deviner un
marin, probablement un officier d'un des nombreux navires que la désertion des matelots condam-
nait, sur la rade de San-Francisco, au repos. Cependant, malgré cette pensée, tout à l'avantage de
celui qui l'avait inspirée, j'avais déjà eu tant à me
plaindre d'une connaissance ainsi faite *ex abrupto*
que j'hésitais à répondre lorsqu'il reprit vivement :

— Ah! parbleu, Monsieur Henry, je suis certain
que mon idée vous sourit; seulement avant de me
tendre la main et de me dire : Accepté; vous ne seriez pas fâché de savoir à quoi vous en tenir sur
mon compte... Eh bien, encore un mot, et j'aurai
fini. Je suis venu des Sandwich en Californie,
comme second sur *l'Élisabeth*. Notre équipage, à
peine rendu, a déserté, le navire va être vendu, et
en attendant qu'une bonne occasion se présente

pour moi de rallier les rives de la Loire, je ne serais pas fâché d'utiliser mes loisirs forcés, en empochant quelques piastres sur cette terre de l'or. Maintenant, si je me suis adressé à vous, si je vous ai ainsi fait part de mon idée, c'est que Paul V., votre compatriote, m'a bien assuré que vous étiez homme à la partager. J'ai dit... A votre tour!

Ces dernières paroles avaient été prononcées avec une telle expression de franchise et de cordialité, que, si ce garçon l'eût voulu, je serais immédiatement parti avec lui pour aller bien plus loin qu'aux îles *Farallones,* et je ne l'aurais prié que de me laisser le temps d'échanger mon bâton pour ma carabine; aussi, sans arrière-pensée :

— Accepté, lui dis-je; quand partons-nous?

— Dès que vous serez prêt; j'ai à la petite baie une bonne baleinière, sous la garde de Will Raë, mon matelot, un Yankee. Dans ce gueux de pays, il faut toujours avoir un de ces sauvages avec soi, pour éviter les tracasseries des autorités de la marine, de la douane; du reste, Will est fort comme un bœuf, bête comme une oie, mais bon marin et m'est tout dévoué.

— Très-bien! très-bien! Mais qu'emportons-nous?

— Vos armes d'abord; on m'a dit que vous en aviez un assortiment complet?

— Oui, oui; une forte canardière, une bonne carabine à balle forcée, à double canon, et un excellent fusil de chasse.

— Parfaitement! prenez tout cela, et surtout des munitions. Pendant ce temps, je vais m'occuper des vivres, les porter à bord, nous réglerons plus tard; puis je vous expédie Will, qui vous aidera à apporter votre arsenal et vos bagages. Vous demeurez toujours dans Pacific street?

— Certainement.

— Alors; allez à vos affaires; n'oubliez pas deux couvertures de laine, car les nuits ne doivent pas être chaudes sur ces rochers au milieu de la mer, et dans une heure et demie au plus tard je vous envoie Raë, que vous pourrez sans crainte charger comme un baudet. Au revoir, à bientôt.....

En même temps, nous échangions une poignée de main bien serrée, après quoi nous nous séparions, et sans plus ressentir ma douleur au genou que si elle n'eût jamais existé, je reprenais le chemin conduisant à mon logement; mes jambes pourtant avaient beau avoir retrouvé toute leur agilité ordinaire, elles étaient loin d'aller aussi vite que ma tête.

Je me voyais déjà faisant aux phoques et aux loutres une guerre acharnée; fondant la graisse des premiers pour en extraire l'huile ; empilant les riches fourrures des secondes, et tirant du tout, pour ma part, outre le plaisir de la chasse, des aventures, au moins cinq ou six mille francs.....

Enfin, admettant même une déception sous le rapport positif, quarante-huit heures sur les îles désertes des *Farallones* me permettraient au moins de brûler de la poudre aux dépens des nombreux oiseaux de mer de ces parages, et de satisfaire mes instincts de chasseur.

J'arrivai donc chez moi en caressant les idées les plus riantes. L'ami chez qui j'avais trouvé l'hospitalité voulut bien un peu attiédir mon enthousiasme, mais il perdit sa peine et son temps; en moins de trois quarts d'heure j'avais terminé mes préparatifs, et j'étais prêt depuis plus de vingt minutes lorsque arriva le matelot Will.

Maintenant, pour être franc, il me faut dire de suite que lui aussi me parut très-peu compter sur la réalisation de nos espérances; car pendant que nous nous rendions ensemble à la petite baie, il ne cessa de me répéter : — « Je veux bien croire « qu'il y a eu là bas où nous allons des phoques « et des loutres, mais on ne m'ôtera pas de l'idée « que s'il y en avait encore, d'autres y seraient « allés avant nous. » —J'avais beau lui dire qu'effec-

tivement en 1825, les Russes de *Bodega* avaient en-
tretenu sur ce point un détachement de chasseurs,
mais que depuis cette époque les animaux devaient s'y être multipliés, sa conclusion était toujours : — « Ma foi, Monsieur, mon idée est que nous
« trouverons là-bas plus de misère que d'autres
« choses. » — En parlant ainsi, le pauvre matelot
cédait peut-être à un indéfinissable pressentiment ;
qui pouvait dire en effet quel sort l'attendait?...
Mais n'anticipons pas sur les événements.

Une centaine de pas nous séparaient encore du
rivage de la petite baie au moment où nous vîmes
se dresser, sur un des rochers que baigne la mer, la
haute taille de celui que nous allions trouver, et aussitôt qu'il nous eut reconnus, ses gestes nous firent
le signal de hâter le pas ; puis dès que nous l'eûmes
rejoint :

— Dépêchons-nous, me dit-il, dans une heure et
demie à peu près le reflux se fera sentir, et il nous
faudra en profiter pour franchir la passe de la baie,
et gagner la mer ; mais avant une bordée nous
conduira sur l'îlot de *los Angeles*, là nous remplirons
un baril d'eau, et nous finirons notre chargement
en prenant tout ce que nous pourrons emporter de
bois, car sur les *Farallones*, d'après ce qui m'a été
dit, on ne trouve que des pierres.

Tout en parlant, mon nouveau compagnon, aidé de son matelot, avait, en un tour de main, arrimé ce que j'avais apporté dans l'embarcation, que j'examinais avec un intérêt que je vais expliquer : nous allions entreprendre dans la frêle barque une traversée de plus de sept lieues et demie, puisque l'on compte dix-huit milles (1) de la *Punta de Reyes* à l'entrée de la passe de la baie de San-Francisco, jusqu'aux *Farallones de los Frayles*, et cela dans des parages visités fréquemment par des coups de vent d'une violence capable de compromettre les meilleurs navires.

Mais mon compagnon, devinant sans doute, à ma physionomie, les pensées que me suggérait mon inspection, me dit en riant :

— Eh bien, Monsieur, comment trouvez-vous ma barque ?

— Bien taillée pour la marche, mais peu faite pour porter un grain du sud-est si nous devions en attraper un.

— Oh ! soyez sans crainte, j'ai, par précaution, consulté ce matin le baromètre, et quoique dans cette saison le temps soit variable, je réponds, sur

_____

(1) Le mille marin équivaut à 1852 mètres. — Le mille terrestre à 1609 mètres.

ma tête, de quarante-huit heures de belle mer et de brise maniable comme celle qui souffle en ce moment : embarquons-nous donc, et en route, si nous voulons que la marée nous aide à franchir la barre.

Cinq minutes après, le grapin qui nous retenait étant levé, la voile hissée, nous courions en droite ligne sur l'île de *los Angeles*, appelée également l'île aux Cerfs, parce que quelques-uns de ces animaux traversent parfois le bras de mer qui la sépare du continent pour y chercher un refuge parmi les broussailles épaisses qui la couvrent. J'aurais bien voulu, mon fusil en main, les explorer ; mais mon nouvel ami, que j'appellerai par son nom, Jules Dayrié, s'y oppose ; à peine me permet-il de ramasser, en courant, deux ou trois échantillons des roches stratifiées formant la base de l'île, et une fois notre approvisionnement d'eau et de bois terminé, nous appareillons encore pour franchir les *Golden gates*, ou l'étroite passe qui donne accès dans l'immense baie de l'Eldorado moderne.

Pendant que Dayrié tient le gouvernail, le matelot Raë l'écoute de la voile, je suis à l'avant, accroupi, et prêt à envoyer aux oiseaux de mer voltigeant près de nous la poignée de chevrotines que contient le canon de ma canardière.

Je ne vois rien qui en vaille la peine, jusqu'au

moment où nous doublons la pointe sud de l'île :
là je découvre, à trois encâblures (1) de nous à peu
près, deux pélicans se livrant aux plaisirs de la pêche. L'un d'eux, gravement posé au plus haut point
d'un rocher, le cou tendu au-dessus de l'eau, les
ailes déployées, suit du regard les vols concentri-
ques que son camarade décrit, en les rétrécissant
autour de son perchoir; puis quand les manœuvres
de celui qui fait métier de rabatteur ont réussi, et
que le poisson effrayé s'approche en bande pressée,
le guetteur donne le signal d'une charge à fond. Les
deux oiseaux plongent, se relèvent, secouant la tête
pour avaler le poisson contenu dans la poche qui
garnit la mandibule inférieure de leur long bec,
puis plongent encore, jusqu'à dispersion complète
de leurs victimes.

Malgré mon envie d'essayer à longue portée sur
les pélicans la puissante arme que j'avais en main,
nous étions si désireux de gagner la mer au plus
vite, que je n'aurais pas demandé à Dayrié de se
détourner un instant de la route que nous suivions,
mais un hasard heureux lui en donna l'idée.

Nous découvrions déjà l'étroite passe dans laquelle nous allions nous engager, lorsque nous

_____

(1) Encâblure : mesure marine de 120 mètres.

vîmes au milieu un grand clipper américain, — *le Mandarin,* — qui forçait de toiles pour entrer dans la baie. Sa route coupait la nôtre, et quoiqu'il nous eût été facile, en serrant la rive nord du goulet, de passer à côté du clipper, Dayrié pensa sans doute qu'il était plus prudent d'attendre, puis il me dit :

— Laissons défiler les Yankees ; et, en attendant, essayez donc de tirer un des pélicans.

Aussitôt il ramena le gouvernail de manière à faire appuyer notre embarcation vers le rocher sur lequel les deux oiseaux, l'un près de l'autre, se livraient aux douceurs de la digestion, sans avoir l'air de se douter le moins du monde que notre intention fût de la troubler.

Leur sécurité ne dura pas longtemps. Je presse la détente une fois rendu à 70 ou 80 mètres d'eux, pendant que Dayrié me dit encore : — Attendez, attendez, nous irons plus près, — et tandis que les échos du rivage répètent la formidable détonation, qui gronde au loin comme le tonnerre, je vois avec plaisir que je n'ai pas trop préjugé de ma bonne arme.

Au coup, un des pélicans a étendu sa large envergure, pris son vol en pointant en fusée vers le ciel, mais bientôt nous le voyons hésiter, ses batte-

ments d'ailes se précipitent en vain, il retombe
roide mort à trente pas de nous ; l'autre, foudroyé
sur place, n'a pas bougé.

Tous ceux qui connaissent la vitalité de ces palmipèdes, que protége une couche épaisse de plumes
et de duvet, ne seront pas étonnés de la surprise ad-
mirative que m'exprimèrent les témoins de ce beau
coup de fusil. Le fait est que son résultat avait quelque peu dépassé mon attente.

Mes deux ichthyophages étaient à la lettre bour-
rés de nourriture ; nous sortîmes de leur estomac
une cinquantaine de petits poissons du genre *clupée*,
ressemblant en tous points à nos sardines d'Europe ;
la plupart étaient même encore si frais que notre
matelot Raë se dépitait de ne pouvoir allumer du
feu pour les faire cuire. Quant à moi, je me contentai d'enlever le plus promptement possible les
poches membraneuses garnissant le bec de mes
pélicans, afin de les convertir en blagues à tabac ; et
si je ne les vois pas en ce moment figurer parmi les
nombreux objets qui ravivent le souvenir de mes
courses lointaines, c'est que je les ai perdues à la
suite de l'inexplicable événement que j'aurai bientôt à raconter, et qui pour un peu plus m'aurait
fait perdre bien autre chose.

Enfin, après cet incident nous reprenons notre

course, et, grâce à une petite brise variable, nous dé-
passons la *Punta de Reyes* en gagnant le large, au
moment où arrive un navire français qui la double
pour entrer dans la baie et prendre le mouillage.
De nombreux passagers couvrent son pont; nous
les saluons en passant à contre-bord, par trois cris
de : *Vive la France!* qui nous font reconnaître pour
des compatriotes ; aussitôt nous entendons de confuses exclamations parmi lesquelles dominent ces
mots : Y a t-il toujours de l'or?

— Pas autant que de misère! hurle Dayrié d'une
voix de Stentor ; et ces paroles trop vraies sont pour
les pauvres émigrants la première annonce des déceptions que ménage à leurs espérances cette terre
lointaine cherchée au prix tant de sacrifices, de privations, de fatigues et de dangers.

Autant qu'il m'en souvienne, le navire devait être
le *Rocher-de-Saint-Malo.* Les rudes secousses qu'im-
priment à notre légère embarcation les flots agités
de la barre, à l'entrée de la passe, nous font promptement oublier la rencontre. Nous franchissons
heureusement le difficile passage, en nous tenant
près des terres à bâbord, et nous voilà à tanguer sur
les longues houles de l'Océan arctique.

Jusqu'à cette heure, pendant que nous nous trouvions près des terres, notre baleinière, avec ses vingt-

sept à vingt-huit pieds de longueur, m'avait semblé
bien petite; mais j'avoue que maintenant, grâce à la
pleine mer vers laquelle se dirige son étrave, à mesure que les côtes s'affaissent derrière nous, elle me
paraît une véritable coquille de noix; je le fais re-
marquer à Dayrié, qui, au lieu de répondre à mon
observation, me dit vivement en tendant le bras sur
notre droite :

— A vous! à vous! voyez donc ce phoque. En
effet, portant mes regards vers le point qu'il m'indiquait du geste, j'aperçois, à quarante pas tout au
plus, une grosse tête ronde qui semble flotter immobile sur la vague comme une calebasse. En une seconde, j'eus pris ma carabine et envoyé une balle
à l'objet en question; mais la fumée m'empêcha de
bien reconnaître si le projectile avait atteint le but,
comme l'affirmaient Dayrié et son matelot; je serais assez porté à croire à la vérité de leur assertion,
car le phoque en plongeant se livra à des mouvements désordonnés qui firent au loin jaillir l'eau. Je
ne pense pas néanmoins que la balle ait touché une
partie vitale, puisque nous ne le vîmes plus repa-
raître.

Une heure plus tard, environ, nous aperçûmes
bien à un mille à peu près, sur tribord, un vol nombreux d'albatros fuligineux, qui nous parurent achar-

nés sur quelque épave; mais il nous aurait fallu trop de temps pour aller reconnaître ce qui les attirait, et la brise ne nous était pas favorable; aussi continuâmes-nous à filer vers les *Farallones*, dont les roches noires, dénudées, se dressaient devant nous à toute vue.

A la distance qui nous en sépare encore, il est impossible de deviner ce que nous trouverons sur ces îles; mais à mesure que nous approchons, leur aspect stérile, désolé, me donne à penser qu'elles ne sont faites que pour servir de refuge aux innombrables troupes d'oiseaux aquatiques qui tourbillonnent au-dessus de leurs sommets.

Pendant que je faisais en moi-même cette réflexion, Dayrié consultait attentivement la petite boussole lui servant de compas de route, afin de reconnaître avec précision le point où nous devions atterrir.

Jusqu'à ce moment, au reste, ses observations ne l'avaient pas trompé, puisque nous avions le cap directement sur la partie paraissant la plus accessible de l'île principale du groupe, et d'une étendue d'environ deux milles. Il faut, toutefois, redoubler de précaution, la mer brisant déjà tout autour de nous, et découvrant par moments une longue ligne d'écueils à fleur d'eau. Pour comble de malheur, un banc de brume qui se lève ne nous permet d'avancer qu'à tâtons jusqu'à une petite crique où, nous trouvant un peu abrités contre les lames du large, nous descendons sur une grève plate, couverte de blocs de pierre; laissant aussitôt la baleinière sous la garde de Raë, Dayrié et moi nous nous mettons en quête de l'emplacement où nous pourrons nous installer.

Nos recherches aboutissent bien vite à faire naître la conviction que nous serons partout aussi mal qu'il soit possible de l'être : partout le roc nu, pas un abri contre le vent, l'humidité. L'île, qui présente un ovale irrégulier gisant à peu près du nord-est au sud-ouest, offre à ses extrémités deux monticules pouvant avoir trente-cinq à quarante mètres d'élévation. Leurs pentes, presque abruptes du côté de la mer, forment au centre de l'île une vallée occupant tout son diamètre, et dans laquelle la moindre brise qui s'engouffre souffle avec violence. Afin de nous en garantir, mon compagnon et moi nous élevons au milieu de la gorge un petit mur en pierres sèches; selon le point d'où viendra le vent, nous nous tiendrons d'un côté ou nous passerons de l'autre.

Les pierres que nous employons, excessivement légères, poreuses comme des déjections volcaniques,

me donnent à penser que le groupe des *Farallones*
est le résultat d'une éruption due aux feux souter-
rains, qui ont projeté au-dessus de la surface de
la mer ces preuves de leur action.

Au bout de trois quarts d'heure nous avions élevé
un retranchement ou plutôt un paravent de huit
pieds de long sur quatre et demi de hauteur; je
n'avais prêté à Dayrié qu'un concours souvent interrompu. D'abord un vol de petits échassiers, assez
semblables à l'huîtrier d'Europe, à cela près de la
coloration du bec et des pattes, qu'ils avaient d'un
vert bleuâtre, était venu se poser à une soixantaine
de pas de nous, tout en sifflant comme pour pro-
tester contre l'invasion de leur domaine; un coup
de fusil, qui m'en procura huit restés sur le terrain,
les envoya chercher un gîte ailleurs : puis ce fut le
tour de trois cormorans — *phalacrocorax orogonii* —
qui vinrent sans façon s'abattre à portée de pistolet; un d'eux fut tué roide, pendant que les deux
autres, également· atteints, conservaient assez de
force pour s'envoler et aller plus loin.

Enfin, je finissais à peine de charger mon fusil,
que deux beaux cygnes passaient en allant vers la
côte, tout au plus à soixante pieds au-dessus de nos
têtes; malheureusement je ne pus leur envoyer
qu'une charge de plomb n° 3 : quelques plumes vo-

lèrent comme des flocons de neige ; mais les deux superbes voyageurs n'en continuèrent pas moins leur course.

Toutefois, ce début m'avait tellement enthousiasmé, que les *Farallones* me paraissaient un véritable Éden pour un chasseur, lorsque Dayrié, beaucoup moins fougueux, me fit cette sage observation :

—Ah ! çà, mon cher, me dit-il, savez-vous ce qui arrivera si vous continuez à tirailler de la sorte ?

— Non.

— Eh bien, les phoques et les loutres que nous sommes venus chercher, s'il y en a encore, seront effrayés et émigreront pour trouver ailleurs un refuge plus tranquille. Afin d'éviter ce résultat fâcheux, mais très-probable, je suspendis le feu, à mon grand regret, car à mesure que la nuit approchait des vols innombrables d'oiseaux aquatiques arrivaient de tous les points de l'horizon, et leurs sifflements, leurs cris, dominant le bruit sourd de l'Océan, formaient la plus étrange cacophonie qui se puisse imaginer.

Pendant notre absence, Raë, que nous avions laissé près de la baleinière, avait débarqué toutes nos provisions ; nous les transportâmes immédiatement à l'endroit où nous devions camper, et tout en allant et venant, il nous dit avoir vu à différentes reprises une troupe de phoques d'au moins une douzaine d'individus qu'il avait cru reconnaître pour être de ceux nommés — *Hair-Seal,* — veau marin à un poil. Quoique cette variété présente bien moins de profits à espérer que celle désignée sous le nom de — *Fur-Seal,* — veau marin à deux poils, la nouvelle fut bien reçue; je voulais même de suite me poster à l'affût pour tenter de tuer un de ces animaux, s'ils se montraient encore; mais la brume se levait tellement épaisse, que je dus y renoncer; je ne les aurais pas vus à cinq pas, eussent-ils été gros comme des éléphants.

Il est impossible de se faire une idée de la densité de ces brumes maudites, dans ces parages; ce n'est plus de l'air, de la vapeur, mais presque un corps solide, tangible qui vous enveloppe, vous enserre, et rend la respiration pénible, oppressée.

Comme nous faisions notre dernier trajet de l'embarcation au poste où nous nous installions, il nous arriva un fait extraordinaire, qui fera mieux comprendre que tout ce que je pourrais dire à quel degré d'intensité parvient l'obscurité en pareille circonstance.

Dayrié et Will, le matelot, me précédaient de trois ou quatre pas portant, à l'aide d'un des avirons de notre bateau, sur leurs épaules et suspendu avec

une corde, le petit baril qui contenait notre provision d'eau prise dans l'île de los Angeles. De
mon côté, j'étais chargé de ma canardière et de
la voile de l'embarcation ; nous avancions lentement
à tâtons, évitant les quartiers de pierre épars
sur les rochers, lorsque, sans les voir, et bien sûr
sans être vus d'eux, nous nous trouvons au milieu
d'une bande de gros oiseaux de mer, venus sans
doute pour passer la nuit en cet endroit, où ils
n'étaient pas habitués à être dérangés.

Leur surprise fut aussi grande que la nôtre, car
effrayés, éperdus, il se levèrent sous nos pieds en
criant et en nous battant la figure avec leurs ailes ;
je suis certain que, pour moi, si je n'avais pas
eu les mains embarrassées, il m'aurait été très-
facile d'en empoigner un qui vint me heurter en
pleine poitrine. Tandis que nous riions de l'aventure, nous entendîmes longtemps les cris d'appel
des pauvres effrayés, dont plusieurs, à coup sûr,
durent passer la nuit en pleine mer, une fois
écartés des rochers.

Nos bagages réunis au pied du petit mur élevé
par Dayrié et moi, notre premier soin fut d'allumer
du feu, autant pour nous éclairer un peu que pour
combattre la fraîcheur de la nuit ; mais nous ne
tardâmes pas à comprendre qu'en dépit de nos

prudentes prévisions, il nous manquerait beaucoup de choses, je ne dirai pas pour être confortablement installés, mais pour que la position fût seulement tolérable ; le plus indispensable serait une tente, une baraque quelconque, car sous un ciel pareil il nous parut de suite impossible de bivouaquer en plein air. Tout en faisant les préparatifs de notre dîner, nous décidons, d'une voix unanime, que quoi qu'il arrive nous partirons après-demain, quitte à revenir dans de meilleures conditions, si nous acquérons la certitude, dans la journée du lendemain, qu'il y a quelque chose à faire.

En attendant, pour nous dédommager un peu du malaise extérieur, nous allons, aux dépens de nos provisions, donner ample satisfaction à nos estomacs ; d'ailleurs, comme le dit sentencieusement notre matelot : « Quand l'estomac est content, le reste n'a pas le droit de se plaindre. » Or, je vous jure que bientôt ce noble organe de nos individualités sera forcé de se déclarer satisfait, car sous l'influence apéritive de l'air de la mer, nous livrons à nos approvisionnements une furieuse bataille.

Le moment est opportun pour dire en quoi consistaient nos munitions de bouche : voici le détail de ce qui existait tout à l'heure; mais la brèche est déjà large, je vous le promets.

Nous avions apporté un sac contenant vingt-cinq à trente livres de biscuit de bord.

Six demi-boîtes de sardines à l'huile.

Deux saucissons pouvant peser chacun une livre et demie.

Une caisse contenant six bouteilles de *claret*, — bordeaux, — quatre bouteilles de rhum, et deux d'eau-de-vie; ces deux dernières portant de somptueuses étiquettes avec ces mots : *Old cognac*, sont bientôt reconnues par moi pleines de *s.... chien* très-pur; mais qu'importe? sur les *Farallones de los Frayles,* à quatre mille lieues de ma chère Saintonge, on n'a pas le droit d'être difficile, et je m'en servirai, ainsi que mes compagnons, pour remplacer dans notre café le sucre, qui a été oublié.

On peut voir, après cette énumération, que n'ayant que trente-six heures à passer ici, nous n'avions pas d'inquiétude à concevoir touchant les vivres; d'autant plus que Raë, qui est doué d'un appétit féroce et à qui j'ai abandonné mes pélicans du matin, dont je n'ai pris que les têtes, apporte encore à notre repas un supplément solide, je vous en réponds.

C'est la moitié d'un de ces énormes palmipèdes qu'il a écorché et met comme un beefsteak sur les charbons de notre feu, en nous assurant que rien n'est plus savoureux.

Afin de pouvoir dire un jour, si l'occasion s'en présente, que j'ai mangé du pélican, j'imite Dayrié, qui fait des efforts surhumains pour arracher une bouchée de la cuisse de l'oiseau; mais quoique, plus avisé, je me sois servi un morceau du pectoral, j'abandonne bien vite la partie; car pour venir à bout de pareils filaments il faut avoir jusqu'au fond du gosier ce que ne m'a pas concédé la nature, je veux dire des dents de requin ou, ce qui est la même chose, des lames de rasoir.

En dépit de ma bonne volonté, je ne peux donc écrire que cela : J'ai voulu manger du pélican, mais mes forces ont trahi mon courage. Paix aux hommes de bonne volonté!!

Il ne faut même pas croire que la chose soit facile pour un matelot de la trempe de Raë, car il rend de si fréquentes visites à notre caisse de liquide, sans doute pour faire couler les morceaux avec peine arrachés, que Dayrié lui rappelle ce que j'ai oublié de faire figurer dans la liste de nos provisions, le petit baril qui contient à peu près une trentaine de litres d'eau.

Pendant que le matelot mange toujours, Dayrié divise en trois parts égales le café d'un flacon, trop petit, hélas! et tout en savourant lentement nos portions, entre nous s'établit une intime causerie, bien motivée par l'étrangeté de la situation.

— N'avons-nous pas l'air, me dit-il, de trois malheureux échappés au naufrage et réfugiés sur une île déserte? Je suis certain que si nos parents, nos amis pouvaient en ce moment nous jeter un regard, ils nous prendraient en grande pitié, car ils ne sauraient supposer que nous sommes ici parce que nous l'avons bien voulu.

— C'est très-vrai, mon cher, la position est on ne peut plus pittoresque; j'espère toutefois que si nous nous décidons à revenir ici, nous nous y installerons un peu moins mal. Quoique je sois déjà passablement habitué à coucher en plein air, il me semble que, grâce à cette infernale brume, les nuits doivent paraître longues. Si elle se levait un peu seulement...

— Que feriez-vous donc?

— Après quelques heures de sommeil, je prendrais ma carabine, et j'irais guetter les phoques.

— Eh bien, je crois pouvoir vous affirmer que bientôt, à l'heure de la marée montante, la brume se dissipera; maintenant, si vous le voulez, nous

allons commencer par réaliser la première partie
de votre programme, en dormant un peu.

En ce moment le pauvre matelot, qui avait enfin
terminé son repas, se leva, alluma sa pipe, et nous
quitta pour regagner la baleinière confiée à sa garde
et dans laquelle, nous dit-il, il se trouverait plus
à l'aise couché sur une épaisse peau de bison dont
il s'était muni, que sur notre lit de pierre ; il me
parut dans le moment qu'il n'avait pas tort, car
notre couche n'offrait rien de moelleux. Comme il
s'éloignait, Dayrié lui renouvela une recommandation déjà faite, de bien s'assurer de la tenue du
grapin, qui était pris parmi les rochers; mais le
matelot ne nous répondit que par un *Good night!*
gentlemen, et nous nous mîmes, nous aussi, à faire
nos préparatifs. Pour nous abriter autant que possible, après avoir fixé dans notre petit mur l'aviron
de la pirogue qui avait servi à transporter le baril
d'eau, nous étendîmes par-dessus notre petite
voile ; nous eûmes de la sorte, à peu de frais, la
flèche et les rideaux ; quant aux oreillers, aux
sommiers, aux matelas, des pierres, des pierres,
des pierres partout, pas très-dures, c'est vrai,
mais bien moins sympathiques aux côtes que les
plis de la feuille de rose du sybarite.

En revanche, le mugissement monotone de la

mer, qui nous entourait de toutes parts, à si peu de distance; le choc continu des vagues se brisant avec fracas sur les parois rocheuses de l'île, et qui semblait quelquefois ébranler sa charpente, tout cela était bien fait pour étouffer la surexcitation de l'esprit et le plonger dans un état d'alanguissement précurseur du sommeil, auquel mon compagnon et moi ne tardâmes pas à céder, sans la moindre défiance des cruelles émotions que nous apporterait le réveil.

Il est facile de comprendre que dans la situation que j'ai décrite les préparatifs de toilette pour la nuit soient promptement faits. Aussi, cinq minutes après avoir échangé ces paroles : « — Dormons-nous?..... dormons..... » tous deux, enveloppés de notre mieux dans nos couvertures de laine, étendus sous notre abri par trop insuffisant, puisque nos pieds le dépassaient, nous gisions étendus avec le rocher pour matelas et une pierre pour oreiller.

Quelques oiseaux de mer, sans doute atteints d'insomnie, eurent beau tenter, en criant, de troubler notre repos., ils perdirent leur temps.

Deux ou trois heures plus tard, nous étions tous deux à la fois éveillés par un vif sentiment de froid qui ne nous permettait plus non-seulement de dormir, mais même de demeurer en place.

Un vent assez violent avait dissipé la brume ; la lune, déjà haute au-dessus de l'horizon, commençait à éteindre le scintillement des étoiles, et son rayonnement, dont pas un nuage n'interceptait l'éclat, se reflétant sur les rochers humides, leur enlevait leur lugubre aspect pour les revêtir d'une brillante teinte argentée.

Au loin, — les extrémités du ravin, dont nous occupons à peu près le centre, débouchant en pentes douces vers la mer, — nous voyons les sommets phosphorescents des longues vagues que soulève la brise se heurter et s'étendre en larges nappes qui resplendissent et alternent avec les sombres zones des vallées qu'elles laissent entre elles.

— Eh bien, mon cher, me dit Dayrié après un instant de silence, comment trouvez-vous le décor ?

— Splendide ; seulement il est fâcheux que l'on ait oublié de chauffer la salle : je suis véritablement mort de froid, et si vous m'en croyez, nous rallumerons un peu de feu.

— J'allais vous le proposer ; pendant que je vais m'en occuper, avancez donc vers notre baleinière pour savoir si Raë s'y trouve mieux que nous ici.

— Volontiers.

Ayant aussitôt pris ma carabine, allumé ma pipe, je me dirige du côté de l'endroit où, peu d'heures auparavant, nous avions débarqué. N'ayant vu les lieux la veille qu'au travers de la brume, je ne les reconnaissais pas très-bien; cependant, il est impossible que je m'égare, car la gorge que je suis n'a pas plus de soixante-dix à quatre-vingts mètres de largeur, et c'est à l'entrée que doit se trouver l'embarcation.

Me voilà pourtant arrivé au bord de la mer, et je ne vois rien que des rochers laissés à découvert par la marée basse. Je regarde en vain de tous les côtés, partout des pierres, des roches, mais pas d'embarcation. Je me demande un moment si je suis bien éveillé, je me tourne de toutes parts, j'arpente en tous sens l'étroite grève; rien, rien que des rochers et des volées d'oiseaux de mer qui s'enfuient à tire d'aile. Ah çà, où diable est donc notre baleinière? Je hèle Raë de toute la force de mes poumons, les échos de l'intérieur de l'île me répondent seuls. Tout à coup, pourtant, il me semble entendre au milieu du murmure de l'Océan un cri répondre aux miens... J'écoute, et reconnais la voix de Dayrié, qui, étonné de mes appels, vient en toute hâte me rejoindre, juste au moment où la vérité s'accuse enfin d'une manière irrécusable.

En effet, tout en allant et venant, je me suis heurté un pied contre un corps dur; et me baissant pour reconnaître ce que ce pouvait être, j'ai mis la main sur le grapin de la baleinière, toujours à la place où nous l'avions fixé; je l'arrache avec peine, l'enlève et avec lui deux brasses de corde à peu près, dont l'extrémité, raguée sans doute sur les rochers, ne retient plus notre embarcation.

— Ah, mon Dieu! — s'écrie Dayrié, rendu près de moi. — Qu'est devenu Will? et aussitôt, unissant nos voix, nous poussons des clameurs désespérées, auxquelles l'Océan seul répond et que couvrent presque les battements d'ailes des innombrables oiseaux aquatiques qu'éveille en sursaut la double détonation de ma carabine; mais pas un autre bruit ne vient accuser la présence du matelot aux environs.

Et à cette question, cent fois échangée en cinq minutes : Où est Raë? Qu'est devenue la baleinière? Nous ne trouvons d'autre réponse que celle qui consiste à nous montrer tour à tour l'extrémité de la *bosse* qui la fixait au rivage.

Impossible de conserver désormais l'ombre d'un doute : nous savons ce qui s'est passé aussi bien que s'il nous eût été donné d'y assister.

Quand le vent s'est levé, la mer, devenue clapoteuse dans la petite critique, a imprimé à notre barque des secousses qui ont usé son amarre, et lui ont permis de s'en aller en dérive pendant le sommeil du pauvre matelot.

Quoique cet accident nous mît dans une situation assez critique, puisque nous nous trouvions parfaitement isolés sur cette île, je me rappelle encore avec satisfaction que pendant au moins un quart d'heure, pas une pensée égoïste ne nous vint à l'esprit; ce ne fut qu'après avoir parcouru tout le périmètre de l'île en criant et tirant des coups de fusil, que nous nous prîmes à réfléchir sur l'étrange position dans laquelle nous laissait l'événement. Cependant comme ni l'un ni l'autre, nous n'étions d'un caractère à nous désespérer facilement, voici la supposition que l'espérance nous fit entrevoir, aussi certainement réalisable que s'il ne pouvait en être autrement :

Raë à son réveil, nous dîmes-nous, aura été assez désagréablement surpris, mais ce n'est pas un garçon à perdre la tête; il se sera orienté, et en godillant avec l'aviron resté sur la baleinière, il doit dans la journée de demain arriver au continent; là son premier soin sera sans nul doute de gagner la ville et d'envoyer à notre recherche. Restait, il est vrai, une question assez délicate, et nous ne manquâmes pas de nous demander par quelle nourriture le pauvre diable pourrait soutenir ses forces.

Alors, en nous rappelant qu'un des pélicans était demeuré sous le caillebotis, à l'avant de l'embarcation, nous nous crûmes fondés à espérer que cette triste ressource serait suffisante.

Pourquoi les choses ne se sont-elles pas passées ainsi? Qu'est devenu notre infortuné compagnon? A-t-il été emporté en pleine mer par les courants? Son frêle bâteau s'est-il brisé sur quelque écueil? Dieu seul le sait, car jamais depuis ce jour, ou plutôt cette affreuse nuit, aucun de ceux qui l'avaient connu, n'en entendirent parler, et après toutes les informations que plus tard Dayrié et moi pûmes prendre, il nous fallut revenir à cette désolante question : Qu'est donc devenu le pauvre Raë?....

Je ne saurais dire combien cette nuit nous parut longue; pour comble de malheur, une heure avant le jour, la brume, tout aussi épaisse que la veille, se leva et vint borner la vue à quelques pas.

Trente fois pendant la matinée notre impatience nous ramena vers le lieu où nous avions, le soir précédent, fixé notre baleinière avec le grapin; à chaque instant il nous semblait la voir sortir de la brume et revenir à son mouillage sous la conduite du matelot; mais tout cela n'était qu'illusion. Nous étions bien seuls, nos cris n'éveillaient que les insupportables clameurs des innombrables oiseaux

qui attendaient comme nous sur les roches la venue du soleil.

Enfin, à dix heures à peu près, quelques bouf-
fées irrégulières de vent commencent à souffler,
une brise ronde leur succède; une petite pluie fine,
pénétrante, remplace la brume, et le ciel s'éclaircit.
Aussitôt mon compagnon et moi escaladons en toute
hâte une des croupes qui limitent notre île pour
interroger l'horizon. Élevés comme nous le sommes
au moins de cent pieds au-dessus du niveau de l'O-
céan, et grâce à une excellente longue-vue dont je
suis muni, nos regards scrutent un immense espace;
mais nous ne découvrons pas ce qui nous intéresse.
Rien n'apparaît au large que les vagues qui mouton-
nent, deux grands navires qui louvoient, et plus
près les deux groupes d'îlots des Farallones.

Pendant une heure au moins la longue-vue passe
des mains de Dayrié dans les miennes, pour retourner à celles de mon ami; nos bras sont fatigués de la
tenir braquée sur tous les points du vaste horizon,
nos yeux n'entrevoient plus que de trompeuses ima-
ges : il faut donc nous résigner, et laisser échapper à la fois ces tristes mots, déjà trop souvent venus
sur nos lèvres : Raë est, Dieu sait où..., et : Comment sortirons-nous d'ici?

Étrange contradiction! Chacun de nous était agité

en ce moment par de très-inquiétantes réflexions qui se rattachaient surtout au sort du matelot; eh bien, malgré cela, n'ayant aucun reproche à nous adresser, l'aventure est si originale que nous ne pouvons nous empêcher d'en rire; quand Dayrié me dit avec un grand sangfroid :

— Ah çà! en attendant que l'on vienne nous chercher, ou qu'il nous pousse des ailes pour que nous puissions nous en aller seuls, si nous pensions à déjeuner, qu'en dites-vous?

Sa proposition venait à propos, car en dépit de nos préoccupations je ressentais de temps à autre des tiraillements d'estomac fort significatifs. Après avoir remis ma longue-vue dans son étui en cuir, je suivais mon compagnon déjà lancé sur la pente du mamelon qui nous avait servi d'observatoire, lorsqu'en me détournant une dernière fois du côté des îlots qui faisaient suite au nôtre, je vis sur le plus proche trois phoques se hissant à la queue les uns des autres; j'appelle Dayrié, qui revient près de moi, et nous assistons au débarquement d'une troupe d'au moins cinquante de ces amphibies.

De peur de les effaroucher par notre présence, nous nous sommes étendus à plat ventre, et sous nos pieds, à une distance à peine de deux cents mètres, nous pouvons suivre tous les mouvements

de la bande, dont une grande partie s'ébat encore
en jouant dans le ressac des vagues qui se brisent le
long des rochers.

Cependant, un de ceux qui ont pris terre les premiers a réussi à grimper jusqu'à une petite plate-
forme, point culminant de l'écueil; une fois là, il
se colle sur la pierre comme une énorme sangsue,
fait osciller, durant une minute, sa grosse tête à
droite et à gauche, puis il pousse de sourds hurlements qui invitent sans doute les autres à venir le
trouver, car aussitôt ceux qui folâtraient dans les
brisants quittent à l'envi leur élément de prédilection; alors commence une véritable comédie.

Le roc que les phoques cherchent à gravir est glissant et offre à peine de rares aspérités auxquelles
tous cherchent à se cramponner à la fois avec leur
tête et leurs pattes informes. Un seul, sans se pres-
ser, réussirait à peine; mais bousculés comme ils
le sont les uns par les autres, à chaque instant ils
lâchent prise et dégringolent pêle-mêle dans les
flots, entraînant tout ce qui se trouve au-dessous
d'eux; puis, après quelques plongeons, les assail-
lants reviennent encore à l'escalade. A chaqué assaut quelques privilégiés réussissent bien à conserver les positions conquises, mais le plus grand nombre retombe toujours en avalanche, tandis que ceux

3

définitivement arrivés leur prodiguent des encoura-
gements par des hurlements qui ne discontinuent
pas une minute.

Peu à peu, cependant, le rocher se garnit et disparaît, pour ainsi dire, sous les corps des phoques
allongés au soleil.

— Eh bien! — me dit alors Dayrié, qui a suivi
avec autant d'intérêt que moi toutes leurs manœuvres, — que faire maintenant, puisque nous n'avons
plus d'embarcation?

— Allons déjeuner, mon cher, — lui dis-je en fré-
missant de dépit, — car je meurs de faim, et quand
nous aurons fini, nous reviendrons pour envoyer
à ces maudites bêtes quelques-unes des balles coni-
ques de ma carabine.

Aussitôt, nous opérons notre retraite en nous dis-
simulant, et en écoutant toujours le concert que forment les voix rauques des citoyens des îles Farallones.

La veille, après avoir décidé que notre séjour ne
se prolongerait pas plus de trente-six heures, nous
n'avions aucunement ménagé nos vivres, et notre
premier repas leur avait fait une brèche considé-
rable : on comprend que, désormais, nous allons en
user avec plus de ménagements, puisque nous igno-
rons pour combien de temps nous sommes ici ; aussi,

afin d'augmenter nos ressources, profitant de ce que
la marée basse laisse à découvert des moules, des
patelles collées aux rochers parmi les fucus, nous
détachons quelques poignées de coquillages que
nous faisons cuire sur les charbons ; de plus, on n'a
pas oublié que dans la soirée précédente j'avais tué
d'un seul coup huit petits échassiers de la grosseur
de nos huîtriers d'Europe : quatre d'entre eux nous
servirent de rôti et nous empêchèrent, ma foi! de
regretter le pélican du pauvre Raë.

Malgré tout ce bien-être relatif, il fallait un peu
penser à l'avenir, et sans doute, sous l'impression
de ce qu'il offrait d'incertitude, Dayrié, depuis un
moment, mangeait sans souffler mot. Je remarquai
même qu'il jetait à la dérobée sur moi des regards
soucieux ; et quoique nous ne nous connussions que
depuis bien peu de temps, il m'était impossible de
croire que l'inquiétude personnelle fût pour quelque chose dans sa préoccupation. Comme cette
froideur réservée ne me semblait convenir ni à son
caractère ni au mien, surtout en pareille circonstance, je n'hésitai pas, pour savoir à quoi m'en tenir,
à brusquer l'entretien en lui disant :

— Ah çà! que diable avez-vous donc, mon cher?
vous ne mangez pas mal, c'est vrai, et j'en fais autant ; mais moi je ris quand je me chauffe un peu

trop les doigts en tirant les moules du feu, et si
cela vous arrive, vous jurez, et me regardez avec
un air que je ne m'explique pas. Ma parole! avant
que Vendredi fût venu distraire Robinson, ce dernier ne devait pas paraître plus ennuyé!

Tandis que je parlais, Dayrié me regardait fixement, comme pour deviner si mes paroles un peu
insouciantes répondaient bien à mes intimes pensées, et bientôt, convaincu que je ne lui cachais
rien :

—Comment! me dit-il, vous ne devinez pas ce que
j'ai, ou plutôt ce que j'avais tout à l'heure? car maintenant c'est fini.

— Non, du tout.

— J'étais donc bien fou de me mettre en tête de
semblables sornettes.

— Mais enfin, qu'est-ce que c'est ?

— J'avais peur que la pensée ne vous vînt que si
vous étiez ici, c'était par ma faute, et je craignais de
vous voir m'en garder rancune.

Un de ces bons et sonores éclats de rire, qui prou-
vent mille fois mieux que les paroles combien la
tête et le cœur sont libres de toutes restrictions,
ayant interrompu Dayrié :

— Oh! bien, reprit-il, puisqu'il en est ainsi, je
vous jure que vous ne resterez pas longtemps dans

cet abominable trou, quand je devrais aller en nageant jusqu'à la terre ferme...

Le brave garçon eût été assez fou pour le tenter ; heureusement il n'eut pas besoin de me donner cette preuve de dévouement, et en attendant l'heure de notre délivrance, à partir de cette conversation, nous sûmes vivre en frères, et alléger autant que possible l'un pour l'autre les misères qu'il nous fallut endurer.

. Dès que nous eûmes fini de déjeuner, Dayrié prit ma canardière, fortement chargée, moi, ma carabine, et nous partîmes pour aller souhaiter la bienvenue aux phoques, cause innocente de notre mésaventure.

Lorsque, avant notre déjeuner, nous avions vu les phoques sortir de l'eau et se grouper sur un des rochers, quoiqu'il leur fût facile de nous apercevoir, puisque nous étions à découvert sur le sommet de notre île, aucun d'eux n'avait paru s'inquiéter de notre présence. Malgré la confiance dont ils nous avaient donné une preuve, nous décidâmes d'agir avec précaution. En conséquence, Dayrié convint d'aller se poster sur un mamelon adossé au sommet culminant, tandis que je m'avancerais sur une petite chaussée, laissée à sec par la marée basse, jusqu'à deux grosses roches qui s'élevaient à 80 mètres environ des amphibies.

Tout se passa comme nous, en étions convenus ; je
n'étais pas même encore à mon poste, qu'en levant
les yeux vers celui que devait atteindre Dayrié, je
vis la haute taille de mon ami qui se confondait
avec la masse sombre du morne le long duquel il s'appuyait ; mais, à ma grande surprise, un de ses bras
tendu me faisait des signes auxquels d'abord je ne
compris rien. Tout ne me fut expliqué qu'au moment où j'atteignis mon affût : la plupart des phoques descendus à la mer prenaient encore leurs ébats
au milieu des brisants ; une douzaine seulement
étaient restés paresseusement étendus sur le rocher,
et entre autres leur doyen sans doute, une énorme
bête qui occupait le point le plus élevé. Il était là
comme entouré de ses gardes du corps qui répondaient à ses beuglements par un chœur d'une harmonie contestable, mais toutefois admirablement
en accord avec l'aspect sauvage et grandiose de la
scène. Je fus tellement frappé de l'étrangeté du
spectacle, qu'oubliant, durant quelques minutes, le
motif qui m'amenait, je conservai une attitude
passive, me contentant de regarder.

Bientôt pourtant je fus rappelé au rôle que je devais jouer par une sensation physique assez désagréable. La mer montante couvrait déjà en partie
l'étroit chemin que j'avais suivi, et les petites lames

qui se brisaient à mes pieds ne respectaient plus mes longues bottes de mer, en un mot, j'avais les pieds dans l'eau qui croissait à vue d'œil ; il ne m'était plus possible d'attendre, sous peine de courir la chance de voir ma retraite interceptée. Appuyant donc le canon de ma carabine sur le rocher qui m'abrite, j'ajuste avec un soin extrême le gros veau marin placé au-dessus des autres, et, en vérité, il semble être de moitié dans la partie que je veux jouer. Tout à l'heure, en effet, il se présentait la tête en avant dans une position désavantageuse pour le tir ; tandis qu'un léger mouvement de conversion sur sa gauche me découvre son cou et presque toute sa large poitrine. Je vise un peu bas, dans l'espoir que si ma balle baisse avant d'arriver au but elle ricochera sur la pierre ; puis je fais feu.

A peine la fumée du coup s'est-elle envolée que j'aperçois tous les phoques à la mer formant une masse confuse. Ai-je manqué ?, ai-je touché ? Je n'en sais rien, et demeure sur place dans le doute, jusqu'à l'arrivée de Dayrié, qui me rejoint en courant et bondissant de roche en roche comme un vrai chamois.

Je l'entends me crier, bien avant qu'il m'ait atteint : — Il y est ! il y est ! allons le chercher.....

J'aurais certainement été fort content de pouvoir

prendre possession de ma victime ; mais j'avoue que
l'enthousiasme empressé de Dayrié ne me gagna en
aucune façon ; aussi lorsqu'il est rendu près de moi,
et pendant qu'il exalte à tort mon adresse, puisque
j'ai tiré ma carabine étant bien appuyée, je lui demande comment il entend que nous allions chercher la bête.

— Parbleu ! mon cher, me dit-il, en nous mettant à l'eau ; rien de plus facile : à nous deux nous
la pousserons devant nous.

Prêt à joindre l'action à la parole, il a déjà dé-
boutonné son paletot tout en ajoutant avec un magnifique sang-froid :

— Oh ! mais, mon cher, si cela vous contrarie de
vous mettre à l'eau, j'irai bien seul... Qu'en dites-
vous ?...

— Ce que j'en dis ?

— Et, oui, dépêchons-nous donc...

— Eh bien ! mon cher, oui, je dis comme vous,
dépêchons-nous, mais à rallier l'île... Tenez, tenez, regardez-donc !

Comme je finissais, une vague un peu plus forte
que les autres brisait, non à nos pieds, mais le
long de nos jambes, emplissant nos grandes bottes
à demi, prouvait mieux que mes paroles combien
la place était peu tenable.

— Ah ! diable ! me dit Dayrié, alors, vous allez emporter mes affaires... Attendez-donc une seconde seulement...

Mais, je ne l'écoutais plus, et sautant, barbottant dans l'eau jusqu'aux genoux à deux ou trois endroits, j'arrivai à l'abri de la lame qui couvrait déjà presque toutes les grosses pierres de la chaussée, et force fut à mon compagnon de me suivre.

Une fois en sûreté, j'interromps les exclamations de dépit, et quelques reproches même que m'adresse Dayrié, pour lui demander ce qui s'est passé à mon coup de feu; placé ainsi qu'il était, pas un détail n'a dû lui échapper.

— Avant même d'entendre l'explosion de votre carabine, me dit-il, j'ai vu le gros phoque se mâter tout debout sur la queue comme un cheval qui se cabre, puis il est retombé lourdement la tête en avant et a dégringolé à la mer entraînant ceux qui étaient au-dessous de lui. Mais, montons donc vite là haut pour voir ce qu'il est devenu, peut-être le courant le portera vers nous; dans ce cas, sur ma parole, j'irai le prendre à l'abordage.

Moins de cinq minutes après, nous avions gravi les rochers dont l'élévation avait permis à Dayrié de juger du résultat de mon coup de feu, et nous pouvions nous convaincre que celui qui en avait été

3.

victime était à tout jamais perdu pour nous: ses camarades l'emmenaient au large. Deux des plus forts
poussaient devant eux le cadavre du défunt flottant
le ventre en l'air à la surface ; nous distinguions parfaitement ses formes, et derrière, leur faisant escorte, tous les autres nageaient en troupe pressée ;
c'était dans toutes les règles un véritable convoi
funèbre.

Maintenant, dans quel but ces animaux en agis-
sent-ils ainsi ? Pourquoi s'empressent-ils de soustraire
à leurs ennemis ceux qui ont été frappés ? Après avoir
été une autre fois témoin d'un fait pareil, je n'hésite
pas à croire qu'en agissant ainsi, ils obéissent à un
instinct que développe chez eux la sociabilité, et je
ne doute pas que leur intention ne soit d'arracher au
danger leur camarade, alors qu'ils ne se rendent
pas compte que le danger n'existe plus pour lui.

Ce sujet allait me lancer dans une dissertation
philosophique ; mon ami m'arrêta court en me disant :

— Le diable emporte les maudites bêtes ! je parie
que nous n'aurons seulement pas la consolation de
rapporter à San-Francisco un morceau de leurs
peaux. Qu'en pensez-vous ?

Les phoques étant déjà si loin que nous ne les distinguions presque plus, ces paroles me rendirent

la conscience de notre position, et je répondis en demandant à mon tour, quand et comment il nous serait possible de quitter les Farallones?

— Je ne suis certainement pas inquiet, ajoutai-je; mais s'il est arrivé malheur au pauvre Raë, nous pourrions bien être ici pour un quartier d'hiver; à moins que V....., qui vous a parlé de moi, et à qui vous avez dit que notre absence ne durerait que deux ou trois jours, ne nous voyant pas revenir, ait le bon esprit de nous envoyer chercher : n'est-ce pas votre avis?

— Parbleu! mon cher, c'est même là, selon moi, notre seule chance de salut; puisque, depuis ce matin, sans vous le dire, car ce n'est pas fort gai, j'examine les courants qui règnent au milieu des îles, et j'ai bien peur que la baleinière et Raë ne soient déjà en pleine mer... Ah! sacrédié! quelle triste idée j'ai eue de venir ici... Pourtant, comme il ne faut pas oublier qu'il est écrit : « Aide-toi, le ciel t'aidera, » nous avons une chose à faire de suite.

— Qu'est-ce que c'est?

— Il faut que nous allions planter sur le morne de l'île qui domine le côté où passent les navires l'aviron qui est ici, il nous servira à établir, comme signal de détresse, un pavillon que nous mettrons en berne.

— Excellente idée! et quelles couleurs allons-
nous arborer?

— Celles de l'Union, cela va sans dire; et pendant que je vais arranger la drisse et le mât, tâchez
seulement de me procurer quelques oiseaux, leur
sang me servira, un mouchoir de poche fera le
reste.

Une heure était à peine écoulée que nous étions
tous les deux au pied de notre mâtereau, regardant
défiler deux grands navires gagnant tous les deux la
baie; mais ils étaient si loin que nous ne pûmes reconnaître leur nationalité; et nous hissâmes et
amenâmes en vain notre petit drapeau pour attirer
leur attention, ils continuèrent de faire route.

La nuit approchant nous surprit encore en vigie;
mais n'ayant plus rien à faire sur ce piton déjà couvert par la brume du soir, nous descendîmes dans
notre vallée tout en formant des plans pour édifier le
lendemain une cahute en pierre devant mieux
nous abriter que notre petite voile.

Quoiqu'il nous fallût par prudence ménager nos
provisions, notre dîner fut assez confortable, et la
fête se trouva même égayée par une malheureuse tentative de Dayrié, qui eut pour résultat de nous faire
rire comme des fous.

Nous n'avions que très-peu de bois, et afin de le

conserver pour la cuisson des coquillages et des oiseaux de mer, mon ami s'imagina d'employer
comme combustible des plaques de fiente laissée
par les palmipèdes sur les rochers. — « Je suis sûr,
me dit-il, que cela brûlera bien. » — Trop bien,
hélas ! car, en un instant, nous fûmes entourés par
une abominable fumée répandant une odeur si insupportable que nous dûmes quitter la place et
nous sauver au plus vite. Je n'ai jamais rien respiré
de pareil. Mon pauvre ami, qui, en sa qualité d'in-
venteur de ce nouveau combustible, avait voulu tenir bon, fut pris d'une telle quinte de toux après
avoir avalé une bouffée de fumée, que je dus craindre
un instant que son dîner ne lui profitât pas longtemps.

Maintenant, je ne jouerai pas à mes lecteurs le
mauvais tour de continuer à leur raconter en détail,
ainsi que je l'ai commencé, tous les incidents de
notre séjour sur les Farallones; les onze journées
que nous y demeurâmes finiraient, sans nul doute,
par leur paraître encore plus longues qu'à nous,
ce qui n'est pas peu dire, et j'abrégerai mon récit
en ne relevant que les faits les plus saillants.

Les quatre premiers jours passés, il nous fut impossible de supposer que Raë avait eu la bonne fortune de gagner la terre, car, dans ce cas, il n'aurait

pas manqué de nous envoyer chercher au plus vite,
et le temps déjà écoulé eût été bien suffisant pour
lui permettre d'arriver lui-même ou de nous expédier une embarcation. Nous ne devions plus rien
attendre que de nous ou du hasard, si ceux de
nos amis sachant où nous étions nous oubliaient.
Le cas était ainsi grave, on le voit, mais non dé-
sespéré; et, Dieu merci! cette conviction, au lieu
de nous abattre, nous éleva, Dayrié et moi, à la
hauteur de notre situation.

Afin de ménager la poudre et le plomb, je cessai
de tirailler à tout propos; je perdais une distraction
agréable, mais nous conservions la certitude de
pouvoir nous procurer encore longtemps la facilité
d'abattre les oiseaux destinés aux repas; avec les
moules et les patelles collées aux rochers, nous
avions les vivres assurés.

Un effroyable coup de vent, qui régna pendant
toute la sixième journée de notre détention, nous
permit même de nous former une singulière réserve.
Dans l'après-midi, pendant que l'ouragan boulever-
sait la mer autour de nous, soulevant des lames
monstrueuses qui se brisaient en inondant les récifs
avec un épouvantable fracas, une bande d'une centaine de courlis s'abattit dans notre ravin; ces pauvres échassiers étaient tellement fatigués par leur

lutte contre la tempête que leurs ailes, leurs pattes même leur refusaient tout service, et ils nous arrivaient absolument comme la manne aux Hébreux dans le désert, il n'y avait qu'à se baisser pour les prendre. Cependant lorsque nous eûmes lestement tordu le cou à une demi-douzaine :

— Assez de morts, criai-je à Dayrié, gardons-les en vie; arrachons leur les plumes d'une aile.

Et, aussitôt nous voilà tous les deux à nous former une basse-cour de plus de trente courlis mis dans l'impossibilité de fuir, avant que le reste de la troupe, effrayée par les sifflements aigus de ceux que nous prenions, et un peu remise par un instant de repos, ait pris la fuite.

Deux ou trois jours passés, rien n'était plus curieux que de voir nos captifs errant tristement autour de nous, en poussant leurs cris sonores comme pour nous reprocher notre cruauté à leur égard.

Bientôt, pourtant, ils devinrent assez familiers et nous nous amusions beaucoup, Dayrié et moi, à voir leurs longs becs attaquer les moules que nous leur donnions avec une des valves enlevées; de plus, je hachais les intestins des oiseaux que nous faisions cuire et les leur distribuais; ces roches arides n'offrant presque aucune nourriture aux pauvres captifs, il nous fallait y suppléer.

A la suite du mauvais temps dont j'ai parlé, une abondante pluie nous avait permis de faire une ample provision d'eau douce, nous avions rempli notre petit baril et toutes nos bouteilles vides; de ce côté donc, pas d'inquiétude pour le moment; mais il ne nous restait presque plus de bois, quoique nous l'eussions ménagé autant que possible, et sans bois pas de feu, et sans feu il nous faudrait renoncer aux oiseaux, ou les manger crus, triste alternative!

Nous demeurons la plus grande partie de nos jours sur le sommet qui domine le passage des navires; presque continuellement nous en avons quelques-uns en vue; mais à bord d'aucun on ne remarque nos signaux de détresse ou du moins on n'y répond pas. Dayrié, au reste, ne compte pas plus que moi sur leur intervention, et ce qui nous retient le plus à notre observatoire, c'est l'espérance de découvrir du côté des passes de la baie de San-Francisco la petite embarcation envoyée à notre recherche par nos amis inquiets.

Je ne crois pas qu'une seule pensée de découragement ait encore effleuré nos esprits. Cependant, je remarque chez Dayrié quelques symptômes d'abattement qui m'inquiètent; ce brave garçon, si bien favorisé de la nature sous le rapport physique, faiblirait, je le crains, plus tôt que moi, qui n'ai que mon énergie morale pour soutien ; heureusement que je me sens de force à en avoir pour deux. Je ne laisse plus un seul instant mon ami face à face avec ses idées intimes ; je l'arrache malgré lui aux préoccupations qui l'obsèdent, si bien qu'à la fin nous ne faisons plus qu'un : lui est le corps, et je suis le souffle qui l'anime.

Au moment le plus triste de la journée, le soir après notre dîner, quand nous avons soigneusement éteint notre feu pour conserver au lendemain quelques maigres tisons, avant que le sommeil vienne et avec lui l'oubli du présent, les chimères des rêves, j'évoque mon répertoire de Béranger ; il est heureusement assez complet, et, sans me répéter, je peux longtemps lui faire appel ; Dayrié m'écoute avec un vif plaisir qui n'accuse pas un sentiment bien délicat de la mélodie, il est vrai, puisque je fais preuve de beaucoup plus de bonne volonté que de voix, mais le temps passe, le sommeil vient ; et, sans m'en attribuer tout le mérite, je m'endors tranquille, mon but est atteint.

Ainsi se termine notre dixième journée sur les Farallones. Le lendemain matin, dès l'aurore, j'étais à l'endroit d'où j'avais déjà tiré sur les phoques, à l'affût d'un de ces animaux qui y venait souvent. La mer, qui montait, battait déjà l'étroit passage que j'allais reprendre pour m'en aller, les cris perçants de mes courlis me rappelaient l'heure de leur déjeuner, pendant que je pensais aussi au nôtre, quand, à mes pieds, se dresse dans le brisant de la lame le phoque que j'attendais. D'abord je ne me rends pas compte de ce qui m'apparaît, car je ne distingue qu'un magnifique poisson du genre *gadoïde*, espèce de morue ; mais bientôt je m'aperçois que le veau marin apporte son déjeuner en travers dans sa bouche, et en même temps je lui envoie, presque à le toucher, le contenu de ma canardière, c'est-à-dire une balle de deux onces, et quarante chevrotines par-dessus le marché. L'effet des projectiles à si peu de distance fut effrayant ; pas un ne s'était égaré, ils avaient presque entièrement coupé le cou de l'amphibie, qui resta inerte sur place. Dayrié, accouru au bruit de l'explosion, m'aide à le remorquer avec une longue corde, et nous réussissons, non sans peine, à le mettre à sec sur la petite plage de notre île. Quoique ce fût encore un jeune animal, ce que je reconnus à l'inspection de ses dents, il avait déjà près de cinq pieds et demi de longueur.

Ainsi se terminèrent mes exploits cynégétiques sur les Farallones ; après notre repas du matin, et

quel repas, bon Dieu! chacun une sardine à l'huile
et un peu de biscuit trempé dans du vin, car nous
n'avions plus un atome de bois pour faire du feu,
et les moules, les patelles crues répugnaient à nos
estomacs, je m'amusais, en distribuant à mes courlis des petits morceaux de la chair de phoque, les
pauvres oiseaux me suivaient presque comme des
poulets. Tout à coup, je vois Dayrié accourir, je
l'entends me crier d'une voix entrecoupée par l'é-
motion :

— Sauvés! sauvés! nous sommes sauvés! voilà Raë.
En même temps il s'élance vers moi, me prend
dans ses bras, et sa joie me donne la mesure précise
de l'inquiétude qu'il avait pu concevoir sur notre
sort. Malheureusement, il s'était trompé, ce n'était
pas le matelot, mais notre ami V..... et le pilote
Jack Brown par lui affrété pour venir savoir ce qui
nous était arrivé.

On devine mieux que je ne saurais le dire ce
qui se passa au moment où nos libérateurs débar-
quèrent. Nos vêtements, souillés, mouillés, nos
figures déjà légèremnt amaigries, fatiguées, disaient assez hautement ce que nous avions éprouvé
de misères et celles qui nous menaçaient.

Deux heures plus tard, nous quittions les phoques des Farallones; et à l'arrière de l'embarcation

qui nous emportait, j'écoutais les cris plaintifs que poussaient en courant dans notre vallée de douleurs mes pauvres courlis presque apprivoisés ; tout en me disant pour me consoler de les abandonner ainsi : — « Bientôt, Dieu leur rendra ce que nous leur avons pris, les ailes et la liberté. »

UN DUEL AU CAP HORN.

UN DUEL AU CAP HORN.

Nous comptions déjà cinq mois de mer, et, selon toutes les apparences, il nous en fallait encore au moins deux pour arriver au terme de notre voyage.

Nos deux cents passagers, après avoir usé et abusé de tous leurs petits talents de société afin de se distraire et de tromper les ennuis d'une aussi longue traversée, ne savaient plus qu'inventer.

Le maître d'armes avait tellement instruit ses élèves, que, pour éviter toute humiliation, il avait lui-même mis les fleurets hors de service.

Depuis longtemps les vents de l'océan Austral avaient emporté les derniers accords d'un cornet à piston, d'une clarinette et d'un trombonne, dont les trios avaient eu jusque-là le mérite d'écorcher presque tous les soirs nos oreilles et de donner, les dimanches et les jeudis, le *delirium tremens* aux jambes de nos danseuses.

Grâce aux liquides fournis par la cambuse du navire, les cordes vocales des gosiers de nos chan-
teurs s'étaient tellement détendues, que l'on eût dit
l'orage soufflant dans nos agrès. La chansonnette
même n'était plus tolérable.

Les premiers sujets de la comédie bourgeoise
avaient donné leur démission, le public sachant les
rôles beaucoup mieux qu'eux et leur donnant sans
cesse la réplique.

Enfin les damiers manquaient de pions, les cartes
n'avaient plus besoin d'être tournées pour être reconnues : par contre, les boules des lotos et les car-
tons n'offraient plus que des hiéroglyphes indéchif-
frables ; les jeux de dominos étaient incomplets, les
bilboquets usés. Bref, les jours devenaient d'une
longueur et d'une monotonie désespérante. Si l'on
remplace tout ce qui nous manquait alors, par les
bourrasques continues du cap Horn avec sa grosse
mer et son ciel inclément, on comprendra sans peine
que nous en étions réduits à redouter de voir la nostalgie envahir le navire, quand un incident vint fort
à propos égayer les caractères aigris et nous faire
oublier nos misères passées et celles qui nous menaçaient encore.

Parmi les nombreux passagers qui avaient confié
au *J.... L...* leur personne et leurs espérances, était

un Breton à l'encolure épaisse, aux larges épaules, et doué d'une vigueur peu commune, mais, par contre, d'une naïveté que ses camarades qualifiaient souvent d'un nom plus expressif. Aussi lui avaient-ils déjà fait voir, au moyen d'un fil introduit dans une longue-vue marine, l'équateur et les tropiques, puis au cap Horn, il avait joui d'un spectacle autrement étrange et rare.

Une puce, introduite dans le champ de la puissante lunette du capitaine, lui avait permis de distinguer un monstre se débattant à la surface de la lune. C'était à ne pas en croire ses yeux. Toutefois B... avait vu, si bien vu, que le doute n'était plus permis, et dans une lettre destinée à la poste de Valparaiso, notre Breton avait tout au long narré le fait à sa famille, ajoutant que la contemplation d'un pareil phénomène valait à elle seule le voyage du cap Horn.

Cependant tous ces sujets de distraction se trouvaient épuisés, l'esprit inventif de nos loustics était à sec, lorsque je leur vins en aide sans prévoir les suites fâcheuses qu'aurait pu avoir la plaisanterie.

— Messieurs, dis-je un soir à un groupe de passagers dont B... faisait partie, demain nous serons dans le parage où l'écume de mer pétrie avec un peu

4

de farine, a la propriété de se solidifier, et fournit
la matière qui sert à fabriquer les véritables pipes
d'écume : si le temps nous favorise et que la lame
brise à l'avant, faites donc vos provisions.

J'ai honte de le dire, j'exploitais, en parlant de la
sorte, la confiance que me témoignaient presque
tous nos passagers, et je ne trouve aujourd'hui d'excuse qu'en rappelant le besoin que nous avions de
nous distraire. Toujours est-il que non-seulement le
Breton, mais plusieurs autres convaincus par le ton
sérieux de mes paroles, se promirent de ne pas laisser échapper l'occasion.

Le lendemain matin, dès l'aube, trois passagers,
penchés au-dessus du taille-mer, plongeaient dans
la crète des lames des espèces de filets à papillons,
et faisaient ample récolte du précieux produit dont
je leur avais révélé la propriété ; le plus acharné était,
on le devine, B..., réduit depuis plus de quinze jours
à se fabriquer des fourneaux de pipes avec des pom-
mes de terre.

La mer semblait, après tout, se prêter à la plaisanterie ; nous courions au plus près du vent, et les
vagues jaillissantes bondissaient, à chaque coup de
tangage, bien au-dessus de la poulaine, qu'elles couvraient de larges flocons écumants.

Quand on vint me prévenir, déjà plusieurs essais

infructueux avaient fait abandonner la partie à deux
des fabricants promptement désillusionnés par les
rires de leurs camarades, et le Breton restait seul au
poste, sans s'occuper de ce qui se passait autour de
lui, mettant même un grand empressement à persé-
vérer. Tout à coup un cri de joie se fait entendre,
et un de ceux qui à l'instant étaient à côté de lui,
F., le Parisien, surgit par l'échelle de l'entre-pont,
tenant à la main une magnifique tête de pipe d'une
blancheur de neige, en véritable écume de mer.

Détromper B... en ce moment eût été rendre la
vue à un aveugle de naissance ; il ne me fut même
pas permis de l'essayer, car, entouré par tous les
passagers, décidés à pousser la plaisanterie jusqu'au
bout, je dus regagner l'arrière du navire et rester
spectateur.

Notre Breton, après avoir vu bien des fois se ré-
soudre en eau claire l'espoir de faire une ample provision d'écume, se décide enfin à tenter d'obtenir
une seule pipe dans le genre de celle que tout le
monde admire. Pendant une demi-journée il ne
cesse de travailler, se conformant de son mieux aux
conseils que lui prodigue le Parisien, qui a si bien
réussi. Peine inutile ! il n'a jamais en main qu'un
résultat trop liquide pour espérer le voir acquérir
la moindre consistance. Malgré l'insuccès et les

sarcasmes qui ne lui étaient pas épargnés, le Breton eût certainement repris son travail après le dîner sans une révélation inattendue.

Le repas terminé, il cherchait à tâtons dans le coin le plus obscur de l'entre-pont la pomme de terre que l'écume de l'Océan s'obstinait à ne pas remplacer, et voilà que deux ou trois passagers, descendus après lui sans se douter de sa présence, prononcent son nom ; ils parlent de pipe, et précisément l'un d'eux est F... le Parisien ; peut-être va-t-il fournir quelques renseignements. Aussi B..., devenu tout oreille, écoute et entend ce qui suit :

— Ah ! ma foi, dit le premier, je voudrais bien savoir si en Bretagne ils sont tous aussi sots que ce pauvre B... ?

— Ce n'est pas croyable, répond un autre : dans un pays où se rencontrent des imbéciles comme B..., on doit au contraire rencontrer pas mal de gens d'esprit, car les premiers ont, en fait de sottises, le privilége du monopole.

— Il est certain, reprend le troisième, qu'il faut en avoir une fameuse dose pour croire qu'il soit possible de faire des pipes avec un peu de farine et de l'eau de mer. Il ne s'est pas douté, cet imbécile, que je venais de prendre dans ma malle celle qu'il voulait imiter... C'est égal, il faut qu'il se re-

mette encore à l'ouvrage. Oh ! nous n'avons pas fini
de rire...

A peine ces derniers mots étaient-ils prononcés
qu'un formidable coup de poing atteignait celui qui
venait de parler, suspendait la conversation, et en
l'envoyant à l'adresse du Parisien, B... s'écriait :

— Ah ! je t'apprendrai à te moquer d'un Bre
ton.....

Le même jour, lorsqu'on eut piqué le quart de
huit heures, tous les passagers du *J... L....*, groupés
auprès du petit tillac, à l'avant du navire, prêtaient
une anxieuse attention au dénoûment dramatique
qu'allait avoir la comédie commencée le matin au
même endroit.

F... le Parisien, ex-sous-officier de l'armée, avait
impérieusement exigé du Breton une réparation :
celui-ci, après quelque résistance, avait consenti,
et ils devaient échanger presque à bout portant, —
trois pas à peine les séparaient, — deux balles de
pistolet.

Inutile de dire que la chose n'était sérieuse que
pour le pauvre B..., qui en avait pris son parti bravement. Au signal donné par les témoins, deux
coups de feu retentissent, et pendant que la double
explosion se confond dans le fracas des hautes lames
qui heurtent les flancs du navire, un cri déchirant

4.

se fait entendre, et le Parisien, sans doute mortellement atteint, tombe à la renverse et disparaît. Aussitôt les témoins du Breton s'emparent de lui, l'entraînent à l'arrière, sur la dunette, d'où il peut voir encore dans le sillage du navire la forme indécise du cadavre de son adversaire roulé par les flots.

— Ah! malheureux, qu'avez-vous fait? s'écrie l'un d'eux. Pauvre F...!

— Tant pis pour lui, répond tranquillement B..., ça lui apprendra à se moquer d'un Breton...

Pendant ce temps F..., soigneusement attaché par le milieu du corps à l'aide d'une forte ceinture et d'une bonne corde, regagnait l'entre-pont, grâce à l'ouverture d'un sabord, et prenait place dans le lit d'un de ses camarades, sans souci du mannequin que ses officieux amis avaient jeté aux flots de l'océan Austral.

Mais le génie inventif des mauvais plaisants n'avait pas dit son dernier mot.

Au milieu de la nuit, quant l'imagination de B..., rudement ébranlée, lui représentait peut-être les événements de la veille dans un pénible cauchemar, voilà que tout à coup il lui semble entendre heurter violemment près de sa tête, la muraille du navire... Il se lève sur son séant, écoute, et ne perçoit que le murmure confus de la grosse

mer qui secoue durement le *J... L...* et le lugubre
gémissement du vent du nord-ouest qui siffle à
travers la mâture. Autour de lui régnait une profonde obscurité, un silence absolu. Tous les camarades dorment, il croit avoir rêvé; et, se recou-
chant, il s'apprête à dormir; mais le même bruit
recommence, et aussitôt, tandis qu'une voix plain-
tive l'appelle, une lueur blafarde se glisse dans
l'entre-pont et éclaire une apparition fantastique.
Le Parisien qu'il est sûr d'avoir tué, puisqu'il a vu
sa dépouille mortelle s'abîmer dans l'océan, est là
debout à son chevet, il vient de rentrer en ouvrant
un des volets qui servent à aérer l'entre-pont; tout
autour de lui pendent de longs paquets d'algues
marines, — *fucus magellanicus.* — B... reconnaît
bien cette sombre draperie, depuis plusieurs jours la
mer en est couverte; les vêtements du fantôme sont
ruisselants, ses longs cheveux collés sur sa figure
permettent à peine de voir ses traits décolorés; mais
sur sa poitrine une large plaque sanglante ne dit
que trop au Breton combien il avait visé juste.

La surprise, l'émotion, un peu aussi l'effroi, al-
aient peut-être déterminer chez B... un mouve-
nent de défaillance, lorsque le revenant, qui en
ut peur, lui dit d'une voix douce :

— Écoute B..., tu as bravement joué ta vie contre

la mienne, tu as gagné la partie, je n'ai pas le droit
de t'en vouloir; mais Dieu m'a permis de revenir
près de toi pour te prévenir qu'il faut cependant
faire pénitence, et, pour punition, il exige que jusqu'à ton arrivée en Californie tu ne boives que de
l'eau. Dors tranquille, tu ne me reverras que dans
le cas où tu oublierais l'ordre que je te transmets.

Aussitôt F... soufflait sa lampe, faisait crier le
volet du sabord en le refermant, et disparaissait
dans l'obscurité.

Maintenant, nous expliquerons ce qui vient de se
passer en informant nos lecteurs de ce fait. Le pauvre B... était l'ivrogne le plus endurci que nous
ayons jamais connu; l'abus du vin, des liqueurs
fortes était pour lui une telle nécessité que sa raison
atrophiée ne jetait de lueurs que lorsqu'il était tout
à fait ivre; dès les premiers jours du voyage on lui
avait fait entrevoir que sa déplorable habitude lui
ménageait les risques d'une attaque d'apoplexie,
mais il avait bientôt fallu renoncer à tout espoir de
le convertir.

Cependant, quarante-huit heures après la scène
que nous avons racontée, B... n'avait pas encore
oublié la recommandation à lui faite, il n'avait bu
ni vin ni eau-de-vie; mais, malheureusement, surgissait une autre difficulté : il ne voulait plus man-

ger, et pour ne pas assumer sur eux la responsabilité de le voir mourir de faim, ses camarades, F...
le premier, durent lui révéler en détail tous les se-
crets de la mystification dont il avait été l'objet, et
quand, l'ayant enfin convaincu, ils lui demandaient
sérieusement s'il se serait laissé mourir de faim :

— Oui, bien sûr, leur disait-il ; ça vous aurait
appris à vous moquer d'un Breton.....

LE BRICK LE JAMES SCOTT

ET

LA PERRUCHE DE MISS MARY.

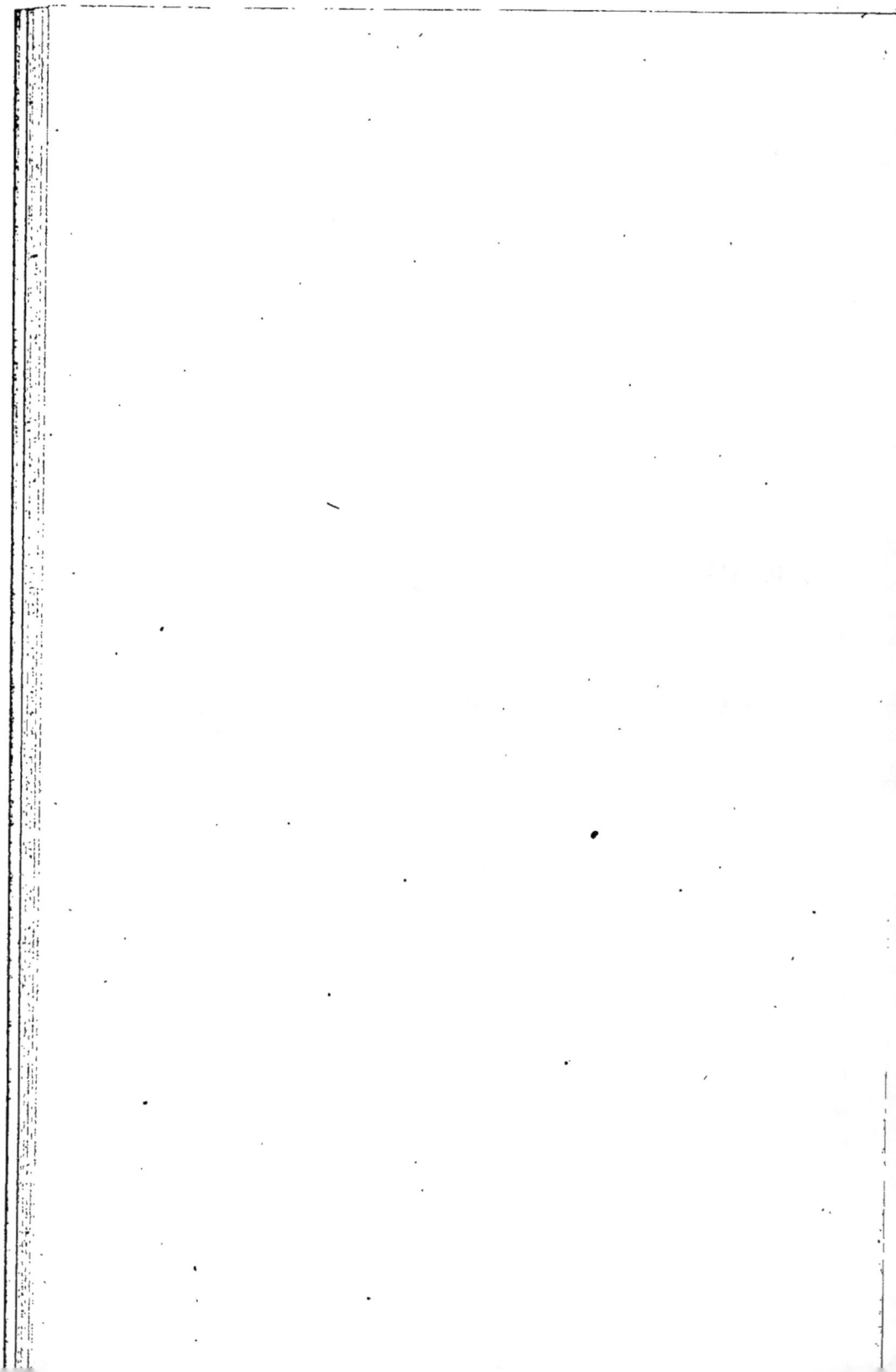

LE BRICK LE JAMES SCOTT

ET

LA PERRUCHE DE MISS MARY.

J'avais quitté la France depuis plusieurs années,
et, après de longues courses dans l'Inde anglaise,
après avoir visité Ceylan, la côte de Malabar, celle de
Coromandel, le golfe du Bengale, j'avais poussé
jusqu'à Singapoore, alors cité naissante, aujourd'hui
un des centres les plus importants du commerce
anglais dans l'extrême Orient.

Prenant, au retour, le chemin des écoliers, j'avais
fait de nombreuses haltes dans la Malaisie, et pour
finir, je me trouvais, vers le mois de juin 183., embarqué sur un beau trois-mâts du port de Bordeaux. Grâce à une suite de temps on ne peut plus
favorables, nous avions accompli une rapide traversée depuis notre dernière relâche à Sainte-Hélène jusque par le travers des Açores; là, il fallut
bien nous rappeler que la maîtresse qui nous avait
si longtemps prodigué ses faveurs a souvent de

5

cruels retours ; nous fûmes obligés pendant quarante-huit heures de fuir à sec de voiles devant un
de ces furieux coups de vent de la partie de l'ouest
dont on a garde de perdre la mémoire, et quoique
j'en aie vu bien d'autres depuis, une circonstance
curieuse fixe à cet égard mes souvenirs; malgré
qu'elle sorte un peu de notre cadre habituel et m'é-
carte de ce que je veux vous raconter, je ne saurais
la passer sous silence.

Pendant toute la durée de la tempête qui nous
avait jeté en dehors de notre route à cause d'une
mer démontée, le capitaine n'avait cessé de recommander la plus active surveillance, dans la crainte
d'un abordage avec quelqu'un des nombreux navires
qui devaient sans nul doute se trouver, à cette époque
de l'année, dans les mêmes parages que nous. Une
autre raison encore éveillait sa défiance : on nous
avait presque affirmé, à Sainte-Hélène, chez notre
consul, M. Salomon, que la guerre entre la France
et les États-Unis était imminente ; il s'agissait, je
crois, alors de la réclamation d'une indemnité d'une
vingtaine de millions énergiquement formulée par
le gouvernement de Washington ; or, si la rupture
s'était accomplie, des croiseurs ennemis devaient
attendre sur les atterrages les longs-courriers comme
nous, et vous pensez combien il eût été désagréable

pour nous, qui avions déjà flairé l'air de la patrie, d'aller à New-York ou à la Nouvelle-Orléans faire un pèlerinage forcé en compagnie des Yankees. Toute la nuit, à bord de la *C.....*, on entendait donc sans discontinuer retentir ce cri : *Ouvre l'œil aux bossoirs !*

Quant à notre cher capitaine S....... il ne dormait plus depuis huit jours; la pensée que nos précieuses caisses d'indigo ne seraient peut-être pas déchargées sur le quai des Chartrons, le rendait fou d'inquiétude.

— Ah ! cré nom, me disait-il, dans les moments où ses perplexités l'étouffaient, ah ! mon cher, si nous apercevons quelque chose de suspect dans nos eaux, vous verrez marcher la *C.....*, elle leur taillera une rude besogne, à ces forbans... Vous verrez, vous verrez ce que vous n'avez jamais vu.

Pour être franc, je me souciais fort peu de la perspective que m'ouvraient ses promesses, car j'étais bien sûr que notre brave capitaine nous eût hardiment fait sombrer sous voile pour mieux soustraire à l'ennemi notre cargaison, en nous envoyant avec elle piquer une tête au fond de l'Océan ; quant à la crainte d'être fait prisonnier de guerre par les Américains, elle me préoccupait très-peu, j'avouerai même que l'idée d'envoyer à un corsaire le plomb que m'avaient laissé les Albatros du cap de Bonne-Espérance me souriait trop pour permettre à mon esprit de s'arrêter sur les suites que nous aurait ménagées une rencontre hostile.

Enfin, après avoir soufflé, deux jours durant, avec une extrême violence, un samedi soir, à la tombée de la nuit, le vent passe en mollissant dans le sud, et nous pouvons reprendre sous petite voilure la route dont nous avions été contraints de nous écarter, et plus que jamais circule la prudente recommandation : *Ouvre l'œil aux bossoirs !*

Je crois que les hommes de quart s'en font un jeu, et grâce à leurs cris, je passe à peu près la nuit sans dormir.

Au point du jour, j'étais sur la dunette, où, selon son habitude, le capitaine se trouvait déjà et inspectait avec inquiétude la surface encore passablement agitée de l'Océan. D'après son ordre, le maître d'équipage était monté jusqu'à l'extrémité du grand mât pour mieux explorer la plaine liquide; lorsque tout à coup celui-ci nous crie du haut de son perchoir :

— Un navire à toute vue sous le vent; mais je ne sais pas ce que c'est, il a l'air déralingué et semble immobile, je le crois avarié. Il n'avait pas fini que le capitaine S..., doué d'un embonpoint remarquable, se hissait péniblement jusqu'aux *gambes de revers* de la grande hune, — il lui était impossible d'atteindre plus haut, — et de là, avec sa longue vue, découvrait, lui aussi, l'objet en question.

Je l'avais suivi, et, par déférence, je m'étais arrêté au-dessous de lui dans les enfléchures ; aussi, ne pouvant rien apercevoir du point où je me trouvais, je me bornais à lire sur la figure de notre chef l'inquiète expression de sa pensée, et je l'entendais murmurer entre ses dents :

— C'est un corsaire... j'en suis sûr... ah! le gredin nous guette... le diable emporte le brigand!

Puis, comme le maître d'équipage était descendu près de lui :

— Que pensez-vous de ça? maître, lui dit-il.

— Je crois que c'est un navire qui a besoin de secours, car il me paraît furieusement démoli. Après tout, nous avons le vent pour nous, et, sans rien risquer, nous pouvons laisser courir dessus pour mieux le reconnaître.

— Oui, oui, c'est vrai, répondit aussitôt le capitaine. D'ailleurs, la *C*... a de bonnes jambes, et s'il nous faut prendre chasse, je ne pense pas que ce bateau soit de force à suivre notre bordée.

Peu après, tous les doutes disparaissaient, et le cœur libre d'appréhensions, il nous était facile de voir que notre bonne étoile nous avait bien guidés; nous allions avoir ce suprême bonheur de sauver des malheureux, naufragés en pleine mer.

A un mille environ du pauvre petit navire, nous mettons en panne, tandis qu'une embarcation montée par deux hommes accoste notre bord.

Ils nous apprennent que leur brick est le *James-Scott* de Dublin, venant de charger du liége au cap Faro en Portugal. Pendant la première nuit de la tempête, un grand trois mâts hollandais l'*Harmonie d'Amsterdam*, allant à Surinam, les avait abordés, et s'ils n'avaient pas été immédiatement coulés par le choc, ils ne le devaient qu'à la nature de leur cargaison; enfin, ils nous donnent des nouvelles rassurantes sur les relations internationales de la France avec les États-Unis, et nous supplient de les recevoir sur la *C*.....

On devine avec quel empressement nous nous rendons à leurs désirs. Depuis quarante-huit heures, les malheureux, ballottés sur leur brick, dont l'avant était entièrement défoncé, avaient entrevu toutes les horreurs d'un naufrage en pleine mer, et le secours providentiel que nous leur apportions fut, on le pense, reçu avec une profonde reconnaissance.

Quoique le caractère du marin repose en général

sur un fond d'heureuse insouciance, dont il a souvent besoin, je me rappelle encore avec quelle émotion recueillie nous reçûmes dans nos bras ceux que la fortune de la mer venait de faire pour nous des frères. Puis, le sauvetage accompli, le procès-verbal rédigé, après avoir cloué sur les tronçons des mâts du brick plusieurs cartes destinées à apprendre à ceux qui pourraient le rencontrer le sort de son équipage, nous couvrîmes la *C...* de toiles, et reprîmes la route de France, laissant à la mer, qui ne devait pas tarder à accomplir son œuvre de destruction, l'épave du petit navire.

Nos prévisions ne devaient pas se réaliser, lui aussi devait entrer au port. Deux mois plus tard, étant à Paris, je lisais dans un journal parmi les faits divers le paragraphe suivant :

« La frégate la *Vestale*, sortie de la rade de Brest
« pour exercer son équipage, a ramené à sa remor-
« que dans le port le brick anglais le *James-Scott*,
« qu'elle a trouvé désemparé au large. »

⁎

Le mauvais temps, qui nous avait assailli pendant deux jours, avait exercé une cruelle influence sur les oiseaux de l'Inde que nous rapportions en

France : nos calfats, nos bengalis, nos perruches avaient été plus que décimés par le froid et l'humidité : presque toutes les cages étaient vides. En dépit des soins prodigués à mes oiseaux, il ne me restait plus qu'une perruche, et, selon toute apparence, la pauvre petite ne devait pas tarder à rejoindre sa compagne, morte le matin du jour où nous nous attendions à reconnaître la tour de Cordouan, à l'entrée de la Gironde. En vain je la tenais exposée sur la dunette aux chauds rayons du soleil qui devaient lui rappeler le ciel de sa patrie ; elle ne mangeait plus, et promenait autour d'elle de tristes regards, ne cessant de crier pour me demander sa sœur, que j'avais jetée à la mer. Il était évident qu'après avoir survécu à la tempête, elle allait succomber à l'ennui, si je ne prenais pas de suite un parti héroïque. Une de ses pareilles, isolée, se mourait, elle aussi, de nostalgie, et celle-là appartenait à miss Mary, l'institutrice des enfants du capitaine anglais H..., notre passager.

Pour les sauver toutes deux, il fallait les réunir. Je vais donc offrir la mienne à miss Mary, qui accepte avec joie ; en récompense du sacrifice que j'accomplis, je ne sollicite que la faveur de soigner les deux oiseaux jusqu'au moment de notre arrivée, et

je prends l'engagement de les remettre à leur maîtresse dès que nous serons à Bordeaux.

J'avais deviné juste. Nos petites captives, dans la
même cage, avaient, au bout de quelques heures,
oublié les absents et se prodiguaient les plus tou-
chantes caresses; elles étaient sauvées.

Le soir, un peu avant la nuit, par un temps délicieux, le pilote monte à notre bord et nous annonce
que, le lendemain matin, nous entrerons en rivière.

— Ainsi, lui dis-je, je verrai au jour le clocher de
Marennes?

— Si ça vous intéresse, je vous en réponds; dès
qu'il sera en vue, je vous ferai avertir, vous pouvez
dormir en paix.

Dormir! il en parlait à son aise, le brave homme,
ignorant qu'au pied de ce clocher, qui devait le lendemain lui servir de point de reconnaissance pour
guider notre marche parmi les écueils se trouvait
la maison où m'attendaient depuis si longtemps ma
mère et mon père. Pour moi, l'insomnie a toujours
décuplé la durée des nuits qui précédaient le départ
et l'arrivée, que de fois cependant j'ai souhaité leur
venue!

Longtemps avant l'aube j'étais sur le pont; le ciel,
encore brillant de tous les feux de la nuit, resplen-
dissait comme sous le tropique et se confondait à

5.

peu de distance avec la mer presque calme. Bien
loin de nous encore, au gré de mon impatience,
brillaient les éclipses du phare de Cordouan, notre
astre du bonheur, l'étoile de l'arrivée!

Le soleil levé, en attendant que la flèche de l'é-
glise de ma ville natale apparût à l'horizon, — et
pour me distraire, — je descends prendre dans ma
cabine la cage de mes petites perruches, afin de leur
donner mes soins habituels. La reconnaissance de .
celle à qui elles allaient bientôt appartenir suffisait
du reste pour me payer de mes peines, et pour tout
au monde je ne les aurais confiées à personne.

La porte de la cage ouverte, je renouvelais leurs
provisions d'amandes, de noix de coco, lorsque du
haut des barres de cacatois tombent ces mots,
criés par la vigie :

Terre! Le clocher de Marennes droit devant nous!

La France, quittée depuis trois ans, le foyer pa-
ternel, la famille, les amis, tout cela se dressait si
subitement devant moi, que j'éprouvai comme un
éblouissement. Promptement remis, je m'élance
dans la mâture; mon cœur bat à m'oppresser, mes
yeux sont pleins de larmes. Oh! tenez, pour savoir
tout ce que valent ces choses chéries, que j'allais
enfin revoir, il faut les avoir longtemps perdues!

Je me remets peu à peu, et en reconnaissant le

littoral de ma chère Saintonge, je murmure à voix
basse une action de grâces. Deux cris stridents m'ar-
rachent à mes douces émotions; en même temps
deux oiseaux passent près de moi en se dirigeant
vers l'île d'Oléron, la terre la plus proche. A leur
vol qui ondule ainsi que celui de nos pies, à leurs
cris perçants, j'ai reconnu des perruches. Je re-
descends en toute hâte vers celles qui étaient confiées à ma surveillance. Malédiction! la porte de la
cage était encore ouverte et celle-ci était vide!

A la fin du mois d'août suivant, c'est-à-dire environ deux mois plus tard, je flânais, mon fusil en
main, sur les dunes de sable qui séparent les salines
de Marennes de l'Océan.

A peu de distance, je connaissais un magnifique
figuier. L'envie me vient de lui rendre visite pour
savoir si ses produits sont aussi savoureux qu'autrefois. Après l'avoir facilement retrouvé, je me dis-
posais à cueillir quelques fruits; mais à la première
agitation que j'ai imprimée aux branches à l'aide de
mon fusil, un cri aigu retentit, et du milieu de l'é-
pais feuillage part un oiseau auquel, sans le reconnaître, j'envoie un coup de feu; il tombe, je cours
le ramasser. C'était...... vous l'avez deviné, la perruche de miss Mary!

LE BRICK

MYSTERY

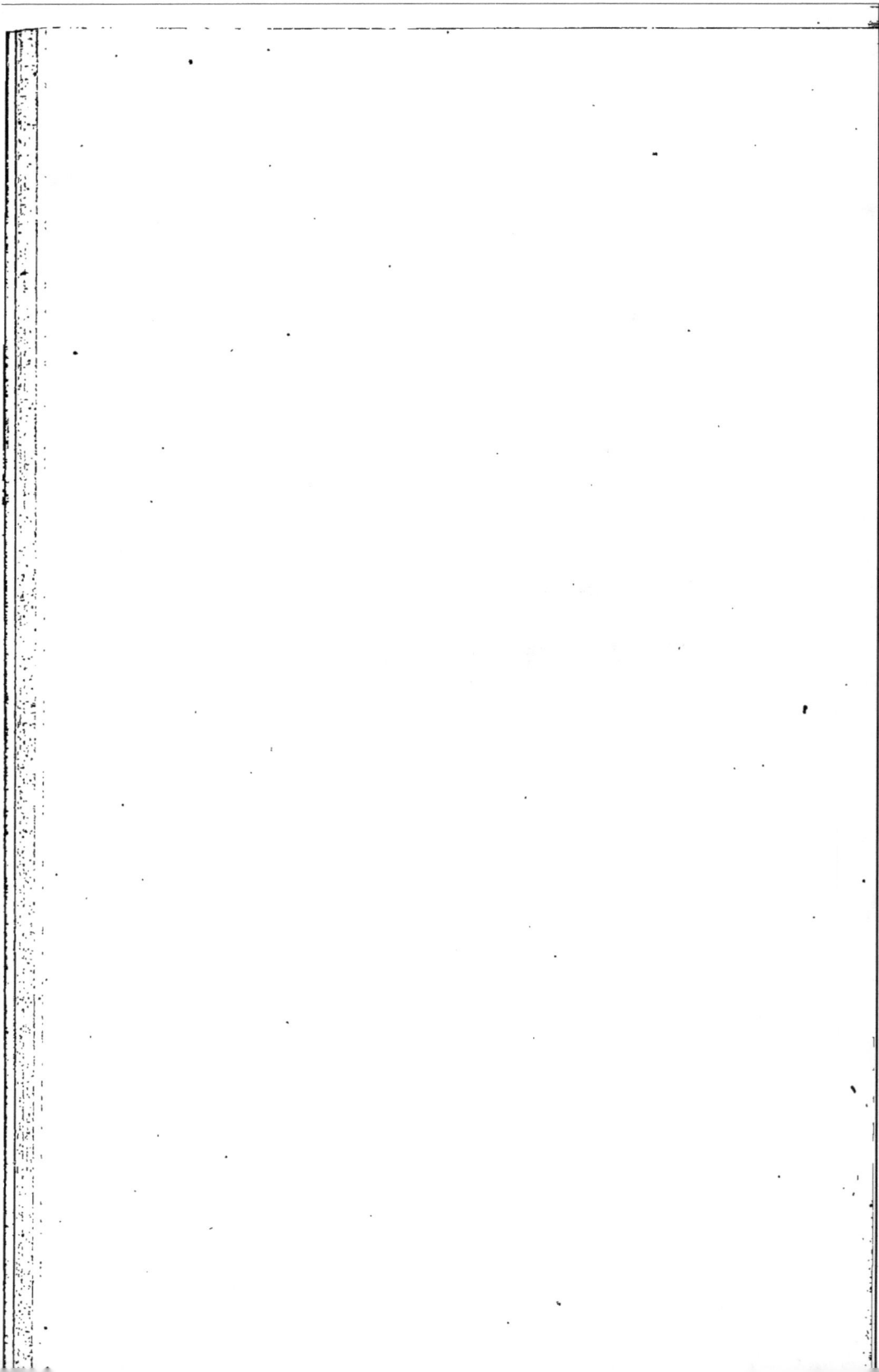

LE BRICK

MYSTERY.

Je me trouvais en 184... à Bordeaux, arrivant de Valparaiso à bord du trois-mats *le Mercure*.

Le navire déchargé, en compagnie de quelques camarades dans la même position que moi, c'est-à-dire n'ayant rien à faire, j'usais mes loisirs, profitant le mieux possible des distractions qu'une grande ville offre aux marins, surtout lorsqu'à la suite d'une longue campagne ils se trouvent la bourse bien garnie par les épargnes du voyage.

Nous avions pris notre pension pour le dîner à l'hôtel Marin, et là, tous les soirs, une table d'hôte confortablement servie nous faisait oublier le régime de la mer, en nous préparant pour un avenir prochain à de nouvelles épreuves auxquelles, toutefois, nous ne pensions guère.

Un jour, qu'après le repas, nous devisions tous quatre avant de sortir, pour savoir quel emploi nous ferions de la soirée, l'arrivée d'un étranger attira notre attention.

Il venait de s'asseoir à une table placée au fond de l'appartement, alors peu éclairé, et de commander son dîner, sans que nous l'ayons reconnu; mais c'était, à coup sûr, un marin et un nouveau débarqué, nous ne pouvions en douter.

Il existe, en effet, dans les allures de l'homme de mer une assurance, un laisser-aller qui le font reconnaître entre tous.

Voyez-le entrer dans un hôtel de *Rio,* de *Valparaiso*, de *Calcutta*, du *Cap*, n'importe où, partout il entre comme chez lui, car partout il retrouve souvenirs et connaissances.

Pendant que nous l'examinions à la dérobée, lui, de son côté, avait cherché si quelqu'un de notre groupe lui était connu. Quand nous le vîmes, jetant la serviette qu'il venait de déployer, s'avancer rapidement vers nous.

A ce moment, tous quatre à la fois, nous nous écriâmes: Mais c'est Gérard!

C'était bien lui, un camarade à nous tous, perdu de vue depuis quelques années.

Pendant que nous échangions force poignées de mains, chacun de nous de demander :

— D'où sors-tu? qui est arrivé?

— Moi, comme vous voyez.

— Très-bien; mais sur quel navire?

— Sur le mien, parbleu!

— Allons donc? Mais quel capitaine?

— Moi, moi... toujours moi... Vous avez dîné?

— Nous quittons la table.

— Alors, permettez-moi de m'y mettre et de vous offrir un verre de champagne.

— Avec plaisir, nous allons t'attendre. Mais dis-nous au moins d'où tu arrives, et à quel bord tu as fait assez d'économies pour être si généreux?

— Vous tenez à le savoir?

— Certainement.

— Je veux bien vous le dire, mais, le diable m'emporte, si vous me croyez.

— Vas toujours.

— Eh bien, mes amis, mon navire qui vient de mouiller à *Bacalan*, arrive de la *Nouvelle-Hollande*, et s'appelle *Mystery;* et, ma foi un de vous doit le connaître. Te rappelles-tu, Damiens, être allé à son bord à *Calcutta?* un grand brick tout noir.......

Celui qu'il venait d'interpeller, après un moment de réflexion, répondit :

— Oui, oui, il m'en souvient.

— Alors, mon cher, le brick, tu pourras le reconnaître. Quant au capitaine...

. . . .

Ici notre ami, après un assez long silence, finit sa phrase en disant :

— C'est moi. . . . .

Puis il ajouta :

— Seulement, comme il m'est impossible aujourd'hui de vous en dire davantage, et que je ne veux pas que vous me croyiez fou, remettez-moi vos adresses, j'aurai le plaisir de vous écrire pour vous donner un rendez-vous, et à la suite d'un dîner auquel je vous invite dès ce moment, sans pouvoir, à cette heure, en fixer le jour, je serai heureux de satisfaire votre curiosité.

Jusque-là, mes amis, au nom de notre amitié, je vous demande de ne pas plus penser à moi que si j'avais mon sac dans le ventre d'un *requin,* en croisière sous l'équateur. C'est convenu.

En dépit du désir que nous éprouvions d'en savoir davantage, le ton sérieux de Gérard nous avait d'abord convaincus qu'il s'agissait d'intérêts graves; aussi, après avoir bu quelques verres de champagne au plaisir que nous éprouvions à nous revoir, nous nous séparâmes, non sans lui avoir promis de nous rendre à son appel.

Plus d'une semaine s'était écoulée, pendant laquelle nos plaisirs, nos occupations, — plusieurs de nous pensaient à repartir, — nous avaient fait presque oublier cette soirée ; lorsqu'un jour, après la bourse, nous nous rencontrâmes tous dans l'omnibus qui longe le quai des *Chartrons* pour aller à Bacalan.

Là, une embarcation nous attendait ; elle nous transporta à bord du brick *Mystery ;* son capitaine, notre ami Gérard, tenait sa promesse.

. A peine étions-nous arrivés, qu'il nous dit : Je pars demain, mais j'ai voulu avant, dégager ma parole. Mettons-nous à table ; après le dessert, je vous dirai :

Son histoire et la mienne.

Ce qui suit n'est donc autre chose que la reproduction fidèle du récit et des lectures de notre ami Adrien Gérard, pendant la nuit passée à bord du *Mystery*, ancré dans la Gironde il y a à peu près une vingtaine d'années.

*
* *

*Extrait du journal de bord du navire français l'*Anna-Marie.

Quart de 4 heures du matin à 8 heures. — Brise fraîche de N.-E. — Cap au sud, mer un peu houleuse, — voilure : les *basses voiles*, les *huniers*, le *grand perroquet*, le *grand* et le *petit foc*, — filant huit *nœuds, babord amures*.

Au jour, un matelot signale de dessus les *barres de perroquet*, au vent à nous, un *brick* français, son pavillon en *berne*, ses vergues en *pantenne*, ne tenant la mer que sous un *foc* et sa *brigantine*.

Le capitaine fait *loffer* pour l'approcher, me donne l'ordre de mettre une embarcation à la mer, et de me rendre à son bord lui offrir nos services.

Après avoir accosté, je suis reçu par celui qui le commande ; il s'excuse d'être cause de la corvée que je remplis, et, sans m'expliquer le motif qui lui a fait mettre son navire en deuil, me dit n'avoir aucun besoin, me charge de ses remercîments pour notre capitaine.

Il se rend, comme nous, à *Calcutta*.

Pris congé de lui, rallié immédiatement mon bord.

17 août 184…

Signé : Adrien Gérard, second de l'*Anna-Marie*.

⁎
⁎ ⁎

Pendant les deux mois que dura notre traversée, après cette rencontre, chaque fois qu'il m'arrivait d'y penser, je me creusais en vain la tête pour

chercher à deviner quel motif avait eu ce capitaine
de mettre, en pleine mer, son navire en deuil,
tandis que rien ne paraissait motiver une pareille
mesure. Mais puisqu'il se rendait, ainsi que nous,
dans l'*Inde*, j'espérais qu'une occasion se présen-
terait, et que je pourrais, en causant avec ses officiers, savoir à quoi m'en tenir.

Aussi, lorsque après avoir remonté le *Hougly*,
nous fûmes rendus vis-à-vis les quais de *Calcutta*,
pendant que notre navire gagnait lentement l'endroit qui nous avait été assigné pour le mouillage,
mon regard cherchait à reconnaître, au milieu
des bâtiments de toutes les nations qui nous entouraient, le brick que nous avions rencontré ; je le
supposais, avec raison, rendu avant nous, vu notre
marche inférieure.

Enfin, au moment où, debout à l'avant, je veil-
lais au mouillage, je le reconnus à peu de distance
plus haut dans le fleuve.

C'était bien lui, avec sa mâture fine et déliée,
légèrement inclinée, son gréement soigné comme
celui d'un navire de guerre, sa coque élancée et sa
livrée de deuil.

Il était peint en noir depuis sa *pomme* de grand
mât jusqu'à sa ligne de flottaison ; et puis, je distinguais sur son tableau, en grandes lettres blan-

chcs, son nom qui, malgré le pavillon français
flottant à sa *corne,* était anglais. Il s'appelait
Mystery.

En général, nous autres marins, sommes peu
curieux ; dans l'agitation de notre métier, tant d'é-
vénements imprévus, de faits extraordinaires viennent incidenter notre existence, que notre curiosité,
souvent excitée et satisfaite, devient promptement
un sentiment émoussé ; et moi qui, alors, à vingt-
cinq ans, comptais douze ans de mer, de courses
à travers le monde, j'avais déjà assez vu pour ne
jeter qu'un coup d'œil indifférent à tout ce qui
s'offrait en dehors du service en mer, et de mes
moments de distractions, de plaisirs, une fois débarqué.

Mais, dans cette circonstance, il en fut bien autrement : ce diable de navire absorbait toute ma
pensée ; le jour, mon regard ne pouvait s'en détacher ; la nuit, il remplissait mes rêves de sa
sombre image.

Je le voyais, en calme, dormant sur les flots endormis comme lui ; sa fine mâture détachant sur
l'horizon en feu de l'équateur ses longues lignes
noires régulières de bois et de cordes.

Je le voyais, essuyant un coup de vent, bondir
sur les vagues, dont les sommets déferlants sem-

blaient devoir l'engloutir ; mais leurs crêtes venaient se briser près de lui ; leur blanche écume traçait sur sa coque une ligne argentée, comme les franges d'un drap mortuaire ; elles semblaient ne pouvoir que le bercer mollement, et toujours il avait son pavillon en berne, ses vergues en pantenne, et, au vent, ses focs et son artimon.

Il était enfin devenu pour moi ce qu'est, pour les matelots, le vaisseau-fantôme qui tient une si large part dans leurs récits.

Pour tout au monde, je n'aurais pas renoncé à mon idée fixe : savoir d'où il venait, où il allait, et quelles raisons avait eues son capitaine pour l'avoir mis en deuil, ainsi que je l'avais vu.

A notre arrivée sur la rade de Calcutta, j'avais aperçu plusieurs navires français, je connaissais leurs officiers, peut-être quelqu'un d'eux en saurait plus que moi ; il me tardait d'être libre pour pouvoir aller aux informations.

Le hasard me servit à souhait. Un matin, je venais d'accoster le quai, j'allais faire emplète de vivres frais pour l'équipage, quand une main se pose sur mon épaule, et une voie connue, celle de Daniel, me dit :

— Te voilà, Gérard, tu arrives ?

— Oui, avec l'*Anna-Marie*, de Bordeaux ; et toi ?

— Second sur le *Dauphin*, de Nantes, ici depuis un mois, et prêt à partir pour le Havre. Nous sommes chargés.

— C'est fâcheux.

— Oui, nous n'aurons pas le temps de faire encore ensemble, ici, quelques-unes de ces bonnes parties comme autrefois, lorsque nous étions tous deux, te rappelles-tu, avec le bonhomme Roger, sur la *Justine?* Ah! mon cher, c'est toujours une bonne ville Calcutta, mais les *roupies* y fondent dans la main; et puis, en ce moment, il n'y a pas de joyeux vivants, tu t'y ennuieras... Sacrédié! pourquoi n'es-tu pas arrivé il y a un mois?

— Mais sans doute, mon cher, c'est que nous sommes partis après vous.

— C'est juste.

— Ah çà! dis-moi, quels sont les navires français ici, en ce moment?

— Nous sommes sept ou huit : *l'Eugénie, la Clémence, la Clorinde, le Gange*, etc, etc. Enfin, tu verras cela, mais peu de connaissances.

— Est-ce que le second du *Gange* n'est pas Damiens?

— Si vraiment. Tu le connais?

— Oui : nous avons passé notre examen le même jour.

— Eh bien ! c'est lui ; et, à ce propos, il vient de lui arriver une singulière aventure.

— Qu'est-ce que c'est?

— Figure-toi qu'il y a une quinzaine, a mouillé ici un grand brick, le pavillon français à sa corne, peint en noir de l'avant à l'arrière, une vraie mine de corbillard ; un nom tout aussi étrange que son aspect...

Mystery ?

— C'est cela. Tu l'as vu?

— Oui, il est au mouillage sur notre ligne, une demi-*encâblure* plus haut. Mais continue.

— Un soir, nous étions quatre ou cinq à flâner sur l'esplanade du fort Williams; la conversation tombe sur notre compatriote. Nous nous demandions qui est-il? d'où vient-il? où va-t-il? Mais personne pour répondre à toutes ces questions; les uns et les autres ne l'avions jamais vu; de plus, nous n'avions jamais entendu parler de lui. Nos capitaines n'en savaient pas plus que nous sur son compte. — Ma foi, messieurs, nous dit alors Damiens, demain je saurai à quoi m'en tenir... — Comment? lui dis-je. — Parbleu ! en allant à bord offrir mes respectueux hommages à celui qui le commande, faire conaissance avec lui quand il serait le diable, et, s'il n'y est pas, fraterniser avec son second.

6

— Y est-il allé ? Qu'a-t-il appris ?

Tu vas le savoir, me dit-il. Un pari s'était engagé : nous soutenions qu'il n'irait pas à bord du navire.

— Enfin ?

— Enfin, mon cher, le lendemain, il s'y rend. Un homme, qu'il croit être le capitaine, le reçoit...

— Et lui dit ?

— Et lui dit, c'est là le drôle de l'histoire : pendant cinq minutes, il lui parle une langue dont Damiens ne comprend pas un mot ; de sorte qu'après sa visite, il revient, n'en sachant pas plus qu'avant sur le compte du *Mystery* et de son capitaine.

— C'est étrange ! Mais comment était la personne qui l'a reçu ?

— Un bel homme, de quarante-cinq à cinquante ans, aux manières distinguées, mais ne comprenant pas un seul mot de français.

— Cependant, le capitaine parle français.

— Qui te l'a dit ? Le connais-tu ?

— Non, non. Mais il me semblait que commandant un navire français...

— Certainement, c'est assez probable, et nous croyons que notre camarade a été victime d'une mystification qui l'a puni de sa curiosité.

Tout en causant ainsi avec le second du *Dauphin* nous étions arrivés à la porte du fournisseur de mon

navire. Là, Daniel ayant à la veille de son départ
de nombreuses occupations, nous nous séparâmes en
nous faisant nos adieux. Pour moi, mes approvisionnements faits, je ralliai mon bord en repassant
dans mon esprit ce qui venait de m'être raconté ;
et, plus j'y pensais, plus j'acquiérais cette certitude, que dans la position de cet homme, qui avait
coupé court.à la conversation en se servant d'une
langue que ne comprenait pas le visiteur, alors que
j'étais sûr qu'il parlait fort bien français, il y avait
certainement quelque chose d'étrange, un secret
que je brûlais du désir de connaître.

En quittant Bordeaux, il avait été convenu, entre
mon capitaine et moi, que mes fonctions de second
cesseraient après le déchargement du navire à Calcutta, où il devait rencontrer le fils de l'armateur,
qui venait de passer un an dans l'Inde pour apprendre la langue du Bengale, et devait occuper
au retour l'emploi que je quittais.

J'allais ainsi dans quelques jours me trouver débarqué, ce qui m'ennuyait fort, et j'avais inutilement cherché sur les navires retournant en Europe
une place pour me rapatrier. Ne pouvant y réussir,
il ne me restait qu'à accepter l'offre d'un capitaine
allant à *Bourbon* de me prendre pour lieutenant : je
pensais, dans cette colonie, devoir être plus heureux.

Aussi la contrariété que j'avais éprouvée avait fait un peu diversion à la curiosité que m'avait inspirée le *Mystery*.

Lorsqu'un matin, un *lascar* se présente à l'hôtel où j'étais logé depuis mon débarquement; il apportait une lettre à mon adresse, et attendait la réponse.

Il serait difficile de peindre ma surprise quand, après l'avoir précipitamment décachetée, je la vis datée du brick le *Mystery*, devant Calcutta. Elle ne contenait que ces mots :

« Monsieur,

« J'ai appris que votre engagement en qualité de
« second à bord de *l'Anna-Marie* était expiré. J'ai
« besoin d'un officier, je serais heureux que l'emploi
« disponible à mon bord et les conditions que je
« voudrais vous proposer, pussent vous conve-
« nir. Je vous attendrai demain, à dix heures pré-
« cises.

« Je suis, etc.,
« Le capitaine, ALFRED. »

Après avoir lu et relu trois ou quatre fois la missive, m'être assuré que c'était bien à moi qu'elle était adressée, tant j'avais de peine à en croire mes yeux, je répondis en toute hâte, remerciant vivement, acceptant le rendez-vous qui m'était donné : puis, je remis la réponse au porteur sans lui adresser une parole, et repris ma lettre, me plongeant dans mes réflexions. Non-seulement j'entrevoyais la possibilité de sortir de la fausse position dans laquelle je me trouvais, mais encore, et par-dessus tout, j'allais peut-être savoir ce qu'é- taient ce bâtiment, son capitaine ; choses que tous ignoraient. De singulières idées me venaient bien par moment : je pensais aux pirates, aux négriers, mais je les renvoyais loin, me rappelant l'extérieur de l'individu qui m'avait reçu ; je ne pouvais conci- lier ce souvenir avec les doutes qui me venaient sur son compte.

Aussi, pour me distraire et abréger les heures d'attente, sans hésiter je fis mes malles, de sorte que le lendemain, lorsque vers les neuf heures et demie je me mis en devoir de me rendre à bord du _Mystery_, je n'avais qu'à y faire porter mes bagages, ils étaient prêts.

Le long du quai, une embarcation m'attendait sous les ordres d'un maître. Sitôt qu'il m'eut aperçu, il s'avança vers moi, me demandant si je ne me rendais pas au brick dont il me montrait la mâture ; et, sur ma réponse affirmative, il me dit que le

6.

capitaine l'avait envoyé se mettre à mes ordres.

Cette prévenance me confirma encore plus, s'il était possible, dans l'idée que je ne reviendrais qu'après avoir terminé l'affaire selon mes désirs. Aussi, ayant atteint le navire, ce fut plein de confiance que j'entrai dans la dunette où m'attendait le capitaine.

— Vous n'avez pas déjeuné, monsieur Gérard, me dit-il après m'avoir rendu mon salut.

— Non, capitaine.

— Je l'avais supposé, et, si vous le voulez, nous causerons à table ?

J'acceptai, comme vous le pensez, et me trouvai séduit par les manières prévenantes du capitaine. Sa distinction personnelle et son affabilité impressionnaient à première vue en sa faveur; mais en examinant sa physionomie, on devinait sans peine que cet homme devait avoir usé de bien grandes jouissances ou s'être abîmé dans de cruelles douleurs.

Son front, creusé par de profondes rides, était souvent plissé comme sous la pression d'un pensée incessante; sa chevelure, qui avait dû être noire, ainsi que la barbe qu'il portait en collier, était blanche : son regard, souvent fixe, qui exprimait la bienveillance lorsqu'il vous adressait la parole, s'animait parfois spontanément, sans doute sous l'im-

pression de souvenirs. Cependant l'ensemble, alors
menaçant de sa physionomie, s'effaçait avec rapidité pour reprendre son calme habituel.

Le déjeuner servi : — Monsieur Gérard, me dit-
il, c'est vous que j'ai eu, je crois, l'honneur de recevoir à mon bord pendant la traversée ?

— Oui, capitaine, j'étais envoyé pour...

— Je le sais. C'est bien. J'ai appris que vous étiez
débarqué de l'*Anna-Marie* et cherchiez une place. Je
vous offre celle de second ici ; celui qui en remplissait les fonctions m'a témoigné le désir de retourner en Europe. J'ai consenti, et veux le remplacer.

Le moment aurait, sans doute, paru à beaucoup
d'autres opportun, dans ma position, et, avant d'accepter, ils auraient voulu savoir quel voyage faisaient
le navire et le capitaine ; ils eussent, par conséquent,
interrogé avant de répondre.

Pour moi, certain que cet homme me donnerait
les explications désirables, et me saurait peut-être
gré de la confiance que je lui témoignais, en les attendant, sans les provoquer, je me bornai à lui répondre que serais heureux d'être agréé par lui, et le
remerciai déjà d'avoir pensé à moi.

— Peut-être, en effet, monsieur Gérard, reprit-
il, aurons-nous fait tous deux une excellente affaire,

si les propositions que j'ai à vous soumettre vous conviennent. Vous êtes reçu capitaine?

— Oui, monsieur.

— Avez-vous commandé ?

— Pas encore. Vous savez combien il est difficile d'obtenir dans nos ports un navire, lorsqu'on ne possède pas assez de fortune pour pouvoir prendre un intérêt dans l'opération.

— Je le sais. Je sais aussi que vous êtes un bon marin. Maintenant, tenez-vous beaucoup à retourner de suite en France ?

— Je vous avoue que c'était là mon intention, mais rien ne m'y oblige, et j'accepterais un embarquement qui me donnerait pour quelque temps la position que j'occupais sur l'*Anna-Marie.*

— Dès lors, j'espère que les conditions que j'ai à vous offrir vous conviendront. Vous serez ici second, je dirai presque capitaine, car je m'occupe fort peu du navire. Je suppose que ma campagne durera encore un an; vos appointements seront de trois mille francs pour ce temps-là. J'ai deux maîtres à bord avec lesquels vous partagerez les heures de quart; je ne me réserve que celui de minuit à quatre heures. A cela près, vous serez le capitaine du *Mystery.* Qu'en dites-vous ?

Cette offre diminuait de moitié le travail que

j'avais sur *l'Anna-Marie*, et faisait plus que doubler
les appointements. Sans penser à autre chose, je remerciai donc et acceptai avec reconnaissance. Puis
il ajouta :

— Voulez-vous que je vous donne quelques avances
sur vos appointements avant de quitter le port ?

— Merci, lui dis-je, je n'en ai pas besoin.

— C'est bien. Avez-vous quelques renseignements
à me demander ?

— Non, capitaine, parce que je pense que vous
me donnerez, sans que je les demande, ceux qui
me seront nécessaires pour que je puisse remplir
mes fonctions, comme je tiens à honneur de le
faire.

Très-bien, monsieur Gérard, très-bien. Je ne me
suis pas trompé, nous nous entendrons parfaitement. Vous n'avez qu'à prendre ici les hommes nécessaires, afin de transporter vos bagages ; vous
vous installerez dans la cabine de *tribord ;* lorsque
vous aurez fini, vous passerez avec le maître Jean-
Marie une revue minutieuse de notre mâture, notre
gréement ; vous ferez installer nos *manœuvres cou-
rantes, enverguer* nos voiles, et je pense que, d'ici
à trois jours, nous appareillerons et filerons sur *Batavia.*

Quelques instants après, j'avais signé l'engagement qui me liait pour un an au brick *Mystery.*

Ici, au lieu de chercher dans mes souvenirs, je crois plus simple de vous lire une lettre que j'écrivais au moment où je quittais l'Inde, à mon frère, lieutenant de vaisseau sur la frégate la *Junon.*

« Calcuta, 18 novembre, 184.. , en partance pour Batavia.

« Mon cher Octave,

« Où es-tu pendant que j'écris ces lignes ? où serai-je quand tu les recevras ?

« Je suis arrivé ici second de *l'Anna-Marie.* Ainsi que je t'en informais lors du départ, il avait été convenu que je serais débarqué dans ce port, c'est ce qui a eu lieu.

« Je me trouvais donc fort embarrasé pour retourner en France, lorsque le capitaine d'un brick, qui navigue sous pavillon français, m'a offert l'emploi que je venais de quitter, et pour paye, trois mille francs, ce que tu gagnes, je crois, à porter tes brillantes épaulettes.

« Quant aux fonctions, ami, rien à faire ; or, ce que j'appelle rien à faire, tu vas voir si j'ai tort, consiste à partager les quarts avec deux maîtres qui m'inspirent toute confiance, et, encore, le capitaine se réserve-t-il, toutes les nuits, celui de minuit à quatre heures.

« Maintenant, mon travail pendant nos relâches, sera-t-il tel que je payerai cher le loisir des traversées? Je ne le pense pas.

« Nous avons à bord une centaine de tonneaux de vins en fûts et en caisses, et si nous faisons, au point où nous toucherons, comme ici, je serais porté à croire que nous naviguons pour le faire vieillir : il n'en a pas été laissé une goutte à Calcutta.

« Mais, vas-tu me dire, que faites-vous donc ? C'est là, cher frère, la question que je m'adresse et ne peux répondre que cela :

« Nous allons courir le monde avec un bon navire de deux cents tonneaux *gréé espalmé* comme pas un de vos porteurs de canons, dans quel but ? sans doute, je le saurai plus tard, aujourd'hui, je l'ignore.

« Le capitaine Alfred est un *gentleman* dans toute l'acception du mot ; or, je suis certain qu'il me sait gré de la discrétion qui m'a empêché, jusqu'à présent, de lui adresser la moindre question.

« Du reste cet homme semble tout connaître ; lorsque je lui ai dit, que j'avais servi en qualité d'auxiliaire dans la marine militaire, il m'a parlé du métier comme tu aurais pu le faire ; plus tard, sachant que j'avais fait deux campagnes à la pêche de la baleine, il a traité la question sous le double point de vue de la théorie et de la pratique, comme le feraient seuls nos plus vieux pêcheurs.

« Quant à son navire, je ne peux pas encore apprécier ses qualités sous voiles ; mais il est admirable de tenue et de construction ; pour le manœuvrer, quinze hommes d'équipage : ma foi, dans de telles conditions, je n'hésiterais pas, je te l'avoue, à partir pour le Pôle.

« Ce qui m'arrive en ce moment, frère, me remet en mémoire nos rêves d'enfants quand nous faisions nos premières études. Te rappelles-tu nos contes de pirates, de négriers ? Il serait curieux que je me trouvasse, sans m'en douter, bien entendu, avec un de ces messieurs.

« Rassure-toi, va ; si en ta qualité d'officier de la marine royale tu reçois la mission de courir la mer des Indes, et que tu rencontres un grand brick battant pavillon français, peint en noir comme un sombre domino se rendant à un bal masqué, si ce domino... ce brick, voulais-je dire, porte à son arrière, en grandes lettres blanches, ce mot *Mystery* ; n'oublie pas que ton frère Adrien est à bord, et accours te jeter dans ses bras.

« Jusque-là, pour tous deux, bon vent, bonne chance.   « Ton frère qui te chérit,

« ADRIEN GÉRARD. »

« *P. S.* Je tiendrai un journal exact de la singulière navigation qui va commencer pour moi, et au retour tu sauras tout ce que j'aurai appris. »

Ici trouvent place naturellement quelques pages de la relation dont je viens de parler :

Enfin, nous venons de quitter le pilóte et laissons rapidement derrière nous les eaux jaunâtres du fleuve sacré et les feux flottants qui signalent les dangers des bouches du *Hougly*. Nous filons avec rapidité vers les rives des îles *Malaises*, et notre brick se comporte admirablement à la mer.

Je ne crois pas qu'il existe un assemblage de toiles et de bois capable de nous suivre ; pour moi, je n'ai rien vu de pareil : il fend la mer comme une *frégate*, se lève à la lame comme une *bouée*.

Hier soir j'étais de quart ; un grain montait à l'horizon, je venais de donner l'ordre de *háler bas* le *clin-foc, d'amener* et *carguer* le petit *perroquet*, et de veiller à la *drisse* du grand, lorsque le capitaine me dit en souriant :

Pardon, Monsieur Gérard, vous ne savez pas encore à qui vous avez affaire ; voulez-vous me remettre le quart quelques instants ?

7

Avant que j'aie eu le temps de répondre, il avait fait entendre le commandement :

Tiens bon partout !

Et nous reçûmes, les *perroquets* hauts, un grain à démâter neuf bâtiments de commerce sur dix avec la toile que nous avions dehors.

Mais quel navire ! au plus fort de la bourrasque, pendant que la mer, fouettée par le vent, volait en fumée jusqu'aux *bandes de ris* de la *grande voile*, après avoir prêté le flanc à la risée, notre brick semblait glisser sur les vagues sans secousses, sans que les mâts ou la coque fissent entendre le plus léger craquement, une de ces plaintes qui accusent la fatigue, et que nous autres marins nous devons comprendre.

Pendant que passé sous le vent je regardais le sillage, nous courions avec une vitesse à donner le vertige, et je reportais mon regard vers les mâts.

Lorsque le capitaine me dit :

Vous voyez, monsieur, ce que nous pouvons. Jusqu'à Batavia, il faut nous hâter ; vous ferez peut-être après ce qui vous conviendra, mais jusque-là je vous prie de perdre le moins de temps possible.

* *

A mesure que nous approchons du but, le capitaine vient plus souvent m'adresser la parole, et en dépit de la réserve qu'il semble s'être imposée, il me témoigne un vif intérêt.

Cette nuit, j'étais seul sur la *dunette :* je jouissais de la fraîcheur si douce dans ces régions équatoriales; autour de nous la mer était phosphorescente. Je regardais une bande de *bonites,* qui prenaient leurs ébats en faisant jaillir dans leurs bonds des gerbes étincelantes de lumière; notre brick traçait un long sillon de feu qui, après avoir tourbillonné dans le remou du gouvernail, se déroulait à perte de vue.

Et sans y apporter la moindre attention, je fredonnais un couplet de chanson, tout au spectacle que j'avais sous les yeux.

A ce moment le capitaine, qui s'était approché, me mit une main sur l'épaule en s'accoudant comme je l'étais sur la *lisse,* et me dit :

— Vous êtes heureux, monsieur Gérard, vous chantez ?

— Pardon, capitaine, dis-je un peu confus.

— Comment, pardon, mon ami? de votre bonheur? Sachez donc qu'il est des gens assez égoïstes pour prendre du malheur une si large part, que c'est bien le moins qu'il n'y en ait pas pour tout le monde.

Moi aussi, j'ai vu le temps où sur une *dunette,* pendant le calme de la nuit et de la mer, replié en moi-même, je rêvais et chantais; on fait cela, voyez-vous, lorsqu'on n'a à se plaindre ni de soi ni des autres; et j'espère, pour votre bonheur, que vous en êtes encore là.

— Mon Dieu ! capitaine, la vie n'a pas toujours été pour moi couleur de rose : vous le croirez sans peine quand vous saurez qu'à douze ans j'étais *mousse* à bord d'un *caboteur ;* cependant, après un rude apprentissage, j'ai été assez heureux d'arriver où j'en suis, et j'aurais tort de me plaindre, surtout à cette heure.....

Je comprends, c'est bien ; mais croyez-moi alors, dans notre métier il faut devenir égoïste. Gardez donc votre bonheur pour vous seul, renfermez-le bien en vous-même, et ne vous exposez jamais à en doubler la somme sur un coup de dés, vous pouriez perdre......

Comme il prononçait ces derniers mots, dont le sens m'échappait, il tira sa montre, et me dit froidement :

— Il est minuit, monsieur Gérard, *faites piquer huit* et appeler *au quart.*

A mon grand regret, la conversation en resta là, et je descendis dans ma cabine me demandant plus que jamais qui était cet homme, si bon dans les relations ordinaires de la vie, et qui prêchait l'égoïsme, la négation de toutes les qualités qui nous attirent les autres en nous portant vers eux.

* *
*

L'habitude du capitaine est de déjeuner seul dans sa chambre, c'est-à-dire dans un petit salon qui la précède; et le mousse qui le sert ne le dépasse jamais; personne n'entre dans sa chambre à coucher.

Son appartement, ainsi composé de deux pièces, occupe tout l'arrière du brick en largeur et la moitié de la dunette en profondeur; il est éclairé par les trois *sabords d'arcasse;* la chambre à coucher comprend les deux tiers de cet emplacement, le petit salon le reste.

Ce matin, le maître d'hôtel du bord vient me demander, de la part du capitaine, s'il me convient de déjeuner avec lui?

J'ai accepté avec empressement; à dix heures je suis averti que le déjeuner est servi.

Au milieu de la salle à manger se trouve une petite table à roulis; tout autour règne une banquette de velours noir surmontée d'une vitrine servant de bibliothèque, pleine de livres du haut en bas.

Pendant que je jetais un regard sur les rayons, parfaitement garnis :

— J'ai oublié, me dit-il, de mettre ma bibliothèque à votre disposition ; usez-en aussi souvent qu'il vous plaira, vous pouvez entrer ici à toute heure.

Je remerciai et gardai le silence en attendant que lui-même engageât la conversation, ce qu'il fit bientôt en me disant :

— Monsieur Gérard, si vous avez gardé souvenir de ce que je vous ai dit cette nuit, oubliez-le, et n'en faites pas votre règle de conduite. Que voulez-vous ? il est des instants où le vase est tellement agité, que le fond trouble et rend mauvais tout ce qu'il contient de limpide et de bon ; j'étais dans un de ces moments... N'y pensons plus, et parlons de votre avenir.

Là-dessus, il me questionna sur ma famille, mes amis, mes espérances ; apprenant que mon frère composait toute ma famille, et que mon amitié pour lui résumait toutes mes affections ici-bas,

— C'est bien, reprit-il, vous êtes dans d'excellentes conditions pour suivre la carrière que vous avez embrassée ; elle exige en effet un complet détachement de toutes choses, dont le souvenir peut souvent faire naître des préoccupations et même des regrets.

A ce moment le mousse, envoyé par le maître de quart, vint l'avertir qu'une *goëlette* se trouvait en vue *au vent à nous*, et courant à peu près la même *bordée.*

Jamais je n'oublierai l'impression que ces simples paroles parurent produire sur lui. Il devint instantanément d'une pâleur effrayante ; il s'élança dans sa chambre, et par la porte entr'ouverte je pus y donner un coup-d'œil et apercevoir dans un cadre une belle tête d'homme blond sur un fond complétement noir.

Il ressortit bientôt, sa longue vue à la main, en me disant :

— Venez, monsieur, nous allons peut-être avoir besoin de manœuvrer.

Il était déjà dans la mâture, sur la barre de petit perroquet, quand de la dunette j'aperçus à toute vue et comme un nuage blanc reposant sur les flots, le navire signalé.

Une fois descendu, monsieur Gérard, me dit-il, il nous faut atteindre cette *goëlette ;* pour cela, comme elle porte plus au vent que nous, faites établir toutes nos voiles *d'étais, carguer* et *serrer* nos basses voiles et nos *huniers,* je pense que nous pourrons ainsi serrer le vent à peu près comme elle.

En un instant, d'après ses ordres, nos *voiles carrées paquetées* sur les *vergues,* notre brick se couvrit de voiles *latines* et *auriques,* qui nous permirent de *loffer* sans venir en *ralingue* près d'un quart dans le lit du vent, et sans que notre marche fût retardée ; nous pûmes voir tout de suite que nous gagnions de beaucoup le navire, dont le bois commençait à se détacher sur la mer.

La goëlette avait probablement suivi les détails de notre manœuvre avec inquiétude ; car, de son côté, nous la vîmes déployer plusieurs voiles légères : il était évident que si nous avions envie de la joindre, elle n'en témoignait pas de nous attendre.

Le fait est que beaucoup à sa place eussent été peu rassurés de voir un grand brick comme le nôtre, à l'extérieur lugubre, manœuvrant comme un véritable oiseau de proie.

Nous avions hissé notre pavillon à la *corne* de la *brigantine* ; mais avec notre allure, la goëlette ne pouvait en distinguer les couleurs, qui flottaient dans le sens de l'*axe* longitudinal du navire et se trouvaient masquées par notre toile.

Pour moi, on devine avec quel intérêt je suivais les incidents de cette chasse, et surtout avec quelle impatience j'en attendais le résultat.

Par moments je jetais un regard vers le capitaine,

qui, sa puissante longue vue à la main, ne perdait pas de vue un des mouvements de la goëlette, dont la marche était inférieure à la nôtre, car nous pouvions la voir rapidement grossir.

A bord, on n'entend d'autre bruit que celui de la lame, que nous attaquons presque debout et que fend notre *étrave*.

Chacun a les yeux attachés sur la goëlette, et il nous semble que bientôt nous pourrons répondre à cette question si souvent formulée :

Quel est le but de nos courses?

Il n'est pas probable, en effet, qu'un simple motif de curiosité porte le capitaine à agir ainsi. Peut-être à bord du petit navire est le mot de l'énigme; nous serait-il donné de le connaître?

Une demi-heure environ s'était écoulée depuis le moment où, changeant notre direction, nous avions fait route dans les eaux de la goëlette ; déjà à l'œil nu on pouvait distinguer les hommes de son équipage, lorsque enfin nous vîmes monter à sa *corne* les couleurs nationales : au même moment notre capitaine, reconnaissant le pavillon Hollandais, se tourna vers moi et me dit, d'un ton qui me laissa deviner son désappointement :

Nous avons perdu notre temps, monsieur Gérard, ce n'est pas là ce que je cherche ; faites rétablir la

voilure que nous portions, et la route au sud plein
sans arriver : puis venez, nous reprendrons notre
repas, interrompu mal à propos.

Je me hâtai de faire exécuter ses ordres, puis je descendis dans la chambre où il m'avait précédé, pendant que nos hommes, groupés sur l'avant, exprimaient leurs regrets de voir abandonner une poursuite qui avait excité leur curiosité et satisfait leur
amour-propre, en prouvant les qualités du navire.

Lorsque nous fûmes à table : éh bien, monsieur
Gérard, me dit le capitaine, ce petit incident doit
vous avoir fait faire quelques réflexions ; racontez-
moi cela : qu'avez-vous pensé en me voyant ainsi
courir sur ce pauvre petit bateau ?

—Mais ce que tous ont pu se dire comme moi, que
vous cherchez une goëlette et que vous supposiez
l'objet de vos recherches à bord de celle-là.

— C'est vrai, et quoique je ne lui reconnaissais
pas la forme élégante que doit avoir l'autre, si elle
eût mis les couleurs anglaises, nous serions à la toucher maintenant : Qu'en pensez-vous ?

Je ne me mépris pas sur la portée de ces derniers mots ; le capitaine voulait tout simplement
faire tomber la conversation sur notre navire, et
pour le moment je devais m'en tenir à ce qu'il venait de m'apprendre, savoir : que nous étions à

battre les mers pour rencontrer une goëlette sous pavillon anglais; aussi, afin de me rendre à son désir :

— Ma foi, lui dis-je, je ne suppose pas qu'il existe au monde un navire capable de nous échapper, à moins que ce ne soit un de ces brûleurs de charbons qui, à force de vapeur, commandent aux vents et à la mer.

— Vous avez raison. Après les épreuves auxquelles je l'ai soumis, je tiens mon brick pour un résumé parfait de toutes les qualités dont l'art des constructions peut doter un navire; bien entendu, cependant, que je n'ai jamais eu l'intention de lui faire porter des balles de coton ou des boucauts de sucre; entre lui et les dignes marchands qui font ces voyages existe toute la différence que présente un cheval de pur sang à côté d'un laboureur de la Flandre ou du Boulonnais; si jamais vous le commandez.....

— Moi?

— Pourquoi pas? Est-ce que vous déclineriez la responsabilité qui pèse sur un capitaine?

— Du tout, mais.....

— Vous supposez peut-être que je veux naviguer toute ma vie.... Non, non; après ce voyage, qui n'est qu'une campagne d'agrément, je me retire et je pourrai vous confier mes intérêts. Alors, vous n'oublierez pas ce que je vous dis à cette heure : chargez-le toujours de manière à conserver sa ligne de *flottaison* telle que vous la voyez aujourd'hui ; avec un *tirant d'eau* plus fort, il perd beaucoup de sa marche ; plus *allége*, il n'est plus, comme vous pouvez le voir, sensible au gouvernail, ainsi qu'une *Dorade* aux mouvements de ses nageoires. Vous n'oublierez pas ce conseil, n'est-ce pas ?

— D'autant moins que si j'ai le bonheur d'obtenir votre confiance, vos conseils, capitaine, seront pour moi des ordres.

— En attendant que je devienne votre armateur, veillez, je vous prie, à ce qu'aucune voile ne passe inaperçue dans notre horizon, les goëlettes surtout; dites-vous que la première que nous rencontrerons sera peut-être celle qui vous permettra d'utiliser vos connaissances et votre brevet de capitaine, et n'oubliez pas de disposer de ma bibliothèque.

En finissant, il rentrait dans sa chambre, et je me hâtai de regagner ma cabine pour ajouter cette page aux souvenirs intimes de mon voyage.

*
* *

Cet homme ne sait pas mentir. Hier, lorsqu'il a prononcé ces mots : *après cette campagne, qui n'est qu'un voyage d'agrément,* en dépit d'une indifférence affectée, au calme étudié de sa voix, à la sombre gravité de son regard, j'ai compris qu'il poursuit un but sérieux dont rien ne le détourne, et qui peut être le dénouement de son existence.

Il semble parfois que l'agitation extérieure qui l'entoure ne le touche en rien, tant la pensée qu'il nourrit l'absorbe et l'isole : je viens de le surprendre dans un de ces moments ; il était debout au milieu de la chambre ; je lui ai deux fois adressé la parole sans qu'il eût l'air de m'entendre ; son immobilité m'a presque effrayé. En vérité, j'aurais, je le crois, posé ma main sur son cœur que je ne l'aurais pas senti battre ; rien ne vivait en lui que le feu de son regard attaché sur un point d'une immense carte déployée sur la table commune.

Quand il s'est enfin aperçu de ma présence, il est passé sans brusquerie, insensiblement, de cet état presque *cataleptique* à son attitude ordinaire. J'ai vu l'éclat de ses yeux s'éteindre, une rougeur passagère colorer ses joues et ses lèvres ; il m'a parlé avec sa voix toujours égale ; il ne lui est pas échappé un signe d'étonnement ou d'impatience. Je venais l'informer qu'un navire français était en vue. Il est monté sur le pont, l'a regardé avec indifférence et s'est retiré.

. * .

Les hommes de notre équipage ne manquent pas
de faire force conjectures sur le but de notre voyage. C'est même le sujet habituel de leurs conversations; ainsi que moi, tous ignorent à coup sûr l'avenir qui nous attend; mais tous ne souhaitent pas
moins de voir promptement se réaliser les désirs
du capitaine.

Ils sont si bien à bord, que jamais on n'entend une
plainte, un murmure; mais aux sentiments dévoués
que leur inspirent les bons traitements de celui qui
les commande se mêle un respect presque super-
stitieux. Je suis certain que s'il venait à disparaître
emporté par un coup de mer, tous garderaient au
fond du cœur cette conviction d'avoir eu pour capitaine un envoyé de Dieu ou du diable.

Celui en qui se résume le mieux l'opinion de nos
matelots est le premier maître d'équipage, Jean-
Marie, faisant fonctions d'officier; c'est le seul de
nous tous qui se soit embarqué en même temps que
le capitaine; il y a dix-huit mois : son dévouement
pour son chef est presque du fanatisme.

Jean-Marie a navigué sous l'empire, à bord des
corsaires qui portèrent si haut et si ferme les glorieuses couleurs de la France; il a servi dans la

mer des Indes, sous les ordres de Surcouf, de Du-
tertre. Souvent le capitaine l'invite à dîner avec
nous, et lui demande le récit de quelques-uns des
combats auxquels il a pris part.

C'est bonheur alors de voir le vieux maître s'é-
chauffer au feu de ses souvenirs, en retraçant dans
leurs moindres détails ces engagements meurtriers,
pendant lesquels chaque homme devenait un héros.

Pour lui, ainsi que pour beaucoup d'autres, la
conclusion avait été de longues années sur les pon-
tons; aussi, en dépit du temps qui aurait dû avoir
amené l'oubli, chaque fois qu'il parle de tout ce
que souffraient dans ces affreuses prisons nos pauvres compatriotes, il le fait en termes tellement
brûlants, qu'il est facile de sentir vivre dans chaque
parole la soif d'une revanche.

Un jour, comme je hasardai quelques mots pour
calmer l'exaspération croissante du vieux marin, le
capitaine m'arrêta avec vivacité, et me dit :

— Oh! laissez-le continuer, monsieur, il a raison.
Oui, malheur! malheur à une nation qui, loin de
tendre à atténuer les souffrances générales qu'en-
traîne la guerre après elle, pour satisfaire les exigences de la politique, foule aux pieds les saintes
lois de l'humanité, se conduit de manière à soule-
ver les haines privées, et laisse au fond du cœur de

ceux qui furent de loyaux adversaires avec le souvenir de ses injustices, grandir l'espoir de la vengeance.

* *

Depuis trois jours le bonheur qui a présidé à notre traversée de Calcutta au point où nous nous trouvons nous a abandonné ; nous sommes en calme plat à l'entrée du détroit de la *Sonde* ; vingt-quatre heures de bon vent nous conduiraient au mouillage, mais nulle apparence ne l'annonce.

Quel supplice ! sur la tête le soleil à pic de l'équateur, sous nos pieds le pont du navire qui semble prêt à s'enflammer en dépit des arrosements fréquents dont on l'inonde ; la chaleur fait entrouvrir ses coutures ; les corps gras dont sont enduites nos manœuvres dormantes tombent goutte à goutte ; la mer présente l'aspect d'une immense surface huileuse, inerte, morte ; pas un souffle ne l'agite, pas une houle ne la soulève ; seulement, de temps autre à l'*aileron d'un requin* coupe sa surface miroitante : tel est le calme des eaux que nous pouvons, pendant qu'il rôde autour de nous, suivre les rides de son sillage à un mille au moins de distance. Sous l'action énervante de l'atmosphère embrasée, tous les corps s'affaissent, l'esprit lui-même éprouve un engourdissement lourd qui rend pénible la moindre préoccupation : ce qui pèse sur nous n'est ni le repos ni le sommeil de la nature, c'est sa léthargie.

Seul, le capitaine semble conserver son activité physique et morale ; ce contre-temps et le retard qui en résulte le contrarient beaucoup, sans nul doute, mais rien ne trahit son impatience ; seulement, il interroge du regard l'horizon, y cherche en vain des indices d'un changement que nous désirons vivement, et m'adresse souvent la parole, peut-être un peu pour tromper l'ennui, mais aussi, j'en suis certain, pour obéir au besoin qu'il éprouve de faire diversion à ses pensées. Il me semble que je pourrai bientôt les connaître, il faut pour cela que j'aie entièrement gagné sa confiance ; car s'il me livre son secret, ce sera qu'il m'aura jugé digne d'être son confident, mais il ne le laissera jamais échapper.

*
* *

Hier, pour distraire un peu nos hommes, a eu lieu une distribution extraordinaire de vivres et de liquides ; les deux maîtres ont dîné avec nous à la chambre ; le capitaine a fait servir du champagne.

J'ai bientôt renoncé à tenir tête à Jean-Marie et à
son collègue, qui sablaient le *Moët* et le *Sillery*
comme de l'eau claire. A mon grand étonnement,
le capitaine a continué jusqu'à la fin du repas, et
pendant que les deux maîtres nous quittaient la
parole un peu embarrassée, la figure enluminée, lui,
qui d'ordinaire ne boit que de l'eau rougie, resta
avec moi, toujours pâle, calme. Quand nous fûmes
sur la dunette, à fumer nos cigares, il reprit pour
thème de la conversation son sujet habituel : mon
avenir, mes projets.

Ces entretiens intimes n'ont pour lui d'autre but,
je le crois, que de le fixer entièrement sur mon
compte. Il cherche à me deviner : en vérité, il ne
doit pas avoir grande peine; peut-être même la
franchise avec laquelle je me montre à lui l'étonne
et lui fait croire que je dissimule; après tout, nous
sommes depuis si peu de jours ensemble que sa
défiance n'aurait rien qui pût m'offenser ou me
surprendre.

Quant à moi, j'ai renoncé à l'étudier, à l'observer
ou plutôt à l'espoir que j'avais de le deviner : c'est
un mystère vivant, un coffre bien clos, et je n'ai pas
de clef pour l'ouvrir. Quel sujet d'études pour un
observateur cependant! mais il dérouterait, je n'en
doute pas, par la seule puissance de sa volonté

toutes conclusions logiques; aussi j'attends que
l'heure soit venue, et elle viendra, j'en suis certain; ma discrétion poussée jusqu'à l'indifférence
lassera sa réserve obstinée, et puis je ne sais, mais
un pressentiment secret me dit que la rencontre
de cet homme exercera sur ma destinée une influence à laquelle je ne désire pas me soustraire.

* *
*

Nous venons enfin de doubler la pointe de *Cara-*
van et donnons dans la rade de Batavia. Après être
longtemps resté dans la mâture pour explorer le
mouillage, le capitaine vient de descendre. Je crois
qu'il éprouve une déception, en dépit de son impas-
sibilité, je devine que ce qu'il cherche n'est pas ici.

Je quitte l'avant, où je viens de faire *parer* nos
ancres, et me rends près de lui, qui me fait appeler.

— J'ai tout lieu de croire, me dit-il, que nous
ne sommes pas au bout de notre voyage, et probablement nous ne ferons qu'un court séjour ici. Vous
plaît-il toujours, monsieur, de suivre ma fortune?

— Mais certainement! plus que jamais, capitaine; d'ailleurs, n'ai-je pas signé un engagement
d'une année......

— Qui serait complétement annulé, monsieur

Adrien, si, pour une cause que je ne chercherais même pas à connaître, vous désiriez voir se terminer une campagne dont vous ignorez les motifs et le but : réfléchissez avant de répondre.

— Mes réflexions sont toutes faites : je n'ai pas eu un moment l'intention de vous quitter, et s'il vous plaît d'agréer mes services, une fois pour toutes ma volonté est de vous suivre; dussiez-vous aller au bout du monde et n'en jamais revenir.

Pour le coup j'ai frappé si juste en rendant ma pensée avec tant de vérité, qu'il a compris l'affectueux dévouement qu'il a su m'inspirer.

En me répondant, son regard était amical, sa voix émue.

— Merci, m'a-t-il dit, mon jeune ami; désormais je ne douterai plus de vous. Et pour préluder aux fonctions de capitaine, que vous serez bientôt appelé à remplir, vous allez commander le mouillage; Jean-Marie prendra votre place au *bossoir*. Puis il est descendu dans sa chambre.

En dépit des préoccupations du moment, pas une de ses paroles ne m'a échappé; du reste, le brick se manœuvre si bien que lorsqu'un officier du port est venu nous désigner l'endroit où doit tomber notre ancre, le *Mystery* s'y range comme un cheval à l'écurie. Cinq minutes après, quand il remonte avec l'officier que j'ai fait conduire près de lui, tout est en place, et l'équipage se croise les bras.

Pendant que le Hollandais contemple avec un étonnement manifeste la sévère tenue de notre navire, le capitaine s'est approché de moi et m'a fait un compliment que j'ai accepté avec plaisir, car de sa part il n'y a rien de banal.

Puis il a ajouté :

— Je vais à terre avec cet officier, et je regrette de ne pouvoir vous y emmener ; mais l'état sanitaire de la colonie, d'après ce que je viens d'apprendre, est excessivement mauvais ; la dyssenterie, les fièvres y font de grands ravages ; je ne veux pas que nos hommes débarquent. Dans peu d'heures je serai de retour, et ne quitterai plus le bord ; alors vous serez libre jusqu'au départ, qui aura lieu demain. Au revoir, mon ami ; répétez à l'équipage ce que je viens de vous dire, et occupez-le à préparer nos pièces à eau : des *corvées* vont venir les prendre pour les remplir.

Si j'entre dans ces détails de peu d'intérêt, c'est qu'ils indiquent les nouvelles relations qui, à partir de ce jour, s'établirent entre le capitaine et moi, non-seulement officielles, quoique affables ainsi qu'elles devraient toujours exister, mais jusqu'au dernier moment intimes, bienveillantes, dévouées des deux côtés.

Peu de temps après, deux grandes barques, montées par des *Malais*, vinrent nous apporter l'eau dont nous avions besoin. Le patron de l'une d'elles me remit une lettre ainsi conçue :

« J'ai oublié, mon ami, de prévoir les visites que pourraient vous faire ceux de nos compatriotes qui sont en rade. *Pour eux*, apprenez que notre voyage a pour but le placement, le plus avantageux possible, des liquides qui sont dans notre *cale*.

« Votre ami dévoué,

« ALFRED. »

Ces mots « pour eux » soulignés me disent clairement que je ne dois attacher pour mon compte aucune importance au contenu de cette lettre.

*
* *

Pendant que l'embarcation qui vient de ramener le capitaine me conduit à terre, où je peux rester avec son autorisation jusqu'à demain, je me répète ce qu'il vient de me dire et m'étonne de plus en plus. Voici ses paroles :

— Je serais peut-être sage de vous retenir ici,

car la ville est littéralement encombrée de victimes
de l'épidémie qui la ravage ; mais vous devez éprouver le besoin de mettre le pied à terre, et le
désir de voir un pays que vous ne connaissez pas.
Allez donc; mais pas d'imprudences, n'oubliez
pas qu'il importe aujourd'hui beaucoup à tous deux
que vous vous gardiez sain et sauf. Demain, à dix
heures, le grand hunier sur ses *cargues* vous aver-
tira de revenir. Jusque-là prenez quelques distractions pour oublier les ennuis que vous impose ma
présence, et vous préparer à la subir encore quelque temps. Au revoir ! mon ami.

Puis, avant que j'aie pu lui répondre, il avait
adressé quelques mots aux Malais qui montent l'embarcation, et ceux-ci se sont si rapidement éloignés que je n'ai même pas eu le temps de le remercier.

Il faut avoir soi-même rempli les fonctions de
second sur un bâtiment marchand pour concevoir
tous les désagréments qui s'y rattachent, et celui
qui le premier a cru en donner une idée en ap-
pelant le second *le chien du bord* est resté, selon
moi, beaucoup au-dessous de la vérité. En effet,
si nous devons d'un côté obéissance passive, absolue à celui qui commande, nous avons à supporter
tous les ennuis qui découlent de l'autorité immé-

diate que notre position nous force d'exercer sur
l'équipage. Intermédiaire entre un pouvoir absolu
trop souvent capricieux et ceux sur qui il pèse,
que de fois il nous faut faire exécuter des ordres
inutiles, fantasques, et, tout en portant le poids
de leur exécution, recevoir, comme s'ils émanaient
de nous, les récriminations qu'ils soulèvent, sans
pouvoir les faire remonter jusqu'à celui qui en est
la cause.

Puis ajoutez à cela, dans les ports, les débar-
quements et embarquements des cargaisons, la
responsabilité de leur bon état de conservation, la
surveillance de ces mille détails qui constituent
l'armement d'un navire, et vous avouerez que nous
devons quelquefois envier le sort du pauvre animal
auquel on nous compare. Lui, au moins, s'il est
forcé d'obéir, il ne l'est pas de commander, et après
l'avoir fait il peut dormir.....

Depuis cinq ans je subissais les rudes épreuves
du métier de second; souvent elles m'avaient fait
envoyer la marine au diable, et voilà que tout à
coup elles me procurent une position si douce,
tant de bien-être, que je m'effrayais à l'idée de la
voir changer.

Aussi, pendant que mes rameurs battaient de
leurs avirons les eaux de la rade en accompagnant

leurs mouvements d'un chant monotone, cadencé,
je me trouvais si complétement heureux, qu'une
crainte vague vint me traverser l'esprit. Il est impossible, pensais-je, que cela dure longtemps. Bientôt peut-être, m'a dit le capitaine, je prendrai sa
place; mais lui que deviendra-t-il?..... voudrait-il
me faire naviguer, comme il prétend le faire, par
plaisir? Merci! j'aime la mer, mais pas assez pour
la courir en amateur..... Et enfin lui, encore lui,
que fera-t-il?..... où s'arrêtera-t-il?.....

Et le doute, l'inconnu longtemps prolongé finis-
sent tellement par accabler l'âme, que j'oubliais le
présent, tout aux incertitudes de l'avenir, quand
l'embarcation se heurta au débarcadère.

A peine avais-je mis pied à terre que le cocher
d'une voiture arrêtée près du môle vint au-devant
de moi, et me dit qu'il était chargé par le capitaine
de se mettre à ma disposition pour me conduire
à l'hôtel où lui-même avait pris la peine de retenir
mon logement.

En vérité, je ne sais plus que penser : de telles
prévenances de la part d'un homme que je connais
depuis si peu de temps me paraissent extraordinaires, et pendant le trajet du débarcadère à *Ko-
neings-Plein*, où je descends, je me casse la tête
à en chercher la cause et le but. Poussé à bout,

8

je prends le parti décisif de provoquer une explication à la première circonstance opportune, sans cependant vouloir faire disparaître le seul titre que je me reconnaisse à ses égards, la confiance que je lui ai jusqu'à ce jour témoignée. Non, loin de là, je me bornerai seulement à lui faire comprendre que sa bienveillance à mon égard est peu justifiée par les services que je lui rends dans l'exercice de mes fonctions, si largement rétribuées, et qu'il me tarde d'être mis à même de lui prouver ma reconnaissance. Il sentira, je l'espère, la délicatesse du sentiment qui me fait agir; car, en vérité, je ne peux plus longtemps accepter la position qu'il me crée, ce serait prendre pour un avenir, que je ne soupçonne même pas, un engagement tacite, et devant son exécution plus tard peut-être serais-je forcé de reculer?

Cette décision bien arrêtée dans mon esprit, je cherche en me promenant des distractions dont je sens le besoin.

Mais Batavia à cette heure n'en présente guère, tous les Européens ont déserté la ville pour les riantes campagnes qui l'entourent.

Les quartiers habités par les indigènes, le *Campong* chinois, offrent le plus triste coup d'œil, partout des figures hâves, blêmes, de malheureux frappés par le fléau qui les décime; les abords des hôpitaux sont encombrés par une foule de malades, et pour un mort qu'on emporte dix mourants sont là, demandant à grands cris la place qu'il occupait.

J'avais eu l'occasion de voir dans plusieurs colonies la fièvre jaune, le *vomito negro*, mais jamais rien de pareil n'avait attristé mon âme et ma vue.

Je ne veux pas rester à terre plus longtemps.

Quel infernal pays ! partout une nature qui inonde littéralement le sol de ses plus riches trésors; mais sous ces ombrages sans cesse verdoyants, sous les palmes gigantesques des cocotiers, dans ces touffes si fraîches de bambous, sous ces dômes de feuillage où s'épanouissent tant de fleurs embaumant l'air, sous ces lianes qui, semblables à de monstrueux reptiles, tordent leurs replis autour des troncs majestueux, partout la fièvre, la dyssenterie, la mort.

Quelle dérision! fuyons, laissons ce beau ciel aux fleurs qui puisent dans un sol marécageux, infect, leurs parfums et l'éclat de leurs corolles; laissons ces sombres massifs aux milliers d'oiseaux dont le plumage, aux reflets métalliques, resplendit comme autant de saphirs, de rubis, d'émeraudes, et allons en rade respirer la brise du large.

J'arrivai à propos à l'embarcadère, un canot du *Mystery* venait de l'accoster, et Jean-Marie, qui le commandait, m'apportait de la part du capitaine l'ordre de rallier immédiatement le navire, sur lequel se faisaient les préparatifs du départ.

Je m'étonnais de ce changement dans la décision du capitaine qui m'avait positivement informé que nous ne mettrions sous voile que le lendemain; mais quelques mots du vieux maître vinrent changer ma surprise en vive anxiété, pendant que nos hommes nageaient vigoureusement.

— Ah, monsieur Gérard, me dit-il, il faut en vérité qu'il soit bien malade pour le laisser paraître.

— Comment malade? m'écriai-je.

— Parbleu oui, et plus encore qu'il ne le croit, peut-être.

— Mais que vous a-t-il dit?

— Oh! peu de choses. Le mousse était venu m'avertir d'aller lui parler dans la chambre; j'y vais, je le trouve la tête appuyée sur la grande table; au bruit que je fais, il se redresse à peine.

— Ah! c'est toi, me dit-il, mon vieux brave, fais de suite mettre à la mer ma baleinière, prends six hommes, et allez à terre, vous ramènerez notre second : il faut que nous partions de suite; nous sommes peut-être déjà restés trop longtemps ici ; va vite, nous serons *à pic* quand vous reviendrez. En finissant il a laissé retomber sa tête sur la table ; j'ai entendu le bruit qu'a fait son front en la cognant.

— Tout cela ne me dit pas qu'il soit malade, comme vous le supposez.

— Cré nom ! monsieur Gérard, ah ! vous ne croyez pas qu'il soit malade, vous ; mais sa figure, quand il me parlait, était rouge comme l'étamine du pavillon. Je vous dis, moi, qu'il a le feu dans le corps ; et puis pensez donc, il avait de la peine à tenir sa tête droite, lui qui, le diable m'emporte, ne la baisserait peut-être même pas devant le bon Dieu. Oui, vrai, il a été obligé de la laisser tomber sur la table, et pas doucement encore ; aussi, ma parole, je ne sais..., mais j'ai diablement peur ; car un homme comme lui qui s'arrête, c'est fichu, voyez-vous, comme un bas mât qui a craqué ; seulement, il n'y a pas moyen d'y faire de *rousture*.

Ces paroles et le ton du vieux maître m'avaient, comme on le pense, vivement inquiété ; à mesure que nous approchions du brick, il m'était facile de voir qu'on n'attendait plus que nous pour partir : les voiles étaient larguées et nous entendions le bruit de la chaîne de l'ancre qui s'enroulait sur le *guindeau*.

8.

Sitôt arrivé, je descendis dans la chambre, et le trouvai dans la position où l'avait laissé Jean-Marie.

— Me voilà, capitaine, lui dis-je, qu'avez-vous?

— Ah! c'est bien, mon ami; je souffre horriblement, mais ce ne sera rien; remontez, pressez l'appareillage; fuyons au plus vite cette terre empestée... La route à l'*est*, allez vite, vous reviendrez lorsque nous serons sous voile; peut-être dans un moment irai-je vous trouver... Le plus pressé est de partir, et Dieu veuille que vous-même ne soyez pas resté trop longtemps à terre! Allez...

⁎
⁎ ⁎

Un quart d'heure plus tard, à l'entrée de la nuit, le *Mystery*, couvert de toile, poussé par une brise variable de la partie du nord, courait dans l'est; tout avait repris à bord son aspect ordinaire, seulement les matelots, avertis par le maître, jetaient souvent des regards inquiets vers la dunette, dans laquelle je me hâtai de rentrer.

Je n'y trouve personne; le petit salon de la bibliothèque est ouvert, je regarde rapidement, personne, et je remarque que le sabord de derrière servant de fenêtre est aussi ouvert, son mantelet levé. Je conçois un doute affreux, m'approche vivement de la porte fermée de sa chambre particulière, et l'appelle.

La première fois, pas de réponse; je frappe légèrement.

— Est-ce vous, monsieur Adrien? murmure une voix que j'entends à peine.

— Oui, capitaine, je viens comme vous me l'avez dit.

— Entrez, mon ami, entrez.

En appuyant ma main sur le cristal du bouton de cette porte, dont nul autre que lui n'avait jamais franchi le seuil, j'éprouvai un moment d'hésitation : il ne disparut qu'à ces mots, cette fois distinctement prononcés : « Venez, mon ami. »

D'abord je ne vis que lui, assis ou plutôt affaissé devant la tablette d'un secrétaire : en dépit de la chaleur du climat, il avait jeté sur ses épaules un gros *paletot* de mer.

A ma vue il se souleva un peu, et je pus voir la teinte ardente de sa figure habituellement pâle, pendant que son regard, toujours expressif, restait terne, presque hagard.

— Vous souffrez, capitaine? lui dis-je.

— Que voulez-vous, mon ami, ne faut-il pas que tous à un moment donné payent un tribu à la faiblesse de notre pauvre nature?

Puis, ma figure exprimant sans doute l'inquiétude
que je ressentais, il ajouta :

— Mais ne craignez rien, ce ne sera qu'une crise
de peu de durée, j'en suis certain ; un accès de fièvre
déterminé par l'influence du climat, et que mon esprit, sans cesse tendu et contrarié, me ménageait depuis longtemps ; j'ai du reste trouvé un moyen de
guérison infaillible, et c'est vous qui me l'avez apporté.

— Moi ?

— Oui vous, mon ami.

· L'effort visible qu'il faisait pour parler l'ayant fatigué, il garda un moment le silence, puis il reprit :

—Seulement, ce soir, j'ai la tête brisée ;.... je souffre trop,..... il me faut cette nuit de calme... Regar-
dez-vous bien comme le capitaine du *Mystery*, voyez
à tout ;.... demain, je l'espère, la crise sera passée.
Enfin il me congédia en me disant :

— J'oubliais : nous allons à la Nouvelle-Hollande ;
j'espère ne pas aller plus loin. A demain.

En le quittant, je remontai sur le pont pour donner l'ordre aux deux maîtres de se partager les quarts
jusqu'au lendemain, et de venir m'informer si quelque chose d'imprévu se présentait : pour moi, je me
réservai de passer la nuit à sa porte, prêt à rentrer
au moindre bruit, et me rendis dans la bibliothèque.

* * *

La chambre du capitaine, dans laquelle j'étais entré, offrait un étrange aspect; l'anxiété que j'éprouvais ne m'avait guère permis d'en étudier les détails, cependant ils m'avaient tout de suite péniblement impressionné; aussi je ne doutais pas que celui qui l'habitait ne portât au fond du cœur le deuil dont il s'était entouré.

Toutes les cloisons étaient à l'intérieur revêtues d'un placage en ébène; un rideau de soie noire laissait à peine filtrer à travers les sabords un jour affaibli, sombre, ne faisant même pas miroiter la surface polie des panneaux; le lit, couvert d'une simple natte foncée, un secrétaire, des étagères en bois des îles entièrement noir, se fondaient, effaçant presque leurs reliefs dans la teinte lugubre de l'ensemble.

Aussi la vue ne pouvait manquer de se reposer sur deux cadres suspendus au-dessus de la couchette, l'un à la tête l'autre au pied.

Le premier, large médaillon en palissandre, renfermait un portrait de jeune femme d'une beauté presque idéale. Cependant, si au premier coup d'œil on pouvait le prendre pour une brillante fantaisie d'un

grand artiste, on devinait promptement qu'il avait
dû s'inspirer de la vérité.

Je n'avais jamais vu auparavant, et ne verrai probablement jamais sur la toile ou le papier un ensemble si harmonieux d'expressions diverses : le
pastel, aux teintes habituellement si douces, avait
réussi à rendre avec énergie toutes les passions de
l'original ; on lisait dans ses grands yeux noirs un
mélange indicible de fierté et de douces aspirations ;
les lèvres, bien accusées, d'une bouche admirable,
aux contours à la fois fermes et gracieux, semblaient
entr'ouvertes pour laisser tomber un ordre souverain,
ou un de ces mots qui font damner une âme ou la
portent au ciel, et même sans la mantille qui voilait
à demi l'albâtre du front, et l'arc prolongé des sour-
cils venant se fondre sur les tempes, tous ceux qui
ont pu contempler quelques beautés espagnoles,
auraient promptement reconnu dans ce portrait un
de leurs types les plus accomplis.

Le cadre vis-à-vis, de même forme, renfermait un
portrait à l'huile ; c'était une tête d'homme blond,
mais la tête seule, coupée immédiatement au-dessous
du menton, terminée par un trait brusque, tranché,
et jetée sur un fond noir. On eût été tenté de croire
que le peintre en avait saisi la ressemblance dans le
trajet qu'elle avait dû parcourir pour arriver de la

bascule au panier de l'échafaud ou tout au moins l'avait trouvée en faisant des études anatomiques sur les dalles d'un amphithéâtre. Cependant, la distinction des traits ne permettait pas de supposer que telle avait été la destinée de l'original.

Maintenant, quelle influence avaient eue sur la vie du capitaine ceux dont j'avais vu les portraits ? Je ne pouvais le deviner, mais je restai convaincu que de graves événements avaient dû mêler leurs trois existences.

J'étais beaucoup trop inquiet pour me livrer à des suppositions, et partageai l'avis de Jean-Marie en me rappelant ses paroles : « Il faut qu'un homme « comme lui soit bien malade pour le laisser paraître. »

Assis près de la porte, j'écoutais en silence, cherchant à saisir le plus léger bruit ; mais en dépit de de mon attention, rien ne trahissait la présence d'un être animé, à quelques lignes de moi, de l'autre côté de la cloison, sur laquelle j'appuyais fréquemment l'oreille.

Je restai ainsi bien longtemps, respirant à peine ; la nuit était déjà avancée quand j'entendis le froissement de papiers qu'il feuilletait sans doute, puis le bruit d'une serrure dont on tire la clef ; un peu rassuré, j'allais monter sur le pont au moment où sa porte s'ouvrit, et je le vis sur le seuil, une petite lampe à la main; ma présence n'eut pas l'air de l'étonner; ce fut en souriant qu'il me dit :

— J'étais certain que vous étiez là. Vous me veillez, n'est-ce pas?

— Il est vrai, capitaine, que j'ai été assez alarmé pour m'être permis de venir souvent écouter à votre porte.

— Bah! vous avez tort de ne pas m'avouer que vous ne l'avez pas quittée. Merci, mon ami, de votre bienveillance affectueuse; l'accès de fièvre a été violent, mais il est passé.

— J'ai dormi un peu, et me suis éveillé la tête non entièrement libre, mais calme; maintenant je vais prendre l'air là-haut; venez avec moi, puis vous rentrerez; vous devez aussi avoir besoin de repos.

C'était une de ces nuits si douces, si bonnes dans les régions tropicales, pendant lesquelles on se sent vivre, après être resté tout le jour plongé dans l'affaissement, la somnolence que provoquent les rayons du soleil perpendiculaires sur votre tête.

On n'entendait que le frémissement de l'eau sur les flancs de notre brick, qui semblait l'effleurer, léger, rapide comme le fer sous les pieds d'un agile patineur; parfois seulement, un bruit aigu, répété,

arrivait jusqu'à nous ; c'était l'oiseau des tropiques,
le *paille-en-queue,* planant au-dessus de la mâture,
et dont le cri pendant les ténèbres dit la surprise
que lui fait éprouver cette masse de toiles, de cordes et de bois qui fend silencieuse la nuit et la mer.

Lorsque nous fûmes tous deux sur la dunette, le
capitaine s'approcha de moi en me disant :

« Quoi qu'il arrive plus tard, mon ami, je peux
être certain, désormais, que le *Mystery* aura un
commandant comme je pouvais le souhaiter, et je
vous remettrai mes pouvoirs sans nulle inquiétude
si par hasard je le quitte bientôt, ce que j'espère ; je
commence en effet à être usé, ces courses me fa-
tiguent. Je viens d'avoir le bonheur de trouver en
moi assez d'énergie de volonté pour faire réagir le
moral sur le physique ; mais, je le sens, je serai bientôt brisé par la lutte que je soutiens depuis trop
longtemps.

« Vous avez deviné, n'est-ce pas, mon ami, que
mon existence devait être dévorée par de doulou-
reux souvenirs ?

— Oui, capitaine, repris-je vivement ; depuis le jour
où j'ai eu l'honneur de vous voir pour la première
fois, en pleine mer, j'ai souvent pensé que vous aviez
dû traverser de cruelles épreuves. Cette conviction
n'excita d'abord que ma curiosité ; je ne vous con-

9

naissais pas encore. Aujourd'hui , c'est autre chose ;
la confiance que vous m'avez inspirée est telle que
s'il ne vous manque, pour oublier, que le dévouement d'un frère, l'affection d'un fils, parlez, capitaine, me voilà.

— Merci, toujours merci ; peut-être accepterai-je
plus tard. En attendant, il faut que vous sachiez à
qui vous offrez ainsi tout ce que vous avez de bon
dans le cœur. »

En finissant, il s'était levé, nous descendîmes dans
la chambre : là, après avoir pris un cahier, il me le
remit.

« Voilà, me dit-il, mon confident depuis de longues années : souvent quand il m'arrivait de sentir
ma tête faiblir sous la pression de mes pensées, mon
cœur gonflé battre à se briser, alors je reposais l'un
et l'autre en versant le trop plein sur ces feuilles ;
puis, dans les moments de calme, elles me permettaient de repasser le roman de ma vie sans fatigue,
sans effort de mémoire, et leur lecture entretenait le
seul sentiment qui me donnait la force de vivre ; il est
vrai qu'aujourd'hui un autre a surgi : mon amitié
pour vous, qui s'alarme presque en vous les confiant.
Mais lisez-les, mon ami, et si elles jettent le doute
dans votre esprit, si elles font s'évanouir une illusion ,
vous vous direz qu'il est encore moins pénible de

profiter de l'expérience des autres que de l'acquérir
à ses dépens. »

* *
*

Seul, retiré dans ma cabine, je tenais à la main
le manuscrit que je venais de recevoir. J'allais enfin
voir se révéler le secret que j'avais tant souhaité connaître, et, chose étrange, ma main tremblait; j'hésitais. Il me semblait que par cette lecture j'allais
m'associer à la destinée de cet homme, encore pour
moi mystérieuse.

Enfin, la curiosité, l'intérêt, prirent le dessus; je
me mis à lire ce qui suit.

Le manuscrit portait pour suscription ces mots:

MA VIE.

« Je m'appelle le comte Alfred d'........ Le nom
que je porte est un nom qui se trouve glorieusement
mêlé aux annales de l'histoire maritime de notre
pays; il a été illustré par le courage, le dévouement
de mes aïeux. Il doit s'éteindre avec moi. Je reste
le seul représentant de la race qui l'a porté.

Je n'ai jamais connu ma mère, morte en me donnant le jour, et j'avais vingt et un ans quand la mort
de mon père me laissa son titre et sa fortune; j'étais
aspirant de première classe. J'aimais ardemment

l'état que j'avais embrassé par une vocation qu'avaient
fait naître dès mon enfance les traditions de la famille. Riche, maître absolu de mes actions, il ne me
vint pas un seul instant à la pensée de renoncer à la
marine pour jouir en désœuvré de la position que
me faisaient et ma richesse et mon nom ; loin de là,
rien ne m'attachant plus à la terre, je me rattachais
encore plus, s'il était possible, à la vie maritime.

Après avoir donné à mes affaires quelques mois
de congé que je passai au château qu'avait habité
mon père, je me rendis à Toulon me mettre à la disposition du ministre de la marine.

A cette époque, il n'était bruit dans ce port que
d'une expédition scientifique ayant pour but de visiter les terres les moins connues du globe. Je sol-
licitai l'honneur d'en faire partie, et, grâce aux notes
avantageuses que donnèrent sur mon compte les com-
mandants sous les ordres de qui j'avais servi, je fus
désigné et partis pour une campagne qui dura plus
de trois ans.

Au retour, décoré et nommé enseigne de vaisseau,
j'obtins un congé de convalescence de six mois. Pendant le voyage, dans un engagement que nous avions
eu avec les sauvages d'une île de l'Océanie, j'avais
été blessé à l'épaule par une de leurs flèches. Cette
blessure, mal cicatrisée, me faisait encore parfois

ressentir de vives douleurs ; les médecins m'engagè-
rent à aller passer une saison aux bains de Baréges.
Je suivis leurs conseils et me rendis aux Pyrénées.

Mais avant mon départ j'étais allé en Bretagne,
faire une visite au château de D......, et en le quittant j'emmenai avec moi un vieux serviteur de ma
famille.

Ce fut lui qui se chargea des préparatifs. Jeune,
riche (j'avais à cette époque environ cinquante mille
francs de rente), je voulus pendant ce voyage jouir
de tout le bien-être que me permettait ma fortune ;
je fis emplette d'une chaise de poste, et nous nous
mîmes en route, voyageant à petites journées,
séjournant dans les villes qui m'offraient quelque
intérêt, usant enfin de la liberté comme pouvait le
faire dans ma position un jeune homme de vingt-
quatre ans.

Descendu dans le premier hôtel de Baréges, je
vivais entièrement livré aux soins que réclamait ma
santé, fatiguée par les épreuves de la longue campagne que j'avais faite et l'accident que j'avais éprouvé ;
et puis les relations que j'aurais pu me créer ne
paraissaient pas devoir m'offrir de distractions pré-
férables à celles que je trouvais dans quelques parties de chasse et mes courses dans les montagnes ;
ainsi, en dépit des prévenances que me valaient les

indiscrétions de mon vieux serviteur, je vivais dans un complet isolement.

Ma santé ne tarda pas à se ressentir de ce genre de vie et des soins qui m'étaient donnés. Enfin, j'allais, complétement rétabli, quitter Baréges, quand un fait imprévu vint changer mes projets et décider du sort de mon existence.

C'est, en vérité, chose bizarre ! Lorsque par la pensée on revient en arrière dans la vie , comme je le fais à cette heure, que de se rendre compte, après de longues années, des causes qui sont venues vous jeter en dehors des voies que vous suiviez.

Qui a posé ces pierres sur la route pour vous faire dévier du chemin et vous jeter dans un autre ? Quand vous livrez au souffle d'une brise douce, régulière, les voiles de la barque, qui fait tout-à-coup souffler de tous les points de l'horizon les vents dont le plus fort vous enlève ? Lorsque, sans vous en douter, vous portez au fond du cœur une mine dont l'explosion le brisera, qui met là, devant vous, une main incendiaire ?

Notre folie, notre inexpérience, la faiblesse inhérente à la nature humaine…; soit, je le veux bien…. Mais ne parlons pas encore des passions ; elles n'existaient qu'à l'état de germe, qui se serait peut-être desséché si un jour, par un fait en dehors de notre volonté, il ne s'était trouvé devenir fécond..

Seulement, direz-vous, et cette réponse seule est logique, si le hasard, puisqu'il faut, malgré tout ce qu'il a de vide, prononcer son nom, si le hasard a posé, la première fois, la pierre qu'a heurté votre pied, s'il a déchaîné la première fois l'orage qui vous a emporté ; si la première fois, il a fait jaillir l'étincelle qui alluma l'incendie : il n'a fait que ce que vous auriez fait plus tard de votre plein gré, avec votre libre arbitre.... infailliblement vous eussiez cherché la pierre, le vent, l'étincelle... soit.

Dans l'appartement immédiatement au-dessus de celui que j'occupais dans l'hôtel étaient logées deux dames, la mère et la fille ; elles vivaient seules, retirées, et ne paraissaient jamais à la table où, comme les autres locataires de la maison, je prenais mes repas. Plusieurs fois il m'était arrivé, soit en montant soit en descendant l'escalier, de me croiser avec elles; tout jusqu'alors s'était borné à un échange de saluts, respectueux de ma part, polis de la leur. A peine avais-je remarqué la rare beauté de la jeune personne.

Quelquefois, il est vrai, le soir, accoudé sur mon balcon, le regard errant vers les cimes des montagnes, tout en fumant mon cigare, j'avais été arraché à mes rêveries par une voix ravissante d'ampleur et

de souplesse ; mais pour moi ce timbre si frais, si
pur, n'avait éveillé d'autre pensée que celle que je
formulais ainsi, souvent même en fermant ma fenêtre : « Quel magnifique organe! une vraie voix de
théâtre, » et, sur ce, je me couchais sans avoir re-
tenu une des paroles que j'avais entendues, sans que
mon oreille eût gardé le moindre souvenir des sons
mélodieux qui avaient vibré autour de moi.

J'étais à la veille de mon départ, lorsqu'une vieille
dame, autant qu'il m'en souvienne, la femme d'un
président d'une cour royale, proposa pour le lendemain une partie de plaisir à laquelle devaient prendre part tous les habitués de la table d'hôte ; il s'agissait d'aller ensemble faire une visite à la promenade
que l'on appelle le *Sopha de Boucherolle*, et d'un
déjeuner sur l'herbe, en plein air, dans la montagne. Moyennant un léger supplément notre hôte se
chargeait de tous les frais.

La proposition, acceptée par tout le monde, dut
me paraître aussi agréable qu'aux autres. Je ne pouvais seul, en effet, me tenir à l'écart ; mais, pour être
sincère, j'aurais préféré que la chose eût été remise
après mon départ. Tout était convenu, on était sur
le point de se séparer, quand quelqu'un de nous, la
présidente, je crois encore, fit observer que nous
avions dans l'hôtel deux dames qu'il serait poli d'in-

viter, la jeune personne qui chantait si bien et sa mère.
Tout le monde encore d'applaudir ; mais qui se char-
gera de ce soin ? Comme personne ne répondait, la
vieille dame se leva : « Ce sera moi, » dit-elle, et,
s'avançant de mon côté : « Monsieur le comte ne
me refusera pas, je l'espère, de me servir de cavalier ? »

Abasourdi de cette marque de distinction, je ne
pus qu'accepter, en remerciant de l'honneur qui
m'était fait.

Quelques instants après, j'avais endossé mon uni-
forme de grande tenue, et nous faisions demander
aux deux étrangères si elles voulaient nous recevoir.

La réponse fut affirmative, comme elle devait l'ê-
tre, et nous trouvâmes sur le seuil de l'appartement
la mère et la fille qui nous attendaient.

A l'invitation qui leur fut transmise la mère répondit par une gracieuse acceptation, en s'excusant
d'avoir jusqu'à ce moment vécu à l'écart si près de
nous tous, et donnant pour motif son état maladif
et son ignorance des habitudes françaises ; elle était
Espagnole, mais la señorita Juana, sa fille, avait été
élevée en France.

A peine, pendant notre courte visite, eus-je l'occasion d'échanger quelques mots avec la jeune per-

9.

sonne. Après avoir rendu compte à ceux qui nous
attendaient du résultat de notre mission , on se sé-
para, se donnant rendez-vous pour le lendemain à
huit heures du matin, et je rentrai dans ma chambre.

Plusieurs fois, je l'ai dit, il m'était arrivé d'apercevoir la señorita Juana, mais je n'avais jamais
comme ce jour eu l'occasion d'admirer sa mer-
veilleuse beauté. J'en fus profondément frappé. Sachant qu'elle était Espagnole, je lui avais adressé
dans sa langue quelques paroles insignifiantes, auxquelles elle avait répondu, en me témoignant le
plaisir qu'elle éprouvait d'entendre un étranger la
parler, et lorsque je fus seul, sous l'impression de
cette première entrevue, je maudissais le temps qui
me séparait du lendemain ; pour la première fois,
je dus au souvenir d'une femme quelques heures
d'insomnie. Depuis bien des années mon esprit ne
s'est pas reporté vers cette fatale soirée ; pour ali-
menter ma vie morale, j'ai eu assez du souvenir de
ses funestes conséquences ; mais aujourd'hui que je
ne vis plus que par une pensée, la vengeance ! aujourd'hui que cette pensée s'est incarnée en moi,
implacable comme le destin ; aujourd'hui que j'ai
voué à cette vengance , que je poursuis à travers le
monde , les jours qu'il me reste à vivre, sans que

rien puisse une seconde me détourner de mon but ;
pour la dernière fois je veux remonter le cours
des ans, et, froid, impartial, faire dans les événements qui ont disposé de moi et ma part et celle de
la fatalité.

Au jour, après une nuit agitée, j'étais levé, choi-
sissant parmi mes uniformes celui dont la coupe
était la plus élégante. Je voulais plaire, fou que j'é-
tais ! Dans mon inexpérience du monde, j'ignorais
avoir mieux que ces hochets, un million de fortune
et mon titre de comte.... Huit heures n'étaient pas
encore sonnées lorsque je descendis. J'étais le pre-
m ier au rendez-vous.

Je profitai de ce moment pour donner des ordres
de manière à ce que notre déjeuner fût aussi confortable que possible ; recommandant à notre hôte
un secret absolu ; on devait naturellement l'attribuer au supplément que nous nous étions imposé,
ou à une libéralité de sa part.

Peu à peu nous nous trouvâmes au complet, il ne
manquait à notre réunion que les deux étrangères ;
alors je pris ma revanche de la veille, et fus offrir
mon bras à madame la présidente pour les aller
chercher, car elles ne pouvaient se présenter
seules.

Nous n'attendîmes que peu d'instants. Elles arrivèrent prêtes, s'excusant de la peine qu'elles nous donnaient.

Dès qu'elles eurent été présentées à notre réunion, un vieux colonel retraité s'empressa d'offrir son bras à la señorita Juana, sa mère prit le mien, et nous nous mîmes en route à travers la rue étroite, tortueuse, qui forme la petite ville de Baréges.

Chemin faisant, la conversation roula sur des sujets assez indifférents; les motifs qui nous avaient amenés aux eaux, le temps que nous comptions encore y rester, le changement qu'avait apporté dans l'état de nos santés notre séjour dans les Pyrénées; aussi j'enviais le sort du colonel, dont les plaisanteries excitaient le rire de sa jolie compagne. Quelquefois elle détournait la tête pour échanger un mot avec sa mère, et j'entrevoyais son adorable figure, qu'embellissait encore, s'il était possible, l'expression d'une gaieté franche et presque enfantine.

Cependant, il passa par la tête du vieux militaire de rappeler qu'il connaissait, lui aussi, l'Espagne; il l'avait parcourue lors des guerres de l'empire, et, sans doute, pensant aux fatigues, aux dangers que nos troupes eurent à supporter à cette époque, il avait laissé échapper quelques paroles un peu aigres à l'adresse des Espagnols, car j'entendis la señorita Juana lui répondre vivement :

« Monsieur le colonel, tout est permis pour défendre la liberté de son pays contre les envahis-
seurs. »

Et en prononçant ces mots, comme elle avait
tourné sa belle tête vers sa mère, je pus voir encore son grand œil noir brillant, animé par la pensée qui avait dicté la réponse qu'elle venait de
faire.

—Mademoiselle a raison, colonel, seulement nous
avons eu le tort d'oublier la leçon, repris-je à mon
tour, car plus tard nous n'aurions pas subi les hu-
miliations de l'invasion étrangère.

— C'est vrai, murmura le colonel.

Un coup d'œil, qui cette fois était bien à mon
adresse, vint me remercier de l'appui que j'avais
donné à l'opinion de la jeune fille.

Mais nous étions arrivés à la promenade, où nous
devions attendre l'heure du déjeuner. Quelqu'une
des dames se plaignant de la fatigue, nous fîmes
halte, et des groupes se formèrent ; l'étiquette avait
disparu.

Je me trouvai près de la señorita Juana, et échan-
geai avec elle quelques mots.

Nous parlions de la beauté majestueuse des sites
qui nous entouraient, combien leur contemplation
élève l'âme, la pensée. Sa poétique nature voit tout

avec enthousiasme et s'exalte à l'aspect de tout ce qui est grand et réellement beau.

« Mais vous, monsieur, me dit-elle, que vous êtes heureux! Dans vos voyages vous pouviez admirer les merveilles que Dieu a semées à profusion sur toute la terre. »

On vint à ce moment nous avertir que le déjeuner était servi. Je m'empressai de lui offrir mon bras, pendant que le colonel et sa mère nous précédaient.

A peu de distance, sur un petit plateau que traversait un de ces mille ruisseaux, descendus des hautes cimes, nous trouvâmes tout préparé sous une tente ouverte de tous côtés, et nous pouvions jouir du paysage qui nous entourait.

Chacun de nous par habitude reprit la place qu'il occupait à la table de l'hôtel; je me trouvai vis-à-vis la jeune fille et sa mère, le colonel s'était placé entre elles deux.

Le déjeuner surprit par son luxe tous les convives, et lorsque circula le champagne frappé, on déclara que notre hôte se ruinait; le vieux militaire surtout ne cessait de répéter qu'il renonçait aux repas de la ville, et ne voulait plus que des repas champêtres.

Une seule personne me sembla avoir deviné le mot de l'énigme; pendant que je manifestais, ainsi que les autres, ma surprise, un regard et un sourire de la señorita Juana parurent me dire : Je sais tout. Avait-elle deviné ? je l'espérais ; c'était déjà un secret entre nous deux.

Au dessert, le colonel amena la conversation sur la voix magnifique que tous nous avions quelquefois entendue, mais je ne mêlai pas mes instances à celles des personnes qui prièrent la jeune fille de chanter, il me semblait que ce n'était ni le lieu ni l'heure de faire une pareille démarche ; seulement, par ma contenance, je m'efforçai de lui faire comprendre qu'elle ne devait pas m'accuser d'indifférence.

Pour elle, avec une grâce charmante, devançant presque les désirs exprimés :

Je le veux bien, dit-elle, mais si près de mon pays, vous me permettrez de me rappeler un de ses chants.

Ce qu'elle chanta, ce fut une vieille ballade espagnole, dont j'ai oublié les paroles ; le refrain était :

Donne à l'Espagne amour et liberté.

Quand elle eut fini, quoique le sens eût échappé à la plupart d'entre nous, elle avait chanté avec tant d'âme que nous écoutions encore cette voix magique, qui avait murmuré si mélodieusement les mots d'amour, et fait si énergiquement vibrer ceux de patrie et de liberté, on eût dit qu'elle frappait encore nos oreilles.

Tous, enfin, nous ne trouvâmes qu'une expression pour traduire nos pensées, et ensemble nous nous écriâmes : Que c'est beau !

Au retour, je fus le cavalier de la belle Espagnole, et la conversation sortit des lieux communs qui en avaient fait les frais jusque là.

J'appris que sa mère était veuve d'un officier; forcé par la guerre civile de se réfugier en France, il y était mort.

Elles venaient de faire un voyage en Espagne pour tenter d'obtenir la restitution de leurs biens, confisqués par le gouvernement de ce pays; mais leurs démarches avaient été vaines, et elles se rendaient à Paris, où Juana espérait, grâce à son talent de musicienne, trouver dans une pension un emploi dont le produit créerait des ressources indispensables pour elle et sa mère.

Ces confidences m'étaient faites si naturellement qu'elles ne paraissaient pas froisser la fierté de caractère de la jeune fille ; elle avait l'air de me dire : Quoique je vous connaisse depuis peu de temps, je devine que je peux vous parler comme je le fais;

vous devez me comprendre. Une phrase surtout me toucha vivement.

« Ma mère et moi, monsieur le comte, garderions une vive reconnaissance pour les personnes qui pourraient nous venir en aide dans l'exécution de notre projet. »

A cet appel direct à la famille et aux relations qu'elle me supposait, je ne pus que répondre en lui disant à mon tour quelle était ma position dans le monde.

« Quoi, vous-êtes seul? me dit-elle. Que je vous plains! moi au moins, j'ai ma mère; » et ces mots semblaient s'échapper de son cœur.

Au moment où nous arrivions à la porte de l'hôtel, je lui apprenais ce dont je ne me doutais pas moi-même quelques jours avant, que mon intention était de me rendre, moi aussi, en quittant les Pyrénées, à Paris, pour y passer le congé que j'avais obtenu.

Trois jours après je quittai Baréges avec cette certitude que Juana et sa mère ne tarderaient pas à se mettre en route pour Bordeaux; j'allai les y attendre.

Pendant le peu de temps qui s'était écoulé depuis le jour de la promenade, toutes deux avaient partagé la vie commune de l'hôtel, et une douce

intimité avait commencé à s'établir entre Juana et
moi ; aussi comme on attelait les chevaux de poste
à ma voiture, et que sur le seuil de l'hôtel je re-
cevais les adieux de ceux que j'y laissais, je pus la
la voir à sa fenêtre près de sa mère, et nos yeux
échangèrent cette parole, que nos lèvres n'avaient
pas osé prononcer : Au revoir.

A mesure que je m'éloignais, l'entraînement qui
m'avait emporté quelques jours sembla se dissiper,
et mon caractère réfléchi cherchait à reprendre le
dessus.

Jusqu'alors je n'avais jamais vécu de la vie du
cœur ; dans la marine, j'avais parmi les jeunes officiers de mon âge beaucoup de connaissances, pas
un ami ; on m'accusait d'être fier, égoïste, on avait
tort.

La fierté, sans être pour cela rationnelle, doit
impliquer un sentiment de supériorité personnelle,
je ne l'éprouvais pas ; quant à asseoir ce sentiment
sur ma fortune ou ma naissance, l'une et l'autre
dans ma vie de marin ne m'avaient procuré aucun
avantage pour m'autoriser à en tirer vanité.

Pour la défiance, l'égoïsme, je n'avais pas assez
vécu pour être défiant ; quelques-uns auraient pu
dire que je n'étais pas égoïste.

J'étais simplement d'un caractère froid, et uniquement absorbé par la pensée de mon avenir comme marin, je rêvais le commandement, la gloire, les découvertes sur de lointains océans, les combats...

Mais l'heure était venue où dans mon horizon devait surgir un autre but; le hasard avait joué son rôle, je commençais le mien.

En dépit de mes efforts pour rappeler la raison, je ne pouvais formuler que cette phrase : revoir Juana, et à cette pensée qui agitait ma tête, faisait battre mon cœur, ne s'en mêlait aucune autre que je ne puisse avouer aujourd'hui. Peut-être, dans ma position, quelques-uns auraient pu chercher à profiter de leurs avantages pour endormir la vigilance maternelle et surprendre l'innocence de la jeune fille; pour moi, j'aime mieux encore à cette heure, avoir empoisonné ma vie de regrets que de remords.

Rendu à Bordeaux, je m'empressai de retenir à l'hôtel où j'étais descendu un appartement, puis, réfléchissant que cette démarche, qu'elles ne m'avaient pas chargé de faire, était déplacée, je donnai contre-ordre, et me contentai d'aller tous les jours au bureau des diligences, à l'heure où arrivaient celles qui venaient des Pyrénées; il me semblait ainsi, dans mon impatience, tromper l'attente.

Enfin, elles arrivèrent. Je fus bien payé de ma peine : un gracieux sourire vint me remercier, et pendant que je lui présentais la main pour l'aider à descendre, elle me dit doucement : « Merci, monsieur; je savais bien que vous seriez là. » Nous nous comprenions...

J'expliquai ma présence à sa mère en lui disant que j'attendais quelque connaissance, et je m'offris pour guider leurs premiers pas dans la ville qui leur était inconnue.

Mes offres furent acceptées, mais elles se rendirent à un hôtel qui leur avait été indiqué, et qui n'était pas celui où j'étais descendu. Malgré cela, pendant leur séjour à Bordeaux, je fus assez heureux pour jouir souvent de la présence de la señorita Juana; elle me devenait de plus en plus indispensable. De son côté, chaque fois que nous nous retrouvions, elle m'exprimait avec un abandon si naïf le plaisir qu'elle éprouvait à me revoir, qu'un étranger nous aurait cru à coup sûr de vieilles connaissances.

Aussi, la veille de leur départ, sans crainte de paraître indiscret, pour éviter à sa mère les fatigues d'un voyage en voiture publique, aussi long que celui de Bordeaux à Paris, j'offris de laisser à ces dames ma chaise de poste; pour moi la diligence devait être une distraction.

« Merci, monsieur le comte, me dit la mère de

la jeune fille, ma Juanita et moi n'avons pas l'habitude de voyager avec tant de luxe. » Et comme j'insistais, elle ajouta : « Si j'ai bien voulu comprendre, monsieur, que vous pouviez nous faire une pareille offre, comprenez, je vous en prie, que je doive la refuser, tout en vous remerciant. »

Je dus me borner à demander l'autorisation de leur faire visite à Paris.

« Certainement, monsieur le comte, nous aurons beaucoup de plaisir à vous revoir; si je refusais, me dit la vieille dame en souriant, l'honneur que vous voulez nous faire en nous visitant, ce serait m'accuser d'imprudence, jusqu'à ce jour, je vous assure que cette pensée est bien loin de moi. »

Je la remerciai vivement, et en nous séparant, la belle Juana et moi, nous nous dîmes hautement : « Au revoir. »

Après avoir visité dans nos promenades tout ce que Bordeaux offre de remarquable, j'avais réussi, aidé des sollicitations de la señorita Juana, à décider sa mère à assister à une représentation au grand théâtre, où j'avais loué une loge.

Je pus me convaincre pendant cette soirée combien les plaisirs du monde étaient étrangers à la jeune fille. Sa surprise à la vue du luxe de la salle, de la foule qui s'y pressait; l'intérêt, l'émotion même avec lesquels elle suivit le jeu des acteurs, me dirent toute la fraîcheur de ses sensations. Absorbée par le spectacle, elle ne me parut pas une seule fois s'apercevoir qu'elle était le sujet de bien des conversations, et le but de presque toutes les lorgnettes de la salle.

J'entendis souvent ces mots : Connaissez-vous cette jeune personne? quelle admirable tête! En vérité, c'est la perfection, l'idéal. Parmi ses nombreux admirateurs, les uns la reconnaissaient pour l'avoir vue à Lima ou au Chili ; non, répondaient d'autres, c'est une Grecque : voyez l'élévation, la pureté du profil.

Bref, le lendemain, des étrangers descendus comme moi à l'hôtel Richelieu me dirent ce que je savais déjà, combien sa présence avait causé une profonde impression parmi le public qui ce jour-là se trouvait au théâtre.

Ce que ces divers propos me firent éprouver ne pouvait manquer de m'éclairer sur la nature du sentiment qui s'emparait de moi, si je l'avais complétement ignoré; j'aimais déjà jusqu'à être jaloux.

Cependant cet amour qui commençait à m'envahir n'était pas cette passion âcre, brûlante, qui allume le feu dans nos veines, fait, près de l'objet aimé, souffrir le cœur comme s'il allait éclater, et ne tend qu'à la possession de celle qui l'inspire.

Près d'elle je restais calme, maître de mes paroles, de mes pensées; la vue de sa ravissante figure lorsque ses grands yeux, à l'expression toujours un peu mélancolique, se fixaient sur les miens, ne portait aucun trouble dans mes sens; seulement il me semblait alors me rattacher à la vie par d'autres liens, d'autres espérances que tout ce que j'avais rêvé.

Près d'elle je devinai combien j'aurais aimé ma mère s'il m'avait été donné de la connaître, et je me rappelais même ma respectueuse affection pour mon père.

Avec quel bonheur je pensais dans ces moments à ma fortune, à mon titre, qui me permettaient d'offrir à une créature aimée une position heureuse.

Si elle acceptait mon amour qui pourrait mettre obstacle à la réalisation de mes espérances? Une seule pensée venait les traverser.

Comment concilier la nouvelle position que je rêvais avec les exigences de la vie de marin? avec les longues absences qu'elle nécessite? comment pourrions-nous vivre des mois, des années séparés? quelle serait la sauvegarde de cette jeune femme seule pendant nos séparations?

Son amour pour moi, me disais-je; car il ne me

vînt pas un seul instant à l'idée de renoncer à la
marine.

Je raisonnais ainsi follement, parce que j'arrivais
à tout concilier, aplanissant des obstacles dont
mon inexpérience ne me laissait pas entrevoir la gravité, et je finissais en me disant : « Le bonheur de reprendre la mer, de continuer de glorieux travaux,
atténuera les douleurs de la séparation ; puis la joie
de retrouver au retour celle qui m'attendra, de la
voir fière des résultats achetés au prix de mes ennuis, de mes fatigues, de me reposer près d'elle,
rendra plein de charmes, de douceurs infinies mes
séjours au port. »

En vérité, maintenant, je ris de pitié en songeant
que j'ai pu tenter d'appuyer l'avenir sur de si fra-
giles bases, et pour ne pas croire que j'étais fou, je
suis obligé de me souvenir que j'avais vingt-quatre
ans, et personne au monde pour me donner un
conseil.

Encore reste ce doute : l'aurais-je demandé ? l'aurais-je écouté ?

* *
*

Ici, notre ami Adrien Gérard ferma le manuscrit,
et sonna le maître d'hôtel de son bord, pour lui

donner l'ordre de nous servir un punch au thé, sans doute afin de raviver notre attention.

Sa précaution n'était pas inutile : en effet, enfermés comme nous l'étions dans la *dunette* du *Mystery*, au milieu des vapeurs épaisses dont l'avaient déjà rempli les *puros* et les *regalias* de la *Havane*, les *chiroultes* de l'*Inde* et de *Manille*, l'oreille fatiguée par le bruissement monotone du courant du fleuve le long de la carène, et les yeux las de suivre la clarté rouge, vacillante des bougies, notre état menaçait de tourner à la somnolence.

Le moyen employé par Gérard pour secouer cette torpeur réussit à merveille, et le bol de punch vide, les cigares allumés, tous à notre curiosité, nous le priâmes de reprendre sa lecture.

— Volontiers, nous dit-il, mais si vous le voulez, nous allons passer de l'autre côté, dans la chambre qui était celle du capitaine Alfred ; pour moi seul peut-être le récit n'a pas besoin du prestige de la scène, et je ne serai pas fâché de vous mettre, pour ainsi dire, en rapport intime avec l'esprit de celui qui en a été le héros, en vous posant dans ce milieu où il a longtemps vécu, pensé, parmi ces objets extérieurs qui seront pour vous comme un reflet de son existence ; d'autant plus qu'à partir de ces dernières lignes que je viens de vous lire, le capi-

10

taine Alfred D... semble avoir écrit un roman, souvent il ne parle de lui qu'à la troisième personne,
comme d'un enfant de son imagination. Pourquoi?

Peut-être que cette continuelle évocation du moi,
en dépit de son stoïcisme, lui déchirait trop dou-
loureusement le cœur; car n'était-ce pas retourner
sans cesse le couteau dans la plaie? Enfin, son histoire, jusqu'au dénouement dans lequel j'ai joué un
rôle, pourrait à la longue ne plus vous paraître
qu'une fiction, si tout ce que vous allez voir n'accusait la vérité.

En finissant, notre ami nous introduisit dans la
cabine du capitaine; nous la trouvâmes telle qu'il
nous l'avait décrite, seulement le silence de la nuit,
la lueur d'une lampe suspendue par des chaînes
d'argent à un *barreau* du plancher, ajoutaient je
ne sais quoi de triste à son lugubre aspect; mais ce
qui fixait surtout nos regards, c'était les portraits
laissés par Adrien où il les avait vus la première
fois; quand il nous dit de prendre place, et recom-
mença la lecture du manuscrit.

* *
*

Deux volontés fortes, divergentes dans leur but,

ne peuvent pas longtemps exister chez l'homme, ou elles s'affaiblissent mutuellement, ou l'une d'elles prenant le dessus endort l'autre, si même elle ne l'annihile complétement.

De jour en jour grandissait mon amour pour Juana; sans affecter encore les formes violentes de la passion, il commençait à envahir tout mon être, et en lui je résumais déjà presque tout mon avenir; ce n'était qu'à travers son mirage qu'il m'était permis de jeter un regard distrait sur mes rêves d'autrefois.

Cependant, jusqu'à ce moment rien ne m'autorisait à croire à la réalisation de mes espérances, pas un mot de Juana ne les avait encouragées, en me donnant à penser qu'elle attribuât mes soins assidus pour elle et sa mère, à un autre motif que l'intérêt que pouvaient inspirer deux femmes seules, dans la position où nous nous étions rencontrés.

Et pendant que, pauvre fou, j'étais heureux de ma liberté, en pensant que je pouvais l'aliéner à mon gré, c'était elle qui m'en vantait les charmes, si je lui parlais de mon isolement.

— Vous aimez votre état, me disait-elle, vous rêvez l'avancement, la gloire ;... vous avez une idée fixe, vraie ou fausse avec une pensée on n'est plus seul ; puis elle ajoutait :

Pour moi, s'il m'était permis de vivre le jour sans souci du lendemain, le présent et l'avenir, j'abriterais tout sous la tablette de mon piano.

Alors, elle parlait avec enthousiasme de la vie d'artiste, qui élève l'âme et l'intelligence, et crée des jouissances inconnues, dont nul ne peut tarir la source, qui est en nous.

A l'entendre ainsi, j'aurais pu croire qu'elle était plutôt destinée à la vie exaltée de la tête qu'à celle, plus intime, qui puise dans le cœur toutes ses joies; mais il ne me vint pas à l'esprit qu'elle fût égoïste ou insensible : je me voyais donc dans mes songes révélant à cette belle créature un monde de sensations qu'elle semblait ignorer à ce point, de ne pas en soupçonner l'existence.

Depuis trois semaines nous étions à Paris; pendant le voyage pour m'y rendre, je m'étais mille fois promis de faire à Juana dès mon arrivée l'aveu de mon amour, ou tout au moins de lui laisser comprendre le sentiment qu'elle m'inspirait, puis de parler avec franchise à sa mère; et soit timidité, soit crainte de voir s'envoler mes rêves, je n'avais rien dit, et me trouvais même beaucoup moins avancé que lors de notre séjour à Bordeaux.

Ces dames m'avaient reçu avec une extrême affabilité, mais les démarches qu'elles s'étaient trouvées dans l'obligation de faire dès les premiers jours avaient rendu nos entrevues rares, car je m'étais souvent présenté à leur hôtel sans les rencontrer.

Enfin, un jour, comme je montais l'escalier conduisant à leur appartement, j'entendis la jeune fille, qui chantait en s'accompagnant; c'était toujours cette voix pure au timbre frais, développé; mais, ce jour, son chant était d'une gaieté folle, à peine si les notes que faisaient jaillir du piano ses doigts agiles pouvaient suivre celles qui s'échappaient de ses lèvres, vives claires, sonores comme le tintement d'une sonnette de cristal.

Tantôt son chant s'épanouissait en vives roulades qui parcouraient le clavier si riche de sa voix, pour s'arrêter sur un brillant point d'orgue filé avec ampleur, puis, pendant que le piano reprenait le thème, elle, jouant avec les difficultés, l'enveloppait de brillantes broderies.

J'arrivais la tête préoccupée, le cœur triste, maudissant l'incertitude qui m'accablait, il suffit de cette harmonie si gaie pour changer la disposition de mon esprit; je devinais qu'un rayon de bonheur devait avoir lui pour elle; je m'en sentais réchauffé.

Je ne m'étais pas trompé, à peine avais-je pris un siége que sa mère me dit :

10.

— Enfin, monsieur le comte, nous sommes bien aises de vous voir pour vous dire une bonne nouvelle; vous nous avez témoigné un si vif intérêt, que nous devons vous offrir de prendre part à notre joie.

Elle m'apprit qu'un riche banquier espagnol, pour qui elles avaient une lettre de recommandation, leur avait fait l'accueil le plus prévenant; il avait promis de patronner le señorita Juana parmi toutes ses connaissances, et l'avait priée de donner dès le lendemain une première leçon à ses filles; et ce qui était encore plus important, il allait user de toute l'influence qu'avaient à la cour de Madrid plusieurs de ses amis haut placés pour tenter d'obtenir la levée du séquestre mis sur leurs biens.

— Ah! s'il réussit, me dit Juana, vous devinez, n'est-ce pas? que j'aurai bientôt laissé là mon rôle de maîtresse de musique. Pour nous, ma mère et moi, notre fortune suffira, nous croirons même être riches. Quel bonheur de quitter alors ce triste logement d'hôtel! Nous nous installerons chez nous! et je pourrai enfin faire de la musique à mon gré; aujourd'hui gaie, demain sérieuse; car, sachez-le bien, monsieur, pour moi voilà le véritable interprète de mes pensées, celui avec qui j'aime tant à causer, car je le trouve toujours disposé à répondre selon mes désirs.

En même temps, comme elle était toujours devant son piano, une de ses mains courut sur les
touches qui firent résonner une vive ritournelle.

Après un profond soupir, elle continua :

— En attendant, ainsi que vous l'a dit ma mère,
me voilà maîtresse de musique ; pour combien de
temps? Dieu le sait... Je savais qu'il faudrait en arriver là, et aujourd'hui j'ai peur...

Et à l'éclair de joie qu'avait fait briller sur sa
figure l'espoir de jours heureux succéda une sombre expression de tristesse.

J'essayais en vain de la persuader qu'après avoir
passé quelques heures avec ses élèves, elle ressen-
tirait peut-être plus vivement le plaisir de se retrouver en tête à tête avec son piano pour oublier
la monotonie des leçons; son silence me disait
mieux qu'elle n'aurait pu le faire tout ce que l'é-
preuve allait avoir de pénible.

A ce moment on vint avertir la señora, sa mère,
que quelqu'un la demandait. Elle sortit; dès que
nous fûmes seuls :

— Monsieur le comte, me dit vivement Juana, jamais devant ma mère je n'aurais osé l'avouer, mais
j'ai peur de prendre la musique en horreur, de ne
pouvoir montrer à ces enfants ce qui ne doit pas
pouvoir s'apprendre, à causer avec un piano, et

pour me contenter de leur montrer à frapper sur des touches pour en tirer des sons faux, criards, je ne saurais m'y habituer ; ce sera, je le crois, plus fort que moi... Et pourtant... il le faut... il faut vivre... On m'a bien parlé de soirées, de concerts ; mais que tout cela est loin de cette vie d'artiste que je rêvais ! ! !...

— Pardon ! monsieur, pardon ! si je vous parle ainsi ; mais depuis que nous nous connaissons vous avez été pour ma mère et moi si affable, si bon, que devant vous je n'ai pu me contraindre.

A ces dernières paroles son regard se porta vers moi ; il était empreint de tant de tristesse que je restai comme elle un instant ému sans parler.

La première, relevant sa belle tête, elle prit la parole, me disant :

— Pas un mot de tout cela à ma mère, n'est-ce pas, monsieur le comte, c'est un secret, ajouta-t-elle avec un doux sourire ; d'ailleurs j'essayerai...

Plus que jamais, en entrant ce jour-là, j'étais éloigné de laisser deviner mon amour. Comme je l'avais cru d'abord, si elle eût été tout à fait heureuse, je l'aurais encore plus profondément enfoui dans mon âme ; et tout à coup ces confidences pénibles de la jeune fille amenaient si naturellement l'occasion désirée, sans que j'eusse rien fait pour la provoquer, que je résolus de ne pas la laisser échapper ; et, enhardi par la loyauté de mes intentions :

— Je vous remercie, señorita, lui dis-je, de la preuve de confiance que vous venez de me donner ; pour garantie de ma discrétion à garder la confidence que vous avez daigné me faire, à mon tour je vous demande la permission de vous faire dépositaire d'un secret qui veut s'échapper de mon cœur, il y a long-temps... Ah ! si le vôtre voulait le recevoir...

— A moi, monsieur, une confidence ? que voulez-vous dire ?

— Señorita, ce que je veux dire, je l'aurais déjà dit à ma mère si Dieu me l'avait gardée, et je lui ai dit à lui bien des fois en le priant de permettre que vous me deviniez, tant je redoutais le moment qui va chasser de ma vie jusqu'à l'espérance du bonheur ou la combler de toutes les félicités.

— Señorita, je vous aime ; m'accordez-vous la permission de le dire à votre mère ?

Assez maître de moi en parlant pour avoir pu suivre sur sa figure l'expression produite par mes paroles, je la vis d'abord rougir, puis la réaction venait de la rendre pâle presqu'à m'inquiéter, quand elle se leva, s'élança vers la porte que je n'avais pas entendu ouvrir, pour se jeter dans les bras de sa mère, qui rentrait.

— Qu'as-tu, ma Juanita? s'écria celle-ci, surprise
de ce brusque mouvement, et peut-être de me voir
debout, garder le silence.

— Que veut dire cela, monsieur le comte? de
grâce, parle, Juanita!

— Oh oui! parlez, señorita, lui dis-je, moi aussi,
je vous en supplie!

A ce moment, émue, tremblante, Juana souleva
sa tête, appuyée sur l'épaule de sa mère, et je l'entendis murmurer ces mots : Il m'aime . . . . . .

*\
* *

Trois mois plus tard avait lieu, au château de
D......, près de Cherbourg, le mariage de la señorita
de Tormès avec le comte Alfred D......

Les seuls invités furent, du côté de la jeune
femme, quelques parents; deux ou trois jeunes officiers de marine et un officier supérieur, ancien
ami de son père, s'étaient rendus à l'appel du
comte.

Le château avait pris à l'intérieur pour la circonstance un air de fête qui tranchait fort de son extérieur, sur lequel le temps, de ses doigts de fer,
avait marqué les traces de nombreuses années.

Les vieilles tentures, les tapisseries, les vieux

meubles héréditaires avaient disparu, relégués dans les galetas, laissant le champ libre aux produits du luxe du jour. Ce qui avait embelli la demeure d'illustres amiraux ne convenait plus à leur descendant, simple enseigne.

Cette manie du neuf avait respecté un seul endroit, une longue galerie du premier étage, qui, régnant sur toute la façade, unissait les pavillons des ailes; outre les portraits de famille, elle contenait une foule d'objets disparates ramassés dans leurs courses par trois générations de marins; là, contraints par l'âge de quitter leur vie active, ils se plaisaient à en raviver les souvenirs, et venaient, ainsi que le disait le père du comte, faire encore le tour du monde sur des béquilles.

Mais quel intérêt pouvaient offrir à une jeune femme toutes ces choses dont elle ignorait l'origine et le nom? Aucun; et pour céder à ses instances, son mari permit que ces respectables reliques fussent entassées pêle-mêle dans un appartement isolé; puis, après une transformation complète, la galerie devint, avec son riche plafond, ses vitraux coloriés, ses glaces, ses dorures, l'appartement de luxe du château.

Le comte fit mal... On a tort de croire qu'il soit

possible d'enfermer dans le cœur tous les souvenirs, toutes les traditions de la famille; lorsqu'on ne doit y puiser que de nobles exemples, il faut au contraire s'entourer de tout ce qui peut extérieurement les rappeler à la mémoire.

Mais j'ai commis bien d'autres fautes, dont j'ai trop largement porté la peine pour être obligé. de me les reprocher aujourd'hui.

* *
*

Qu'ils passèrent vite ces premiers jours! Tous deux mettant notre bonheur en commun, pas une heure se trouva vide.

Peu après notre arrivée au château, je m'étais empressé de donner plusieurs fêtes; les officiers de marine présents au port de Cherbourg et les principaux habitants de la ville avaient été invités.

En retour, pendant tout l'hiver nous fûmes appelés aux bals et aux soirées qui eurent lieu.

D'abord, Juana manifesta le désir d'aller moins souvent dans le monde; mais je ne voulus pas tenir compte de ses observations, dans la crainte qu'elle ne sacrifiât ses plaisirs à mon goût pour l'isolement, et au lieu de la préparer à la vie retirée, qui devait l'attendre pendant mes absences, je m'obstinai à la

lancer imprudemment vers ces distractions, au
risque de les voir devenir pour elle nécessité, ou
tout au moins habitude.

En agissant ainsi, Dieu m'est témoin que je ne
cédais pas à mon amour-propre, car l'admiration
que soulevait sa beauté chaque fois qu'elle paraissait, les applaudissements qui lui étaient prodigués,
si elle consentait à se mettre au piano, tout cela me
pesait, me jetait dans l'esprit une vague inquiétude,
dont je ne pouvais me rendre compte.

Quelquefois, ayant surpris au milieu d'une fête
mon front soucieux, elle me disait :

Qu'avais-tu, Alfred ? comme tu me regardais, n'é-
tais-je pas bien ce soir ?

Je ne pouvais faire qu'une réponse : qu'elle était
partout et toujours la plus belle.

— Si c'est vrai, disait-elle souriante, ne l'oublie
jamais, ou plutôt crois-le toujours ; et tout était fini.

Quand nous avions passé au château quelques
jours sans sortir et sans y recevoir d'étrangers,
j'étais toujours le premier à proposer une partie de
plaisir, et bientôt l'empressement de Juana à l'accepter aurait dû me faire comprendre que ses
succès dans le monde finiraient par rendre indispensable ce que je lui offrais pour la distraire.

Cependant, les six mois de prolongation de congé

que j'avais obtenus allaient expirer, et je m'effrayais à
la pensée de la première séparation déjà prochaine.

Plusieurs fois Juana, partageant ma douloureuse
anxiété, prononça le mot de démission. Alors je lui
rappelai la promesse que j'avais reçue d'elle avant
notre union, de me laisser continuer mon état de
marin jusqu'à ce que je fusse nommé lieutenant de
vaisseau.

Puis, si pour tous deux cette existence devenait
trop pénible, j'avais en retour pris l'engagement positif d'y renoncer ; mais je me regardais jusque-là
obligé envers mon nom et la mémoire de ceux de
mes ancêtres qui m'avaient précédé dans la carrière.

A mesure que l'heure de l'éloignement approchait,
afin de m'y préparer, je tentais d'évoquer mes rêves
d'autrefois, je demandais aux illusions, longtemps
nourries, de venir encore exalter ma tête, et étouffer
un peu les plaintes du cœur ; mais c'était en vain.

Ces espérances de gloire, d'avancement, dont je
m'étais bercé, ne m'apparaissaient plus, si elles devaient se réaliser, que le résultat d'un trop doulou-
reux sacrifice ; m'arrivait-il des fenêtres du château
de jeter un coup d'œil sur la mer, dont la vue seule
avait longtemps suffi à faire naître les songes, j'é-
prouvais une pénible impression. J'aurais voulu
pouvoir différer l'heure du départ, et je demeurais

cependant convaincu qu'un peu de temps encore pourrait le rendre à tout jamais impossible.

Enfin, sans avertir Juana, décidé à ne pas m'énerver plus longtemps dans la lutte que je soutenais, je pris le parti d'aller me mettre à la disposition de l'amiral préfet maritime de Cherbourg, et je reçus promptement l'ordre de me rendre à Brest; j'étais désigné pour être embarqué sur une frégate en partance pour la station des mers du Sud.

J'aurais pu tenter d'entreprendre un voyage moins long, mais bien résolu à parvenir au grade de lieutenant de vaisseau, je n'eusse fait que me ménager plus fréquemment cette dure épreuve du départ.

Juana vint me conduire à Brest, où elle resta, ainsi que sa mère, jusqu'au moment de l'appareillage de la frégate; je m'étonnais de la trouver aussi résignée, c'est que pour elle la crise ne devait avoir lieu qu'après la séparation.

J'éprouvais le contraire; pour elle l'absence ne commença avec le vide, les inquiétudes du cœur, que lorsqu'elle se trouva seule au château, tandis que moi, sous l'impression des mêmes sentiments pénibles, j'en étais quelquefois complétement distrait par les occupations du métier. Enfin, il faut l'avouer, le marin qui bat les mers peut dans ses rêveries se transporter par la pensée parmi ceux

qu'il a laissés : il les retrouve aux lieux où ils vé-
curent ensemble, en tenant compte de la différence
de longitude par un calcul qui lui est familier, il suit
les détails de leur existence comme lorsqu'il la par-
tageait. Quelle différence pour ceux qui à terre ne
peuvent que porter au hasard leurs regards sur une
carte marine et y chercher, pleins de doute, ce point,
atôme dans l'immensité des océans, où peut-être
se trouve celui dont ils déplorent l'éloignement.

Que le vent souffle sur les toits, que la pluie, la
grêle crépitent sur les carreaux des fenêtres, les cœurs
s'emplissent de la plus douloureuse anxiété ; ils rêvent
écueils, naufrages, pendant que le marin, souvent à la
même heure, sous l'influence du beau ciel du tropique, se laisse bercer par l'espoir d'un heureux voyage.

En vérité, souvent ceux qui restent sont le plus à
plaindre.

Pour moi rien ne vint rompre la monotonie de la
campagne que les lettres de Juana, tous les navires
venant d'Europe m'en apportaient, et après avoir
senti, à la réception de la première, mollir la ferme
résolution de continuer encore à naviguer quelque
temps, les autres produisirent un effet opposé ; sa
résignation me gagna, et il m'arriva encore de me
surprendre à rêver les grosses épaulettes de capitaine de vaisseau, si elle voulait y consentir.

Enfin, deux ans s'écoulèrent, et je revis la France.

Informée du retour de la frégate à Brest, Juana s'y était rendue depuis quelque temps, et lorsque notre ancre eut mordu le fond, je la vis arrivant dans une embarcation avec sa mère; nous n'avions plus qu'à bénir l'absence qui nous avait ménagé ce moment d'ineffables jouissances.

Nous restâmes un mois environ au château, absorbés par notre bonheur; puis nous partîmes pour Paris, afin d'y passer une partie de mon congé; je désirais voir plusieurs hauts employés au ministère de la marine, frères d'armes de mon père, et savoir quelles pouvaient être mes chances d'avancement.

Ce fut dans une de mes visites dans les bureaux que je trouvai le commandant de l'expédition autour du monde dont j'avais fait partie; il en projetait une nouvelle; ses plans soumis au ministre avaient toutes chances d'être acceptés; en me témoignant le plaisir que lui faisait éprouver notre rencontre, il me proposa de partager encore ses glorieux travaux.

— Vous êtes, me dit-il, un de ceux dont je me rappelle le dévouement, et je m'estimerai heureux de pouvoir encore en disposer. Le voyage que je vais entreprendre offrira aux jeunes officiers comme vous, jaloux de bien faire leur métier et de se produire, d'immenses avantages; nos travaux se relie-

ront à ceux que nous avons. déjà accomplis ; et peut-
être sera-t-il ajouté à la mission que je m'offre à
remplir un champ complétement neuf à explorer.
Beaucoup d'officiers m'ont déjà fait des demandes : voyez, réfléchissez , et d'ici à huit jours faites-
moi une réponse.

A ces paroles si flatteuses, je sentis se réveiller
toutes mes idées d'ambition ; il n'avait pas fini de
parler, que j'avais pensé quel parti je pouvais retirer d'un tel voyage, et sans aucune hésitation je me
mis avec reconnaissance à ses ordres, presque sûr que
ma femme partagerait l'enthousiasme qui avait dicté
ma réponse, et comprendrait les heureux résultats
que je devais obtenir de cette campagne, qui me
rapporterait certainement le grade auquel je voulais
atteindre, et pouvait me permettre de clore, quoique jeune, une carrière bien remplie.

Je ne m'étais pas trompé ; elle le comprit parfaitement et consentit à mon départ.

Je touche ici au moment le plus heureux de ma
vie ; ce feu sacré de la gloire, pendant quelque
temps amorti par mon amour, se ranimait plus ar-
dent que jamais ; ma femme, loin de me contrarier,
m'approuvait, devinant que pour prix du sacrifice
elle pourrait un jour être fière des résultats qui en
seraient la conséquence, et pénétrée surtout de

cette pensée que ce serait la dernière absence.

Les jours de bonheur vont vite, lorsqu'ils pré-
cèdent une pénible épreuve. Plusieurs mois passés
à Paris et au château avaient amené le moment de
la séparation; plein de reconnaissance envers l'intel-
ligente affection de ma femme, qui me laissait encore m'éloigner pour longtemps et me permettait
de prendre part à une campagne aventureuse, j'exi-
geai d'elle la promesse que pour faire trève à l'ennui jusqu'à mon retour elle accepterait les invita-
tions qui lui seraient adressées, et continuerait avec
sa mère d'entretenir parmi nos connaissances les
relations créées par nous deux.

* *
*

Enfin le jour, l'heure, la minute du départ arrivèrent.

Une belle soirée de printemps, la voiture publique devait m'attendre à une petite porte du parc,
donnant sur la grande route; Juana et moi, nous sortîmes ensemble du château, descendîmes ensemble
le perron pour nous enfoncer dans ces allées où peu
de mois avant, lors de mon retour, nous avions épuisé
toutes les joies.

Autour de nous tout était promesses; les bour-

geons, les feuilles naissantes, ces parfums si déli-
cats qui s'en échappent, les chants encore timides des
oiseaux préludant aux bruyants concerts des beaux
jours; tout parlait d'avenir comme nos cœurs, car
nos bouches restaient muettes, nous n'appartenions
plus au présent, mais aux souvenirs, à l'espérance.

Nous mîmes bien du temps à faire le court trajet;
que de moments d'arrêt! de baisers d'adieu! d'amers
sourires échangés! de larmes bues par les lèvres!...

Juana tenait à la main une petite clef de la porte
que j'allais franchir; de l'autre côté nous entendions
les grelots des chevaux de la diligence, la voix du
conducteur qui m'appelait : je demandai la clef, elle
me la remit pendant que nous échangions les derniers baisers, en me disant : — Emporte-la, Alfred,
au retour c'est ici que je viendrai t'attendre, c'est ici
que nous nous retrouverons pour ne plus nous quitter.

Je pris la clef, sur laquelle elle venait de poser ses
lèvres.

Sur le seuil de la porte, je vis la mère de Juana,
s'avançant lentement au devant de sa fille.

Pour la dernière fois je pressai ma femme dans
mes bras.

J'étais déjà dans le coupé de la diligence, em-
portée par le galop rapide des chevaux, quand la
porte se referma.

* *
*

A cet endroit du manuscrit, Gérard tourna rapidement plusieurs feuilles sans nous les lire ; un de
nous lui en fit l'observation.

Ces pages que je laisse de côté, nous dit notre
ami, vous intéresseraient peu ; il semble que l'infortuné capitaine Alfred en les traçant n'ait eu
d'autre but que de retarder l'instant de ses tristes
confidences ; elles ne contiennent que des réflexions
générales, ne se rattachant même que très-indirec-
tement aux faits qui suivent, et si pour moi, qui l'ai
connu, elles offrent un certain intérêt, elles ne feraient que détourner l'attention que vous voulez
bien m'accorder. Puis il continua à nous lire ce qui
suit :

* *
*

Le 15 août 183., la population oisive de Toulon,
et parmi elle beaucoup d'officiers de marine, se
pressait sur les quais, les regards fixés vers la
rade, où l'on voyait une corvette louvoyer pour rentrer dans le port.

D'où provenait cet empressement de tant de personnes habituées au spectacle des évolutions d'un

11.

navire qui appareille ou gagne le mouillage ? Que pouvait offrir de particulier ce bâtiment, pour attirer ainsi l'attention générale ?

C'était que, parti trois ans avant pour faire un pénible voyage, il venait d'explorer les terres les plus lointaines de l'Océanie, et avait porté les couleurs nationales à travers les glaces du pôle Sud jusqu'à ces limites où Dieu semble dire au génie audacieux de l'homme : Tu t'arrêteras ici !

On avait appris qu'une telle campagne avait causé de cruelles pertes au brave équipage qui l'avait entreprise ; et tous ceux qui, les larmes aux yeux, avaient vu partir, il y avait trois ans, un fils, un frère, un parent, un ami, étaient là, la poitrine oppressée, cherchant à deviner si le parent, l'ami revenait.

Pendant que, sur le pont de la corvette, ceux qui avaient le bonheur de revoir la patrie s'efforçaient, eux aussi, de reconnaître dans la foule saluant leur retour des amis et des parents.

Elle allait bien lentement, au gré de toutes ces impatiences, la pauvre corvette, avec sa carène si souvent heurtée par la mer, sa mâture fatiguée par les vents, elle accomplissait péniblement un dernier effort.

Enfin elle a mouillé ; les matelots, toujours actifs, ont cargué et serré les voiles. Peu après, la com-

mission sanitaire permettait la libre pratique , et l'é-
tat-major débarquait.

Parmi tous ces jeunes officiers qui venaient de
lutter si longtemps contre cet ennemi de l'orgueil
du siècle, l'inconnu ; qui, au prix d'incroyables efforts, avaient tenté d'arracher à la nature le dernier
mot d'un de ces problèmes que les savants, tran-
quilles devant leurs bureaux, aiment tant à poser,
sans se douter de ce que pourra coûter sa solution,
un seul traversait d'une marche rapide la foule des
curieux ; à peine répondait-il par un signe de tête
à l'appel de son nom prononcé par une connaissance.

C'était un enseigne de vaisseau ; sans ralentir sa
marche, il courut au bureau de la poste, demander
les lettres adressées poste restante au comte Alfred D.....

Un employé chercha, et répondit : Il n'y en a pas.

A ces paroles, Alfred D..... éprouva un moment
de vertige, porta une main à son cœur comme pour
en comprimer les battements, et se rendit à un ca-
binet de lecture, où il écrivit ces quelques lignes :

« Ma Juana, ma bien-aimée, Dieu m'a gardé. Je
suis de retour ; ma lettre ne me précédera que de
peu d'heures, si elle arrive avant moi, le temps de
faire débarquer mes bagages.

« Pourquoi n'ai-je pas trouvé ici de lettres de toi ? la dernière a près de deux ans de date. Ne quitte plus le pavillon près de la petite porte du parc, jusqu'à ce que je t'aie pressée dans mes bras.

« Oh ! plus de séparation, d'absence ! je donne ma démission ; ce sera trop peu du reste de ma vie pour oublier près de toi les jours d'éloignement.

« Avant de t'avoir vue, je voudrais pouvoir ne parler à personne, et pourtant je n'ai qu'une chose à te dire, toujours la même : je t'aime, je t'aime...

« Ma Juana adorée, si tu ne sais plus les prononcer ces douces paroles, je te les dirai si souvent que bientôt tu seras forcée de me les répéter à ton tour. . . . .

« Alfred D..... »

Le soir de ce même jour, contre ses espérances, l'enseigne put quitter Toulon. Un de ses amis, qui habitait la ville, s'était chargé du soin de lui expédier ses malles ; il partit donc en même temps que sa lettre.

* *
*

Lorsque pendant trois années on a vécu dans l'attente d'un moment, et que ce moment est proche , les heures qui nous en séparent sont des siècles; les inquiétudes, l'impatience augmentent jusqu'à l'instant qui va les faire évanouir.

Plus tard j'ai affreusement souffert, et pourtant je ne crois pas avoir oublié les angoisses qui m'assaillirent pendant ce long voyage de Toulon à Cherbourg.

Mais nous approchons, voilà l'avant-dernier relai, dans trois heures je serai près de ma femme. Depuis longtemps ma main ne quittait plus la clef de la porte du parc; elle ne m'attend pas, me disais-je; je la ferai prévenir, c'est là que nous devons nous retrouver, je lui ai promis. Déjà je revoyais des lieux dont l'aspect m'était familier, je reconnaissais les villages, les arbres, et je cherchais un moyen d'atténuer l'émotion que lui causerait la surprise.

La malle-poste venait de ralentir sa marche; les chevaux haletants gravissaient une rapide montée; penché à la portière, je ne pouvais rassasier ma vue de tout ce qui nous entourait.

Quand presque sur bord de la route, au fond d'un petit jardin, à travers les pampres d'une treille qui ombrageait la fenêtre entr'ouverte d'une petite maison de paysan, je crus avoir vu Juana.

Je ressentis en même temps dans tout mon être comme une commotion électrique; j'ouvre la portière, m'avance, mais nous avons atteint et dépassé le sommet de la côte, nous la descendons au galop, je ne peux rien voir ; je veux me calmer, impossible : mon trouble, mon agitation augmentent, tout me dit que je ne me suis pas trompé, que je viens de passer près de ma femme. Je crie au conducteur d'arrêter, le bruit de la voiture, lancée à fond de train, l'empêche de m'entendre.

Je saute sur la route au risque de me tuer, roule dans la poussière, me relève ; pendant que le postillon arrête les chevaux je crie que je me rendrai à pied à la ville ; ils repartent, et je retourne en arrière en courant.

Rendu, je traverse le petit jardin, pousse la porte de la maison, elle cède.

Je ne m'étais pas trompé... C'était elle, auprès d'un berceau dans lequel reposait un enfant de quelques mois à peine.

Qu'elle était pâle et changée, mon Dieu !...

A ma vue, elle tombe à genoux, baisse la tête, étend un bras sur le berceau, et ne peut que murmurer ce mot :

Grâce ! !...

J'ai entendu dire, j'ai lu que la douleur pouvait tuer subitement : c'est faux, je serais mort...

Ainsi qu'elle, je restai un instant immobile, je ne

sais plus ce que j'éprouvai, je devins fou, je crois.

Cet enfant ? lui dis-je.

Une seconde fois elle murmura : Grâce !

Oh, oui ! je fus fou un moment... J'étais près d'elle, courbée jusqu'à terre, n'ayant pour appui que le berceau où dormait l'innocente créature, qu'elle semblait vouloir protéger ; la rage dans le cœur, le délire dans la tête :

— Infâme ! m'écriai-je, et ma main la toucha à la figure...

La scène dut être effrayante, car une femme que je n'avais pas vue en entrant, la nourrice de l'enfant, sembla vouloir intervenir.

Quand elle, qui s'était relevée tout à coup, me jetant un regard de profond mépris, me dit froidement :

— Monsieur le comte, vous êtes un lâche ; vous n'aviez que le droit de me tuer.

Devant le calme de cette femme, à qui moi, le mari outragé, je devais demander compte de sa conduite, je ne pus rien trouver à répondre.

Elle, après avoir pris son enfant, était sortie par une porte, ouvrant sur un chemin de traverse ; le bruit du roulement de la voiture qui l'emportait me rendit à moi-même ; je voulus m'élancer, courir après elle, impossible !

Ma tête, tout à l'heure pleine, exaltée de colère, je la sentais tourner comme vide, tandis que mon cœur à son tour se gonflait à éclater, mes jambes fléchissaient sous moi, je tombai anéanti, brisé par la douleur, sur une chaise; je fus longtemps ainsi sans parler, ne pouvant que souffrir... pendant que la pauvre femme, témoin de ce qui s'était passé, ne cessait de m'offrir ses soins.

Dès que je fus un peu remis, je lui demandai si elle connaissait le nom de cette dame; elle l'ignorait; l'enfant lui avait été remis il y avait trois mois; depuis elle était venue le voir toutes les semaines.

Toujours seule ? lui dis-je.

Oh oui! toujours seule, et elle est quelquefois même restée plusieurs jours.

Sitôt que je pus me soutenir, je sortis, lui laissant une bourse pleine d'or pour payer son silence.

La nuit était venue, je pris à pied le chemin du château, d'abord lentement; ma démarche était celle d'un homme ivre, et s'il m'arrivait de vouloir m'arrêter, je me sentais encore prêt à m'affaisser sur moi-même.

C'était affreux, en vérité, tout perdre en une minute! voir se briser son existence, se sentir frappé dans tout ce qui peut en faire supporter les misères;

que de fois je me suis demandé si je n'aurais pas dû mourir cette nuit-là.

Que de sombres réflexions j'eus le temps de faire seul sur la route déserte, encore heureux que la nuit protégeât mes pas et me dérobât aux regards indiscrets, qui n'auraient peut-être pas épargné mon désespoir.

C'est ainsi que va le monde, pour ceux qu'atteint le malheur qui venait de me frapper, il n'a trop souvent que railleries; ce que l'on en peut au plus espérer, c'est un peu de pitié...

Pitié! raillerie! à moi le comte Alfred D...! pour moi, le descendant de si nobles aïeux! pour moi, le loyal officier qui venais, au prix de trois ans de peines, d'attacher mon nom à une des plus glorieuses entreprises qu'eût exécuté la marine de mon pays!... et cela parce qu'une femme, foulant aux pieds ses devoirs, livrait au ridicule mon nom, encore plus ennobli par les travaux de mes ancêtres et les miens que par la naissance.

Oh! c'est impossible!... seulement je veux arracher à cette femme son secret; lui, je le tuerai... et elle... elle...

Je touchais à la porte du parc; l'émotion étouffa encore mon énergie.

Ai-je souffert, mon Dieu! ai-je souffert pendant cette nuit!

Ma main tremblait; je pris cette clef sur laquelle j'avais pendant trois ans si souvent posé mes lèvres; son contact me glaça, elle me fit horreur, je la jetai violemment loin de moi.

Non, me dis-je, je ne dois pas rentrer par cette porte écartée; qui sait d'ailleurs... Arrière la faiblesse! arrière tout lâche retour vers un passé que je renie et oublierai! Je n'ai pas à me cacher, je rentrerai chez moi en maître.

Alors, en courant, je contournai les murs du parc et sonnai à la grille de la cour d'honneur.

Un domestique vint m'ouvrir; on était loin de m'attendre; aussi ne cessait-il de témoigner par des exclamations son étonnement, que devait augmenter ma tenue : mes vêtements étaient souillés de poussière, mon visage ruisselant de sueur.

Ma première parole fut de demander Louis, mon vieux serviteur.

Comment, me dit cet homme, monsieur le comte ne sait pas? il est mort...

Pauvre vieillard, c'était le seul au monde que j'aurais pu interroger.

Mais déjà j'étais entouré par tous les gens du château; rien dans leur contenance n'indiquait qu'ils eussent appris ce qui s'était passé; je crus devoir feindre et demander si madame était au château.

Non, me fut-il répondu, madame est partie aujourd'hui, sans doute pour aller à la ville.

Que personne n'aille la prévenir, j'irai demain la surprendre moi-même; et je venais de rentrer en les congédiant, quand on vint m'avertir que quelqu'un me demandait. Ce ne pouvait être qu'une personne envoyée par elle; je donnai l'ordre de l'introduire au plus vite.

Je reconnus de suite un notaire de Cherbourg. Sa contenance embarrassée, son silence justifiaient mes pressentiments. Dès qu'il fut assis :

— Parlez, monsieur, lui dis-je, parlez.

— Je vois, dit-il, monsieur le comte, que vous devinez que je viens remplir une triste mission. Je quitte à l'instant celle qui m'envoie. Je n'ai eu que le temps d'accourir près de vous pour vous transmettre l'expression d'une volonté bien arrêtée.

— Que veut la senora de Tormès?

— L'assurance, monsieur le comte, que vous ne chercherez jamais à la revoir; je vous apporte la promesse écrite que de son côté elle ne tentera jamais de se rapprocher de vous. De tout ce qu'elle laisse au château, elle ne redemande que le portrait de sa mère..

— Mais où est-elle sa mère, monsieur?

— Morte en Espagne, où elle s'était rendue pour rentrer en possession de ses biens, restitués par le gouvernement.

Je remis au notaire ce qu'il me demandait et acquis la certitude que nul à Cherbourg ne soupçonnait la vérité; lui-même était sous l'impression bien vraie de l'étonnement que lui avaient causé les confidences qu'il avait reçues, et après avoir rempli sa mission officielle, il me parla avec tant d'abandon, de confiance, que je le priai de revenir le lendemain; il me le promit.

Seul, je commençai un lent et minutieux examen des appartements du château, ne laissant qu'une seule chambre sans y entrer... et quelle fut ma surprise de trouver rétabli dans la galerie tout ce qui en avait été enlevé; seulement, des soins intelligents avaient réparé les dégâts causés par le temps et la négligence; de plus, tout était soigneusement étiqueté par elle, je ne pouvais en douter, c'était partout son écriture.

Les portraits de famille étaient là, eux aussi, mais brossés, nettoyés, remis à neuf.

De la galerie je gagnai la petite chapelle du châ-

teau; mon premier regard tomba sur son prie-dieu :
le velours en était fané, blanchi par l'usage ; auprès,
sur son livre d'heures ouvert, je vis une feuille de
papier ; elle avait copié dessus une longue prière à
la vierge protectrice des marins ; la feuille volante,
les pages du livre portaient, à n'en pas douter, l'em-
preinte de larmes récentes.

Une profonde émotion s'empara de moi ; je tombai à genoux pour prier comme la malheureuse
l'avait sans nul doute souvent fait à la même
place.

Ceux-là seuls ne prient pas qui n'ont jamais beaucoup aimé ou beaucoup souffert.

Quand je sortis, je souffrais toujours, mais j'étais
calme. Le jour vint me surprendre dans ma triste
inspection ; partout j'avais trouvé cet ordre parfait
que les soins, la surveillance minutieuse d'une
femme peuvent seuls obtenir.

Je descendis dans le parc ; ma tête brûlait, les
idées les plus confuses l'assiégeaient, et je ne pouvais rien concevoir de précis que la certitude de
mon malheur. A l'extrémité de la grande allée je
cherche la porte, elle n'y est plus, le mur est continu ; le pavillon a également disparu, et je reconnais qu'autour de l'endroit où il s'élevait, on a dé-
friché le terrain, puis tout abandonné.

Je ne savais que penser, quand j'aperçus le jar-
dinier.

Y a-t-il longtemps, lui demandai-je; que le pavil-
on a été démoli?

« Monsieur, me dit-il, voilà un an à peu près, à
la suite de la peur que madame la comtesse y avait
eue. »

L'impression que me firent ces paroles n'échappa
pas à cet homme, qui continua :

« Mais peut-être que monsieur le comte ne sait
pas... Et ma foi personne ne peut mieux que moi
lui raconter ça.

— Oui, oui, dites-moi ce qui s'est passé? repris-
je vivement.

— D'abord, après le départ de monsieur, madame
me demanda de lui arranger un petit jardin autour
du pavillon; ce fut bientôt fait. Quand il fallut y
planter des fleurs, madame était si contente, même
qu'elle m'aidait, et n'en bougeait pas plus que moi.
Un jour elle me dit : Pierre, quand monsieur le comte
reviendra, il entrera par cette petite porte; nous lui
ferons une surprise, nous ferons en dedans une
porte de feuillage avec des bouquets, des guirlandes;
enfin, madame avait là-dessus beaucoup de projets;
en attendant, elle passait dans le pavillon presque
toutes ses journées, surtout depuis la mort de ma-

dame sa mère. L'été, elle s'y enfermait même le soir; pendant que notre gros chien de garde, ce pauvre Turc, vous savez, monsieur le comte, se couchait à la porte; bref, il y a à peu près un an dans cette saison, il était déjà bien tard, madame n'était pas rentrée, nous étions au château un peu inquiets.

Ma foi, dis-je aux autres, je vais passer au pavillon.

J'y vais, que vois-je? Madame à la porte, mais étendue à terre sans mouvement, je la crus morte, heureusement elle n'était qu'évanouie; je criai, j'appelai au secours, tout le monde accourut, on l'emporta au château, où madame fut longtemps malade; quant au pauvre Turc, il était mort, empoisonné sans doute.

Après, nous avons su que madame avait vu un homme, un voleur probablement; c'est depuis qu'on a muré en dedans la porte du parc et démoli le pavillon; quant au jardin, qui m'avait causé bien du plaisir, il en faisait tant à madame! il est resté là comme vous voyez, monsieur le comte, et depuis ce soir, du reste, madame n'a jamais remis les pieds dans le parc. »

Il n'avait pas fini de parler, qu'une affreuse vérité peut-être se faisait jour dans mon esprit; un doute épouvantable s'emparait de moi : j'avais cru flétrir une infamie, et peut-être avais-je insulté une victime?

— Courez au château, dis-je, faites atteler les chevaux à une voiture.

Je voulais aller chez le notaire, savoir de lui où elle était, la rejoindre et obtenir la vérité.

Je n'en eus pas le temps; fidèle à sa parole de la veille, le digne homme arrivait de son côté au château, en même temps que moi.

Je lui fis part de ce que je venais d'apprendre; lui dis les effrayants soupçons que j'avais conçus; nous fîmes venir une femme de chambre qui lui avait donné ses soins; elle les confirma, en nous rapportant que dans son délire, qui dura plusieurs jours, elle ne cessait de m'appeler à son secours.

Voilà tout ce que je pus apprendre à cette époque.

Les démarches du notaire et les miennes pour connaître le lieu de sa retraite ne produisirent aucun résultat; pour lui, tout ce qu'il put m'apprendre se bornait à ceci : qu'elle avait paru dans le monde la dernière fois, à une fête donnée chez le préfet de la marine à Cherbourg, en l'honneur d'une division anglaise mouillée dans le port.

★ ★
★

Après un an de recherches, convaincu de leur

inutilité, je quittai la France, renonçant aux épaulettes qui me coûtaient si cher, et ayant réalisé ma
fortune, dont je laissai une partie entre les mains du
notaire, je me rendis aux États-Unis.

Malgré les années, je n'ai pas oublié dans quelle
disposition d'esprit je quittais mon pays, et les raisons qui motivèrent mon départ.

Cette douleur si âcre, si aiguë que j'avais ressen-
tie était loin d'avoir disparu; la blessure était incu-
rable, le cœur avait trop cruellement été frappé pour
attendre même de l'avenir une consolation; de plus,
les doutes qui surgissaient sans cesse ajoutaient, s'il
était possible, à mes douleurs.

Pendant l'année qui venait de s'écouler, sous l'empire d'une surexcitation nerveuse sans cesse sti-
mulée, rien en moi n'avait faibli; mais désormais,
livré à moi-même, face à face avec le déchirant souvenir d'un bonheur entrevu à tout jamais évanoui,
de mes illusions détruites, je me sentais menacé de
tomber dans un état d'atonie, de prostration physique et morale.

J'eus peur alors, non de devenir fou, je ne devais
plus le craindre, mais de sentir tout-à-fait disparaître mon énergie, quand j'avais cette conviction que
plus tard des événements imprévus pourraient en
réclamer l'emploi.

12

Je compris qu'il me fallait à tout prix jeter le
corps dans une sphère d'activité, et que les durs la-
beurs auxquels je le soumettrais finiraient sans
doute par comprimer, sans l'étouffer, l'agitation
morale ; je voulais conserver le feu, mais le couvrir
de cendres.

Quant à rester dans mon pays, je ne pus en avoir
un seul moment la pensée. Le public, pour se venger de s'être laissé surprendre par l'imprévu des
événements accomplis, sans savoir au juste à quoi
s'en tenir, ne manqua pas de faire des suppositions,
dont quelques-unes, on le pense, effleurèrent la vérité. La disparition de Juana, ma démission, mon
départ, la vente du château, autorisaient tous les
commentaires, et quoique je misse grand soin à éviter mes connaissances, j'avais déjà été plus d'une fois
obligé, à force d'aplomb, ou en témoignant de mon
impatience de faire baisser des yeux un peu trop
clairvoyants, ou taire des questions indiscrètes.

* *
*

En débarquant à New-York, je n'apportais avec
moi que mes chagrins, six cent mille francs et un
nom d'emprunt.

Avec cette somme je me fis armateur d'un navire

pour la pêche de la baleine. Dans le cours de ma dernière campagne, nous avions exploré l'océan du Sud jusqu'aux banquises de glaces et avions reconnu la présence de beaucoup de ces cétacés vers les parages des terres antarctiques de la *Nouvelle-Zélande* des îles *Auckland*, contrées jusqu'alors peu explorées par les pêcheurs. Je m'y rendis et réussis bien au-delà de mes espérances.

Trois campagnes successives produisirent un tel résultat, que je me trouvais avoir presque doublé ma fortune ; enfin, après cinq ans de cette existence de fatigues, de périls que je me plaisais à affronter, las du succès, je vendis mon navire et retournai en Europe.

* * *

On oublie vite en France ; nul ne me reconnut à Cherbourg, où je me rendis de suite ; mais quand je me présentai chez le notaire, il me sauta au cou, et sa première parole fut :

— Comment, déjà ! mais vous n'avez pas reçu ma lettre ?

— Quelle lettre ? lui dis-je.

— Mais celle que je vous ai écrite il y a huit jours,

pour vous informer qu'elle vous demande, qu'elle veut vous voir.

—Non, certainement, m'écriai-je; l'ennui, le hasard et peut-être un pressentiment indéfinissable m'ont seuls ramené; mais qu'avez-vous appris, que dit-elle?

— Ah, mon ami, le malheur l'éprouve cruellement, elle aussi; une femme du pays qu'elle avait emmenée est venue m'apporter ces lignes; il me les tendit.

Je lus ce qui suit :

« Si vous savez où est le comte Alfred D...., ap-
« prenez-lui que je désire le voir encore une fois
« avant de mourir; mais qu'il se hâte... »

La lettre était datée d'un village près Paris.

Je ne pris que le temps de serrer la main de l'excellent homme, et deux heures après quatre chevaux de poste m'emportaient vers Paris.

* *
*

A l'entrée du village, je venais de descendre de voiture en face d'une petite maison, que rien ne me désignait pour être le but de mon voyage; à sa porte deux hommes causaient; un d'eux était un prêtre, à la tenue de l'autre, je devinai un médecin.

J'approchai rapidement de ceux qui, distraits de leur conversation, par le bruit de la voiture qui me suivait, avaient, de leur côté, fait quelques pas dans ma direction.

Lorsque je les eus joint :

— Venez-vous, monsieur, me dit le prêtre, pour voir une personne malade ?

— Je viens, monsieur, répondis-je vivement, me rendre aux désirs d'une femme qui m'a été bien chère.

— Vous êtes le comte Alfred D...., me dit-il, se penchant vers moi.

— Oui, monsieur.

— Entrez alors ; je vais la prévenir, car elle ne vous attend plus.

Je restai donc seul avec le médecin, que je n'osais interroger que du regard, et ce fut lui qui prit la parole.

— Je ne sais, monsieur, les torts que peut avoir eus cette femme pour avoir été ainsi délaissée ; mais, sur mon honneur, elle a tant souffert que les hommes doivent les oublier, et que Dieu, me disait à l'instant même mon respectable ami, son confident depuis qu'elle est parmi nous, l'appelle sans doute à lui pour lui remettre la palme des martyrs.

— Mais vous, monsieur, repris-je effrayé, vous sans doute son médecin, — un signe affirmatif me

12.

dit que je ne m'étais pas trompé, — vous n'avez donc plus d'espoir.

— Je n'en ai jamais eu ; lorsque pour la première fois, je lui fus présenté par le curé de ce village, c'était bien comme médecin ; depuis, je n'y suis jamais retourné qu'en ami. Dès lors, monsieur, il y a trois ans de cela, j'ai suivi pas à pas la lutte de cette forte et riche nature contre la douleur morale, douleur incessante, qui la tue. Si de sages conseils, si l'amitié la plus dévouée avaient pu la sauver, celui qui est près d'elle en ce moment eût accompli ce miracle. Quelque temps nous espérâmes ; c'était à l'époque où l'amour maternel, sans rappeler les forces éteintes, semblait retenir celles qui fuyaient chaque jour ; soutenue par une énergie fébrile, elle a pu veiller sa fille pendant une longue maladie ; elle n'a faibli que sur le cercueil de son enfant. A partir de cette heure, celle que vous allez probablement voir pour la dernière fois, semble ne plus être qu'un souvenir d'elle-même.

Je ne pouvais parler ; j'écoutais chacun des mots qui sortaient de la bouche de cet homme ; ils s'incrustaient dans ma mémoire, clairs et distincts, comme les sons d'un glas funèbre ; cependant les pensées qu'ils exprimaient et faisaient naître en moi envahissaient mon cerveau, confuses et embrouillées. J'ai dû éprouver ce que ressent le condamné à mort dans son cachot, lorsqu'on vient lui dire que l'heure est venue, de se lever... et marcher... Je serais, je le crois, tombé sur place, si le vénérable prêtre qui nous avait rejoints sans que je m'en fusse aperçu, ne m'eût tiré de cet affaissement, en me disant :

— Venez, mon fils, elle vous attend.

Il passa son bras sous le mien; je fis quelques pas... et je me trouvais seul auprès d'un lit; une main glacée avait pris une des miennes, j'ouvrais la bouche, je voulais parler, un signe m'arrêta...

— Non, me dit-elle, nous n'avons pas le temps... Alfred, écoute... Je vais mourir... tous deux avons eu bien des torts...; mais tu m'as punie, quand tu devais me veng....

Au lieu d'achever, elle leva vers le ciel ses grands yeux, qui brillèrent pour la dernière fois, et s'éteignirent en exprimant une pieuse résignation.

Sa tête s'inclina vers moi, ses lèvres s'agitèrent... Je me laissai tomber à genoux, posai ma tête près de la sienne, et j'entendis à peine...

« Que j'ai souffert, ô mon Dieu! pour connaître l'inf... » Puis absolument comme si au lieu d'être sortis d'une bouche humaine, la brise eût murmuré ces deux mots : « Sir Richard... » encore un son inarticulé... en même temps sa main, que je tenais, se détendit dans la mienne... un souffle tiède courut sur mon front : c'était son dernier soupir.

Ma femme était morte sans avoir pu nommer entièrement son assassin, mais en me condamnant à vivre pour le trouver, la plaindre et la venger.

Sa main, que la mort venait d'entrouvrir, avait déposé dans la mienne un médaillon... un portrait d'homme, celui d'un officier de la marine anglaise...

Après lui avoir fermé les yeux, j'appelai le prêtre, et tous deux nous priâmes en silence, lui pour elle... moi pour demander à Dieu d'être l'instrument de sa justice.

Jusqu'à l'heure de l'enterrement, seul je restai près d'elle, seul je la déposai dans le cercueil.

Pour accompagner la comtesse D..... au cimetière du village, nous n'étions que trois, le curé, le docteur et moi, l'ayant connue ; les pauvres des environs la suivirent aussi ; elle leur laissait sa fortune. Je doublai le legs. Le curé fut chargé de l'érection d'un modeste tombeau ; nous convînmes qu'il ferait graver sur la pierre les noms et titres que Juana avait eu le droit de porter.

J'oubliais : parmi ceux qui la pleurèrent était encore cette femme, la nourrice de sa fille et le témoin de la scène affreuse qui avait eu lieu à mon retour près du berceau de l'enfant; elle ne l'avait quittée qu'une seule fois depuis notre séparation, pour apporter elle-même à Cherbourg chez le notaire la lettre qui m'appelait.

Je reçus d'elle le récit du voyage que la comtesse avait fait en Angleterre : « ce qui m'étonnait, me disait cette femme dans son ignorance naïve, c'était de voir ma chère maîtresse, qui ne faisait que pleurer quand nous étions seules, faire toilette pour sortir, courir les promenades, les fêtes publiques, jusqu'au jour où un Monsieur vint à nous, la salua ; à sa vue elle frémit, elle pâlit ; je crus qu'elle allait s'évanouir ; j'eus bien peur, mais madame lui donna notre adresse, le lendemain elle le reçut; le soir même nous partions de Londres, et madame vint se fixer dans ce petit village, que nous n'avons pas quitté depuis.

« C'est à partir de ce moment que ma chère maîtresse est devenue de plus en plus malade ; elle semblait ne prendre plaisir à vivre que parfois en regardant sa fille ; encore souvent il lui arrivait, après l'avoir bien caressée, de pousser un cri, de m'appeler, alors elle la jetait presque dans mes bras : on eût dit qu'elle ne l'aimait plus, qu'elle n'était pas bonne mère... Et pourtant elle l'a bien soignée pendant sa maladie, quoiqu'elle fût si faible qu'il nous semblait à tous qu'elle mourrait avant la pauvre petite. »

Dix fois je me fis raconter ces détails, et toujours l'accent de la vérité, auquel on ne saurait se méprendre, me frappait au cœur.

C'était donc à moi maintenant de faire à mon tour un voyage en Angleterre, emportant, pour guider mes recherches, un portrait et un prénom.

* *
*

Dans la vie des hommes que le sort a le plus durement éprouvés, il s'est presque toujours trouvé un jour, une heure, une minute pendant lesquels la fatalité acharnée à les suivre a semblé les avoir oubliés, et pour quelques-uns ce rapide instant, s'ils avaient su en profiter, aurait pu changer le destin, mais le plus souvent, lassés par la lutte qui a épuisé leurs forces, réduits à ne plus opposer à cette fatalité qu'une stupide résignation ou un impuissant désespoir, ils se contentent d'accepter la trêve sans qu'elle retrempe leur énergie, et demeurent engourdis dans le calme jusqu'à ce qu'ils se réveillent encore secoués par le malheur.

Je faisais intérieurement cette réflexion à bord du bateau à vapeur qui m'emportait de Calais à Douvres, souriant à la pensée que je pouvais désormais défier l'adversité qui m'avait tout pris, présent, avenir! ne me laissant même pas l'espoir d'une revanche.

Pendant que les passagers du steamer, fatigués par la lame un peu dure, éprouvaient le mal de mer, je remarquai à l'arrière un jeune homme dont la démarche assurée me laissait deviner un marin. Je ne me trompais pas, c'était un officier de la marine britannique qui revenait de Paris, où il avait passé quelques mois de congé.

Nous eûmes bientôt lié conversation, et avant de nous quitter le hasard m'avait appris ce j'aurais payé de ma fortune, de mon sang.

Sir Richard Essington avait depuis plusieurs années abandonné le service; pas un de ses amis ne savait pourquoi, seulement une vague rumeur leur avait fait croire qu'il s'était agi à l'époque d'une violente passion inspirée par une femme dont il avait fait connaissance dans un voyage sur le continent.

Celui qui me parlait ne pouvait laisser un doute dans mon esprit, puisqu'il me dit :

« Pauvre Richard! nous qui l'avions connu si
« joyeux camarade, longtemps nous nous sommes
« demandé comment il avait pu changer ainsi;
« avant de nous quitter il était devenu taciturne, ir-
« ritable; il semblait sans cesse en proie non-seu-

« lement à un regret, mais presque à un remords
« jusqu'au jour où nous reçûmes ses adieux.

« Il partait pour courir le monde au gré de ses
« inspirations, à bord d'un *yacht* qu'il venait de se
« faire construire. En vain ses camarades tentèrent
« de lui arracher son secret, ses chefs essayèrent
« inutilement de le retenir ; nous demeurâmes tous
» convaincus qu'il allait devenir fou. »

En écoutant ces paroles, j'eus assez d'empire sur
moi pour ne témoigner que de l'intérêt, et me posai
comme le confident de la femme qui avait eu sur
sir Richard une aussi funeste influence.

— Je peux, dis-je à celui qui me parlait, vous donner une preuve que la curiosité seule ne me fait pas
agir ; voici un portrait, le reconnaissez-vous ?

A peine l'eut-il regardé :

« Certainement, me dit-il, c'est le sien, c'est Ri-
« chard, c'est lui-même. »

Je ne sais, en vérité, comment j'ai pu en l'entendant comprimer la colère qui m'étouffait, et jouer
presque l'indifférence. Ah ! s'il avait pu voir ce qui
se passait en moi, rien qu'à cette pensée que j'avais
là, en ma présence, un homme se disant son ami ;
mais je fus obligé de le quitter brusquement pour
ne pas éclater, quand il m'apprit que le navire qu'il
s'était fait construire pour promener, me dit-il tran-

quillement, son *spleen,* autour du monde, il l'avait
baptisé Lady Juana. Pourtant après cette révélation
l'agitation tumultueuse que j'avais eu peine à con-
tenir disparut ; une pensée me vint.

J'avais prié près du lit de la morte ; j'avais demandé à Dieu de vivre pour rester chargé de la
vengeance ; il comblait mes vœux, dépassait mes
espérances. Je n'avais plus qu'à devenir l'instrument
aveugle de la volonté divine, et pourtant voilà
dix-huit mois que le *Mystery* sillonne toutes·les mers
du globe, que je le cherche cet homme, sans pouvoir l'atteindre dans cet immense espace qui s'é-
tend d'un pôle à l'autre. J'ai cru plusieurs fois l'a-
voir enfin trouvé ; à *Calcutta* j'ai eu deux jours de
retard ; à *Batavia* quelques heures seulement ; enfin
je suis sur sa trace ; ceux que je vois l'ont vu, ceux
à qui je parle lui ont parlé, je ne peux croire que
Dieu m'ait presque montré le but sans vouloir que
j'y arrive.

* *

Telles sont, nous dit Gérard, en fermant le manuscrit dont il venait de nous donner lecture, les
dernières lignes écrites par le capitaine Alfred : le
but qu'il poursuivait, je le devinais comme vous, mes

13

amis ; mais quel serait le résultat d'une rencontre devenue désormais presque inévitable ? C'était ce que je ne pouvais prévoir, tout en m'effrayant à la pensée de l'existence qui pouvait [attendre cet homme, quand, sa vengeance assouvie, il se retrouverait face à face avec une vie usée par les regrets, si toutefois il échappait aux hasards d'un duel acharné ? Alors je me prenais à penser que peut-être l'amitié que je semblais lui avoir inspirée viendrait faire diversion et que mon dévouement le rattacherait à la vie.

Je bâtissais des châteaux en Espagne qui péchaient par la base ; mais j'ignorais qu'il se fût déjà lui-même condamné à mort, et que lui, qui me paraissait encore si fort, fût prêt à succomber sous le poids du fardeau qu'il portait depuis longtemps.

La nuit était passée, j'entendais sur ma tête le bruit des gens qui lavaient le pont ; mon heure de quart devait être venue, je m'étonnais de ne pas avoir été averti, et me hâtai de monter sur la dunette prendre mon service.

Mais lui y était déjà ; en me voyant, il vint au devant de moi ; rien n'indiquait sa grave indisposition de la veille qu'une excessive pâleur.

— Je suis sûr, me dit-il, que vous n'avez pas reposé un seul instant, et c'est moi qui en suis cause : descendez maintenant, mon ami ; croyez-moi, il n'est pas bon que l'esprit engage avec le corps une lutte trop obstinée ; tout va bien ici ; à dix heures je vous ferai avertir, nous déjeunerons et causerons.

—Ma foi, capitaine, lui dis-je en souriant, si vous exigiez que je me rendisse à votre invitation , j'en serais presque froissé ; ce serait supposer en effet que vous ne me croyez pas capable de porter une nuit d'insomnie, et me traiter en enfant.

—Oh ! s'il en est ainsi, restons ensemble, d'autant plus qu'il me tarde de savoir ce que vous pensez de moi, maintenant que vous me connaissez comme moi-même.

— Ce que je pense de vous, capitaine ?

— Oui, mon cher ; sans détour, dites-le moi comme vous le diriez à votre frère.

—Eh bien, je crois que vous avez usé toutes les douleurs, traversé les plus dures épreuves que la fatalité puisse ménager à un homme ; je crois que puisque vous n'avez pas faibli sous le faix, c'est que Dieu vous ménage non des heures d'oubli, on n'oublie pas ce que vous avez perdu , mais des années qui donneront un peu de calme à l'esprit, un peu de repos au corps.

Pour la première fois depuis que nous étions ensemble, je compris à ce moment combien l'infortuné

s'étudiait sans cesse à comprimer la violence de
son caractère, aigri par le malheur; pendant que je
lui parlais, son front s'était plissé; ses yeux, encore
animés par le feu de la fièvre, luisaient comme ceux
d'une bête fauve, sa main appuyée sur la balustrade
de la dunette, se crispait en lui imprimant de brusques secousses, et il me semble encore entendre sa
voix me jeter ses paroles :

— C'est faux, monsieur, c'est faux, vous ne croyez
pas un mot de tout cela... Que je vive pour oublier !...
que je vive pour continuer tous les jours à verser
dans mon cœur les larmes qui le brûlent !... allons
donc !... il faudrait que je sois devenu lâche, mépri-
sable ou idiot... Oh ! non, non...

Mais, s'apercevant bien vite que cette explosion
de colère m'avait un peu ému, il ajoute de suite :

— Pardon, mon ami, pardon de ma brusquerie,
nous sommes mal ici, on nous regarde. — En effet
l'attention des matelots, éveillée par ses paroles,
se fixait sur nous. — Venez dans ma chambre, nous
n'avons en ce moment rien à faire ici, venez.

Quand nous eûmes pris place, Savez-vous, mon
cher Adrien, me dit-il, que vous auriez fait un
excellent médecin de petites maîtresses; oui, pour
dissiper les vapeurs, vous auriez su admirablement
employer l'eau sucrée et celle de fleurs d'oranger.

Et tout à coup il était devenu calme et souriant, rien ne disait plus le trouble de son âme; seulement, son regard restait fixement attaché sur le portrait d'homme suspendu au-dessus du pied de son lit; en me le montrant, il ajouta :

— Ce portrait que vous voyez, je l'ai fait faire d'après le médaillon que m'avait légué la mourante; puis j'ai écrasé le précieux bijou sous le talon de ma botte; maintenant, jusqu'à ce que j'aie fait subir le même sort à celui qu'il représentait, je vivrai... Après, ma foi, à la grâce de Dieu... En même temps il ouvrit son bureau, en sortit un petit coffret en ébène, et me le montrant :

— Le jour du duel, mon ami, avant, bien entendu, je vous remettrai la clef qui l'ouvre; si nous restons tous deux sur place, ce que j'espère, vous reviendrez seul à bord; vous trouverez là-dedans l'expression bien établie de mes dernières volontés; qu'il vous suffise pour le moment de savoir que j'ai compté sur vous, et vous ai désigné mon exécuteur testamentaire; vous acceptez, n'est-ce pas?

Je répondis affirmativement par un signe de tête.

— Très-bien; en vérité, savez-vous, mon ami, que je ne suis pas aussi à plaindre que je voudrais le faire croire, puisque le sort vous a mis sur mes pas; moi, qui jusqu'à cette heure n'avais trouvé que des indiscrets, des bavards ; ainsi, ce jour où nous nous sommes vus pour la première fois sur le *Mystery* en deuil, vous vous en souvenez?

— Très-bien.

— Ce jour-là était le 17 août, jour anniversaire de celui de la mort de la pauvre victime; ce jour-là, le croiriez-vous? votre prédécesseur fut assez inconséquent pour tenter par trois fois, malgré le sévère accueil que je fis à ses questions, de m'arracher mon secret; son obstination faillit me rendre fou de colère; aussi, me suis-je empressé de le débarquer à Calcutta. Maintenant encore une question, et tout sera dit jusqu'à ce que l'heure sonne :

— Je suppose que sir Richard, — les Anglais sont formalistes, — ait la stupide prétention de se faire assister par un témoin, pourrais-je compter sur vous?

— Je ne vous quitterai pas plus que mon frère, mais à une condition...

— Une condition... Laquelle?

— Celle que sans hésiter je poserais à mon frère, s'il s'agissait de lui.

— Parlez.

— Je consens, capitaine, à être témoin d'un duel, mais non complice d'une folie : que celui que Dieu aura condamné meure; quelque meurtrier que soit le combat, qu'il y ait au moins une chance de salut... Autrement, je refuserais d'assister à un double suicide; et cela je vous le dirai quand le moment sera venu, comme je vous le dis à présent.

— Soit, nous verrons; peut-être après tout n'aurai-je pas besoin de vous...

— Je le regretterais, capitaine.

La conversation en resta là, et pendant les jours qui suivirent pas un mot entre nous deux ne vint faire allusion au passé ou à l'avenir.

*
* *

Le *Mystery,* poussé par de fraîches brises, avait déjà traversé un large espace des mers australes; toujours chargé de toiles, notre brick semblait vouloir seconder les désirs de son maître; encore quelques jours, et nous devions arriver avec la *mousson* régulière du nord-est à la *terre d'Endracht,* où voulait atterrir le capitaine; sa destinée en décida autrement.

Une nuit il était de quart, selon son habitude, de minuit à quatre heures; je reposais dans ma cabine; un mousse vint m'appeler de sa part, je me rendis de suite près de lui.

Mon ami, me dit-il, je crois en vérité que le bonheur est pour nous à bout de souffle, nous voici en calme avec une houle du sud, qui ne présage rien de bon.

En effet, le navire dont j'avais laissé la direction deux heures avant, filant ses dix nœuds à l'heure sur une belle mer, commençait à rouler d'un bord sur l'autre par l'effet de la houle, pendant que ses voiles dégonflées battaient les mâts.

— Avez-vous navigué dans ces parages, monsieur Adrien?

— Jamais, capitaine.

— Dans ce cas vous allez assister, je vous l'assure, à une de ces tempêtes dont vous ne soupçonnez pas la puissance; je crois qu'au jour il faudra que nous soyons tous à l'œuvre; je me sens un peu de lassitude et vais me reposer, prenez le quart. Commencez de suite à mettre le navire en état de supporter le mauvais temps; vous savez les précautions à prendre, n'en négligez aucune; au revoir, dans quelques heures.

Quand le jour commença à paraître, je pus me convaincre de la sagesse de ses prévisions.

Le calme durait toujours, mais les longues houles du sud devenaient de plus en plus profondes et rapides. Sur la partie de l'horizon où devait déjà souffler le vent qui les soulevait, reposait un épais

brouillard, revêtant une couleur ardente, rougeâtre
à mesure que le soleil surgissait des flots ; bientôt
ce voile de vapeur sembla se condenser, nous ne
vîmes plus que d'épaisses masses de nuages aux
contours extérieurs bizarrement découpés et tran-
chant vivement sur un ciel d'azur ; les rayons solaires en se brisant sur elles en coloraient le centre
de nuances cuivrées, pendant que les bords restaient d'un sombre obscur ; on eût dit une immense
chaîne de montagnes, formée de déjections volcaniques, vue aux lueurs d'un incendie.

Parfois de brusques changements s'opéraient dans
la forme des nuages ; des croupes arrondies s'af-
faissaient en vastes plateaux, ou se trouvaient subitement surmontées d'un pic aigu dentelé, qui lui-
même ne tardait pas à disparaître, remplacé par
une large crevasse.

Autour de nous tourbillonnaient et planaient des
milliers de *pétrels*, d'*albatros*, qui fuyaient sans nul
doute devant le souffle de l'orage, et faisaient une
halte dans le milieu qu'il n'avait pas encore atteint.

Le capitaine parut sur la dunette, pendant que
je constatais que la bande nébuleuse progressait
dans notre direction ; il jeta de suite un coup d'œil
autour de nous, un autre sur le navire, et me dit :

« Je ne me suis pas trompé, nous allons avoir

13.

fort à faire ; au premier grain *nous prendrons la cape tribord amure sous le grand hunier au bas ris, et le petit foc;* mais nous ne garderons pas longtemps ces voiles; soyez-en certain; pourvu que nous ne soyons pas contraints de fuir devant le temps, ce qui nous ferait perdre du chemin déjà fait. »

Il n'avait pas fini, qu'on eût dit que ses paroles venaient de donner le signal qu'attendait la tempête.

Tout à coup une bruyante rafale s'abat sur le brick, qui, surpris encore avec ses basses voiles, s'incline et se couche sur le flanc au moment où se fait entendre ce commandement :

« *Cargue et serre la brigantine et la misaine.* »

Un regard du capitaine me fit comprendre que j'aurais dû l'avoir fait plus tôt.

En effet, le coup de vent éclatait dans toute sa violence; les nuées, tout à l'heure entassées à l'horizon, étaient emportées avec la vitesse de l'éclair, s'étendant déjà comme une coupole de plomb sur nos têtes; la mer, un instant avant bercée en longues houles, présentait déjà l'aspect d'une plaine de neige soulevée par une convulsion de l'enveloppe terrestre, tant leurs sommets, blancs d'écume, se brisaient sous le souffle impétueux qui les faisait se lever, bondir et déferler.

Étonné par la brusque attaque et trop chargé de

voiles, le brick avait cédé ; mais le vaillant navire, sous l'impulsion *de la barre*, ne tarda pas à venir au vent, que nous reçûmes par la *joue de tribord*, sous une voilure de *cape*.

Toute la journée se passa ainsi ; mais au coucher du soleil ce n'était plus un coup de vent, une tempête, mais un véritable ouragan : une rafale venait d'emporter notre *hunier ;* nous devions craindre que notre *foc* eût le même sort, la mâture ployait comme un jonc, la mer grossissait sans cesse ; un faux coup de *barre* pouvait compromettre le sort du navire, qui avait peine à éviter les lames, dont les brisants noyaient son avant.

— Monsieur Adrien, me dit le capitaine, je crains de ne pouvoir ainsi tenir longtemps. Quoiqu'il m'en coûte de retourner sur nos pas, il le faut ; nous allons laisser porter, et *fuir à sec de toiles ;* prenez la *barre*. Pendant que nous y voyons encore un peu il faut tenter de saisir un moment favorable pour exécuter la manœuvre.

Tous les marins savent combien est périlleuse cette évolution d'un navire, quand il lui faut venir en travers des lames, et que leur dimension est telle qu'une seule, en le heurtant, suffirait pour le démolir et le faire sombrer ; mais notre brick gouvernait si sûrement, que nous l'exécutâmes sans recevoir une goutte d'eau, et, la nuit venue, nous courions au nord avec une vitesse de *dix nœuds* à l'heure, poussés par la mer et l'effort du vent sur la carène et nos agrès : nous n'avions pas dehors un morceau de toile.

Le lendemain matin, nulle apparence de changement dans notre position ; la mer était affreuse, et le vent, s'il était possible, soufflait avec plus de rage que la veille ; quand un maître, qui inspectait notre gréement, nous fit des signes annonçant que quelque chose d'extraordinaire attirait son attention ; sa voix, couverte par les bruits de la tempête, ne pouvait venir jusqu'à nous.

« Allez voir ce que c'est, me dit le capitaine. »

Je montai rapidement dans *la grand'hune*, et vis à un mille à peu près devant nous un petit navire en avarie, son pavillon en *berne*. Je reconnus de suite une goëlette ; une pensée subite me vint : mon Dieu ! me dis-je, serait-ce celle qu'il cherche ? et j'aurais voulu dans le doute pouvoir lui taire la rencontre : il n'était plus temps, il était près de moi, la voyait comme nous, et avait déjà deviné instinctivement que le hasard lui livrait enfin son ennemi ; mais dans quelle circonstance ! ! !

Cependant, le *Mystery* approchait rapidement du petit navire, et ne devait pas tarder à le laisser derrière. Quelques centaines de brasses nous en séparaient à peine quand le capitaine me remit sa longue-vue dans les mains, en s'écriant :

« Ah ! c'est elle, je l'ai vue... malédiction ! Dieu va me l'enlever... ils sont perdus ! »

En même temps, il cria au timonnier d'appuyer d'un quart sur *babord*, et aussitôt que la goëlette reparut sur la crète d'une lame, je pus lire à son arrière : *Lady Juana !*

A quelques pas de nous se trouvait donc celui que cherchait depuis si longtemps le comte Alfred, et il ne lui était pas plus possible de l'atteindre, que si le diamètre de la terre l'en eût séparé.

« Reprenons *la cape*, Adrien, ne nous éloignons pas, me dit-il d'une voix étouffée ; qu'en pensez-vous ?

— Ce que vous-même savez mieux que moi, capitaine ; c'est impossible avec cette mer...

— Ah ! si j'étais seul !...

— Que feriez-vous ?...

— Quoiqu'il dût en arriver, monsieur, je mettrais le cap sur la goëlette, et je la coulerais.

— Vous ne le feriez pas ; vous ne feriez pas expier à des innocents le crime d'un seul !

— Mais, ma vengeance ! ma vengeance !

— Voyez donc, capitaine, Dieu s'en charge... »

Pendant ces paroles échangées rapidement, la ligne que nous suivions nous avait rapprochés de la goëlette autant que possible, et il nous était facile de constater à l'œil nu son affreuse position.

Son *mât de beaupré* était cassé, des lambeaux de voiles pendaient à ses agrès, sa ligne de flottaison au-dessous du niveau de la mer, qui inondait sans cesse le pont d'un bout à l'autre, indiquait qu'elle devait faire eau de toutes parts.

C'était un spectacle affreux : un groupe d'hommes, serrés les uns contre les autres, paraissaient sur son arrière ; un d'eux hissait et abaissait alternativement son pavillon pour demander un secours, que nulle puissance humaine n'aurait pu leur porter ; nous étions si près d'eux, qu'il nous sembla deux ou trois fois, au milieu du mugissement de la mer, des hurlements du vent dans nos cordes, entendre leurs cris de détresse.

Effrayés, et dans l'attente du dénoûment du drame, tous nos hommes étaient venus près de nous sur la dunette du *Mystery*, tous gardaient le silence ; et il ne vint pas à l'idée d'un de nous, j'en suis sûr, que peut-être le sort de la goëlette nous était réservé ; nous n'avions de cœurs, de pensées que pour elle...

Quand un cri de pitié s'échappa de toutes les poitrines : une lame monstrueuse venait de la couvrir entièrement, en quelques secondes elle avait disparu dans une immense nappe écumante; nous crûmes que tout était fini : elle reparut une fois encore, mais couchée sur le côté. Nos regards cherchaient ceux que nous avions vus; y étaient-ils? C'est ce que Dieu seul peut savoir. Un second coup de mer déferla sur elle, passa; nous ne vîmes plus rien. Plusieurs de nos matelots, le capitaine en tête, s'élançaient dans la mâture, rien ne parut, pas un homme, pas un fragment de bois, rien, rien pour dire que là un navire venait de sombrer, rien que la mer roulant toujours ses vagues hautes comme des montagnes.

Le dernier, le capitaine quitta la mâture. Quand il fut près de moi :

« C'est fini, Monsieur Gérard ; allez écrire sur le journal du bord ce que nous venons de voir; n'oubliez, me dit-il, aucune des circonstances du naufrage, seulement vous mettrez : un navire inconnu, et vous reviendrez me remplacer ici.

Après avoir terminé le rapport, je me hâtai de remonter sur la dunette.

Le comte Alfred D... était assis sur le banc de quart, les coudes sur les genoux, la tête appuyée dans ses mains. Je fus obligé de toucher légèrement son bras, lui ayant en vain deux fois adressé la parole ; alors il se releva brusquement :

« Ah ! c'est fini déjà ? » me dit-il.

Puis il promena son regard sur tout le navire, en fit lentement le tour, et pendant que je cherchais à deviner ce qui se passait en lui, il s'arrêta devant moi en me disant d'un ton calme :

« Je vais descendre dans ma chambre ; si dans une heure je n'en suis pas sorti, venez avec Jean-Marie ; je reposerai probablement, vous m'éveillerez, car j'aurai besoin de parler à tous deux ; vous n'oublierez pas Jean-Marie. Faites, en attendant, réparer un oubli de notre part, qu'on mette *des palans de sûreté à la barre franche du gouvernail*, nous n'avons d'accidents à craindre que là.

— Je l'ai prévu, capitaine ; cette nuit, j'ai tout fait parer.

— Oh ! très-bien, mon cher, vous n'oubliez rien. Je peux dormir tranquille ; dans une heure avec Jean-Marie. »

En réitérant cette recommandation, il descendait l'escalier de la dunette, et il se retourna une fois vers moi, pour m'adresser avec la tête un signe d'adieu.

*
* *

La tempête durait toujours, seulement le vent ne soufflait plus aussi régulièrement du sud; les rafales gagnaient dans l'est, et en coupant la régularité de la houle, l'abaissaient un peu, mais la rendaient plus courte et plus dangereuse. Il ne fallait rien moins que cette conviction, que je ne pouvais laisser un seul instant la surveillance du navire, pour m'empêcher de le suivre, tant je demeurais persuadé que l'infortuné allait exécuter une résolution désespérée; cette heure me parut un siècle; enfin, dès qu'elle fut écoulée, je remis le quart au second maître, et je fis appeler Jean-Marie, avec qui je me rendis à la porte du capitaine; après avoir frappé, ne recevant pas de réponse, j'ouvre, nous entrons; personne, et sur la tablette de son bureau, ouvert, une feuille de papier avec ces mots:

« Adieu, mes amis; le capitaine du *Mystery* est M. Adrien Gérard, votre second. »

A côté, une lettre cachetée portait mon nom. Comme je posais la main dessus, un violent coup de tangage fait ouvrir une des fenêtres de l'arrière et le *volet du sabord;* cette vue nous expliquait ce qui s'était passé.

J'envoie de suite le maître prévenir l'équipage, et ouvre la lettre, qui ne contenait que ces lignes:

« Je n'ai plus la force de vivre; adieu, mon cher

« Adrien. Je vous institue mon exécuteur testamen-
« taire, prenez tous mes papiers dans ma cassette en
« ébène. — Je vais la retrouver. »

Après avoir fermé le bureau, je rejoignis les
matelots, prévenus par le maître. Reconnu par eux
capitaine, je nommai Jean-Marie mon second, et
nous nous rendîmes sur le pont.

La tempête s'apaisait, comme si ceux qui n'é-
taient plus eussent accompli un sacrifice expiatoire ;
le ciel et la mer laissaient s'éteindre leur colère ;
avant de profiter de l'amélioration du temps, je
voulus prendre connaissance du testament du capitaine et des obligations qu'il pouvait m'imposer ; je
m'enfermai dans sa chambre, ouvris la cassette : le
premier papier qui me tomba sous la main, était un
testament ainsi conçu :

« Au moment de mourir, j'ai écrit et signé le pré-
« sent.

« Je ne laisse après moi aucun héritier direct ou
« collatéral.

« J'institue pour mon unique et universel léga-
« taire M. Adrien Gérard, mon second à bord du
« brick le *Mystery*. Ci-joint un état de la fortune que
« je lui laisse ; puisse-t-elle le rendre heureux !

        « Le comte ALFRED D..... »

Pendant quelques minutes, je demeurai accablé par la surprise, puis ma première pensée fut pour l'écrit portant : état de la fortune que je laisse.

Avec le brick le tout se montait à plus de cinq cent mille francs; il était facile de m'en assurer, tout était là sous ma main, dans un petit meuble dont l'indication m'était donnée : de l'or, des billets de banque, des lettres de crédit; cette vue me rendait fou.

Je ne sais combien je serais resté à contempler ce trésor, qui me faisait riche, moi qui n'avais pour toute fortune que mon brevet de capitaine et quelques mille francs d'économie, si on ne fût venu m'appeler pour demander mes ordres; mon trésor caché, je sortis.

Il était temps; les émotions de la journée, le naufrage, la mort de mon bienfaiteur, et surtout cette fortune, tout cela me tournait la tête; je crois, en vérité, que le grand air seul empêcha une attaque d'apoplexie de rendre encore une fois vacante la succession du comte Alfred D.

Ce ne fut réellement qu'après avoir fait prendre la route de France à mon navire, que je revins un peu à moi, et encore aujourd'hui, à ces mots : « *mon navire* », je ressens l'émotion que j'éprouvai la première fois que je les prononçai.

*
* *

Ici finit le récit de notre ami Gérard; mais pour ceux de mes lecteurs qui seraient curieux de savoir si les souhaits du comte Alfred se sont réalisés, si la fortune a fait le bonheur d'Adrien, j'ajouterai encore quelques mots :

Cinq ans après la nuit passée sur le *Mystery*, je me trouvais au Hâvre en armement : un jour, sur la jetée que terminait la tour de François Ier, un monsieur, tenant par la main un charmant petit garçon, m'accoste, et pendant qu'il disait mon nom, je prononçais le sien,

C'était Adrien.

Après une bonne accolade : Embrasse donc mon fils, me dit-il.

— Ton fils?

— Oui, mon cher, mon petit Alfred; que veux-tu, tout ce que j'ai pu faire par reconnaissance pour sa mémoire, je l'ai fait; d'abord je me suis marié...

— Comment, tu t'es marié?....

Oui, oui, mais j'ai épousé une Française, et....

— Et?

— Et le lendemain de mon mariage, j'ai dit adieu

à la marine; je suis donc aussi heureux qu'on peut
l'être ici-bas; viens nous voir, tu pourras t'en convaincre.

———

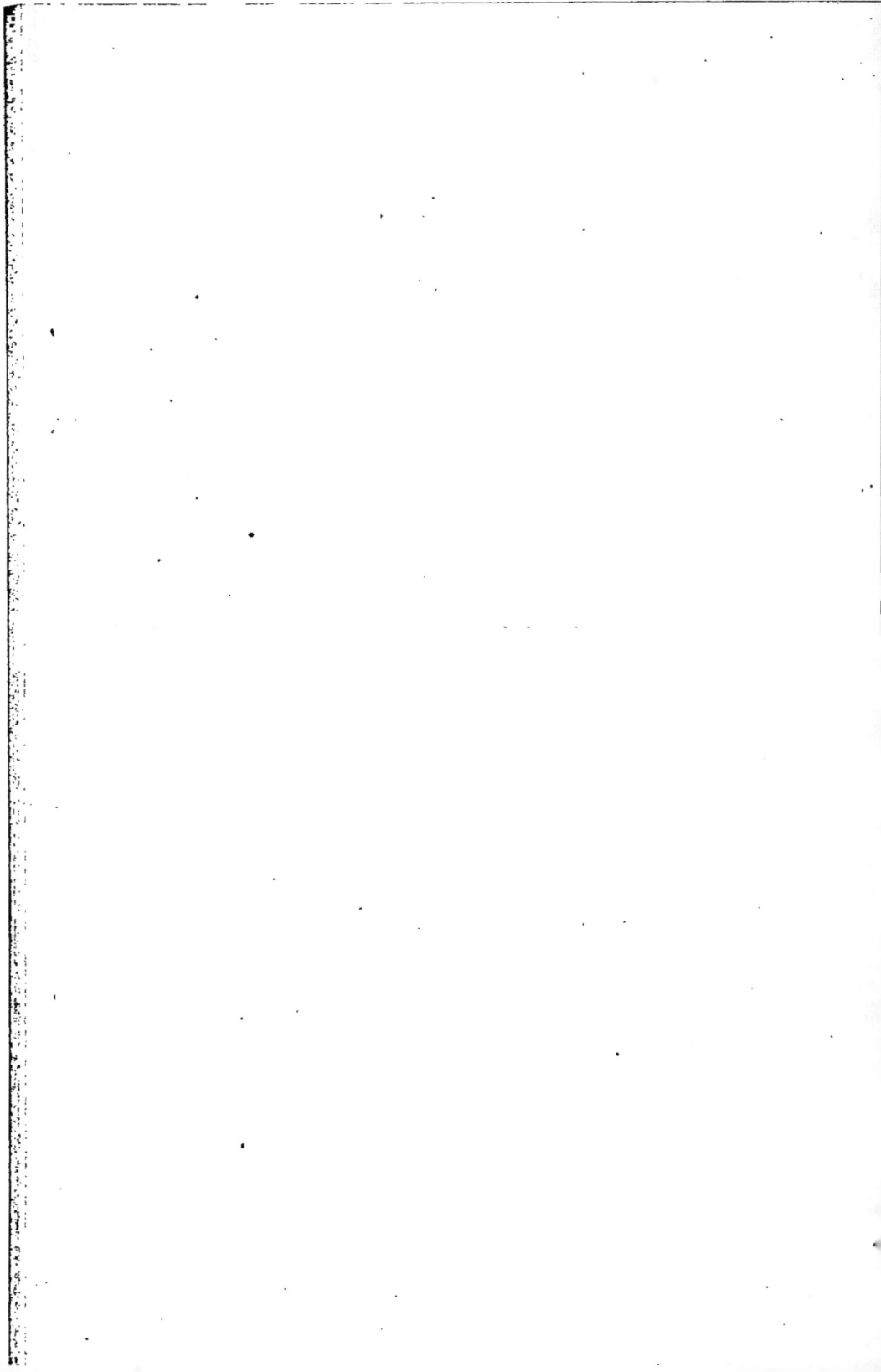

AU LARGE.

LES PLAISIRS DE LA HAUTE MER.

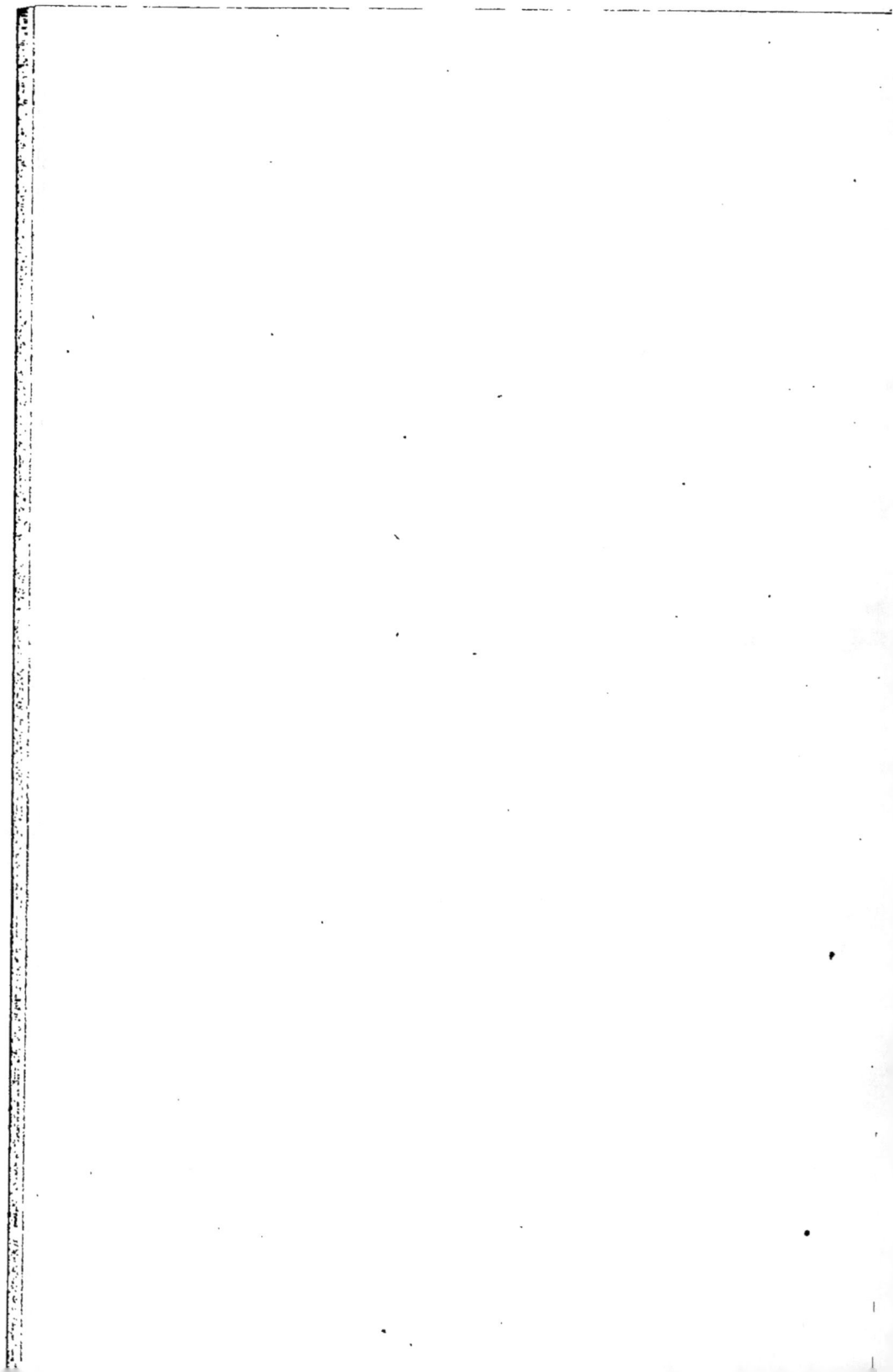

AU LARGE.

LES PLAISIRS DE LA HAUTE MER.

LES MARSOUINS.

Les petites pêches en haute mer! Voilà encore un plaisir envolé, une distraction tuée par les progrès que la navigation doit à la science; il est vrai qu'en retour, au lieu de battre la mer pendant un mois pour aller d'Europe en Amérique, un steamer vous y porte en neuf jours et quelques heures, et que pour les gens pressés cet avantage compense largement la privation d'une darne fraîche de bonite, de dorade ou de thon; mais les vieux marins de cordes et de toiles qui bourlinguent encore n'en regrettent pas moins le temps où la petite pêche était au large une ressource qui distrayait parfois l'esprit et l'estomac.

Jadis, le second du bord ne manquait pas, avant de prendre la mer, de surveiller l'approvisionnement des ustensiles de pêche; les émérillons, énor-

14

mes crocs destinés aux squales, les hameçons, les
lignes, les foënes, les harpons constituaient une
partie importante de l'armement du navire, et bien
des capitaines eux-mêmes veillaient à ce que rien
ne fît défaut; aujourd'hui, ce serait souvent peine
et dépense inutiles.

Quelque agiles que soient leurs nageoires, les poissons rencontrés au large sont distancés par ces rapides *clippers* dont la colère de Dieu, quand elle se
promène sur les flots, suspend à peine la course, et
les hélices, les roues à aubes, mues par la vapeur,
effrayent et font fuir au plus vite les habitants des
mers. Dans quel but d'ailleurs viendraient-ils tenir
compagnie aux usurpateurs de leurs domaines?
Pour les distraire, offrir un supplément à leurs provisions de vivres? On peut être certain que les popu-
lations de l'Océan s'en soucient d'autant moins que
la carène des navires, avec ses œuvres vives doublées
en plaques de métal, ne leur offre plus ces couches
épaisses d'insectes, de vers marins qui attiraient et
retenaient autrefois les bandes nombreuses des co-
ryphènes, des scombres, etc.

Il me faut donc, pour parler de la pêche de la
haute mer, faire appel à de bien lointains souvenirs
et m'embarquer en votre compagnie, si vous dai-
gnez me suivre, sur une vieille coque; elle ne nous

fera pas filer douze nœuds à l'heure, je vous en pré-
viens d'avance, mais nous conduira sûrement au
port éloigné que nous allons chercher par delà le
cap des Tempêtes, sur le littoral de la mer des Indes orientales.

Ah! ma foi non, elle n'était pas vive notre brave
Salamandre. Lorsque *vent sous vergues*, avec une
brise ronde, elle avait attrapé ses sept à huit nœuds,
vous l'auriez chargée de toiles à la faire chavirer
sans obtenir davantage ; sous ses huniers, son grand
perroquet et ses basses voiles, la bonne barque filait
son chemin comme une respectable douairière que
ne sauraient émouvoir les rires indiscrets et les chu-
chotements de la jeunesse. Ces petites inconvenan-
ces à son égard étaient les grains de l'équateur, les
rafales des vents variables dans les zônes tempérées ;
mais elle ne s'en souciait point, et nous, qui avions
confiance, la laissions, son grand mât pliant sous sa
charge, et ses membrures craquant comme pour se
moquer des vains efforts de la *risée.*

Nous en savons assez désormais sur le compte de
notre bon navire pour être à l'abri de toute inquiétude; laissons-nous donc porter en paix vers le terme
de notre longue course, et abrégeons la traversée
en mettant à profit les distractions que la fortune
du voyage daignera nous offrir.

Tandis que le grain passait, il y a un instant, j'ai entendu à l'avant des matelots qui sifflaient; or, vous saurez qu'ordinairement les hommes de l'équipage ne se permettent de le faire que pour appeler la brise quand règne le calme, ou pour retenir le long du bord une *game* de marsouins qui flânent aux environs.

Vous pensez bien que la plupart du temps Éole et les marsouins font la sourde oreille et ne répondent pas à l'harmonieuse invitation; mais le matelot est un enfant crédule, sa foi superstitieuse ne sera pas ébranlée par l'insuccès; aussi continuera-t-il à siffler après comme avant.

Nous ne saurions, n'est-il pas vrai, partager la croyance de nos hommes, et pourtant..... pourtant il me faut de suite consigner ici une restriction : après tout, la vérité seule a le droit d'être absolue; mais où est-elle ici-bas?... Ceci est à propos d'une observation qu'il m'a été, à différentes reprises, permis de faire précisément dans le cours du voyage que je recommence à votre intention.

Nous avions à bord un matelot qui avait été fifre sur un bâtiment de guerre et qui avait conservé du temps passé au service, non le respect pour la subordination et la discipline navales, — car c'était bien le plus ingouvernable garçon qui se pût rencontrer,

— mais le maudit et criard instrument que j'ai nommé, à l'aide duquel il nous écorchait les oreilles du matin au soir, comme n'auraient pu le faire des poulies mal graissées.

Presque tous les jours on était obligé de lui imposer le silence ; seulement, dès que les marsouins se montraient dans nos eaux, il lui était permis de prendre sa revanche et de s'en donner à cœur joie.

Dans les premiers temps, plusieurs d'entre nous riaient de la prétendue attraction exercée par les sons aigus du fifre sur les cétacés ; pourtant, après de nombreuses expériences, tous nous dûmes reconnaître ou que le hasard répondait presque toujours à l'appel de notre musicien, ou qu'il avait effectivement le pouvoir de charmer les marsouins, ce qui, entre nous soit dit, ne nous donnait pas une haute idée de leur instinct musical. Après tout, pourquoi ces animaux, doués d'une faculté auditive très-développée, ne subiraient-ils pas l'influence de certains sons, comme cela arrive à plusieurs variétés de l'ordre des reptiles tels que les sauriens ?

Grâce à la fréquentation des ports de mer, tout le monde aujourd'hui a vu des marsouins ou au moins en a entendu parler ; seulement, la science elle-même est très-loin d'avoir reconnu toutes les variétés de cette nombreuse famille, répandues dans

14.

tous les océans, mais dont quelques-unes ne franchissent jamais des latitudes très-limitées.

Ainsi, il nous est arrivé, à la suite d'épouvantables coups de vent qui avaient repoussé un navire sur lequel nous étions embarqué pour doubler le cap Horn, jusque par le travers des îles New South-Shetland, — 61° 25^m lat. sud, dans la mer glaciale, — il nous est arrivé, disons-nous, de voir à plusieurs reprises des troupes de marsouins très-différents de taille et de couleurs des petits cétacés à bandes claires longitudinales que connaissent bien tous les marins qui ont fréquenté les parages de la Terre des États et du cap Horn ; ceux-là probablement appartenaient à une variété confinée parmi les glaces du pôle austral, où nous nous trouvions, et il est douteux que les savants aillent les y chercher.

Tous, du reste, semblent avoir les mêmes mœurs, les mêmes habitudes. On les rencontre souvent au large, en compagnies innombrables, jouant, sautant, folâtrant à la surface de la mer, qui bouillonne comme si elle se brisait sur des roches à fleur d'eau. La nuit surtout, sous les tropiques, quand les flots resplendissent de lueurs phosphorescentes, les ébats d'une troupe nombreuse de marsouins offrent un spectacle vraiment féerique. Chacun de leurs élans laisse dans l'onde un sillon lumineux, chacun de

leurs bonds au-dessus de l'Océan disperse à sa surface des milliers de gouttelettes enflammées qui re-
tombent comme une pluie d'étincelles. Tandis que
le large sillon tracé par le navire se déroule à l'arrière, brillant comme la voie lactée, on dirait que
des myriades d'astres errants lui faisant escorte se
disputent l'honneur de glisser sur ses flancs et d'é-
clairer de leurs lueurs fantastiques la route ouverte
par l'étrave.

Depuis le jour où j'ai été témoin de la plaisante
scène que je vais raconter, j'ai toujours pensé qu'en
dotant le marsouin de son humeur folichonne, de
ses habitudes vagabondes, la nature l'avait destiné
à jouer le rôle de gamin des mers dont il anime les
solitudes, à la grande joie des pauvres marins qui
les parcourent : voici à quelle occasion cette idée
m'est venue.

Nous longions un jour les accores du banc de Pa-
tagonie, par delà la Plata ; le temps était splendide,
et la mer, presque calme, avait la teinte jaunâtre
qu'elle doit souvent, dans ces parages, à la présence
d'animalcules microscopiques qui constituent la
nourriture ordinaire de la plupart des grands cétacés.

Tout à coup se lève un souffle peu éloigné, et le
she blow solennel retentit dans la mâture ; mal-

heureusement il est bientôt suivi de ce mot : *Fin-back !* C'était bien une baleine, mais non une de celles auxquelles les pêcheurs font la chasse; sans cela, nous aurions sans doute servi à la pauvre bête, pour son dessert, un plat qui aurait pu troubler sa digestion. C'eût été pourtant faire double emploi, car une troupe de marsouins s'en acquittait dans le moment à merveille, et nous donna, durant plus d'un quart d'heure, un bien curieux spectacle.

L'énorme cétacé se promenait majestueusement à fleur d'eau à si petite distance de nous, que nous distinguions parfaitement les mouvements de son immense machoire entr'ouverte, et formant le gouffre où venaient se perdre des milliards d'animalcules destinés, par leur agglomération, à former une des bouchées du colosse. Pendant ce temps nos marsouins, sans crainte et sans respect pour le monstre, dont un seul coup de queue eût suffi à les écraser tous, les marsouins, disons-nous, luttaient entreeux à qui déploierait vis-à-vis de la baleine le plus d'impertinence, de taquinerie.

Ils se bousculaient, se pressaient, sautaient les uns par dessus les autres pour aller heurter leur nez sur la *finback,* comme s'ils eussent voulu la prendre d'assaut. Tous, les uns après les autres, s'enlevant hors de l'eau par un vigoureux élan, venaient, en retombant, s'échouer quelques secondes sur la vaste échine du cétacé, qui ne semblait en aucune façon s'en apercevoir. A cela près de la disproportion des tailles, on eût réellement dit une troupe de ces polissons effrontés qui au sortir de l'école se dédommagent des heures de tranquillité en harcelant de leurs sottes plaisanteries un malheureux passant inoffensif.

Mais, tandis que j'ai trop longuement bavardé, notre fifre a produit son effet accoutumé; déjà les éclaireurs de l'agile bataillon croisent sous notre beaupré pour nous reconnaître; ne perdons pas de temps : Aux harpons! aux harpons! voilà les marsouins!....

*
* *

Pour bien se faire une idée des transports de joie que soulève parmi l'équipage d'un navire long-courrier le cri que nous avons jeté : Voilà les marsouins! il faut, comme cela nous est souvent arrivé, avoir passé des jours, des semaines, des mois même sans autre distraction que la monotone promenade sur le plancher du pont, et la vue de ces deux immensités aussi solitaires l'une que l'autre : le ciel et la mer.

Les perturbations atmosphériques, les alternatives

de beau ou de mauvais temps viennent certainement parfois abréger les heures; mais elles ne sortent pas l'esprit du marin de l'isolement moral qui au large pèse sur lui ; ces épreuves ne lui font pas oublier l'éloignement de tout ce qu'il aime; pour le distraire, il faut qu'une autre vie se croise avec la sienne, il faut qu'un être animé apparaisse comme pour lui dire : Tu n'es plus seul. Ainsi le passage d'un oiseau, d'un poisson fournira matière à des conversations interminables; et du grain, du coup de vent contre lequel il a fallu lutter, deux heures après il ne sera plus question. Sans compter que lorsqu'il s'agit d'une visite dans le genre de celle que nous recevons, il en résulte un supplément de table qui n'est pas à dédaigner.

Maintenant, certaines conditions sont indispensables afin que l'incident produise toutes les conséquences qu'il peut avoir.

Pour que les marsouins s'attachent à suivre notre bâtiment, il faut que la marche de celui-ci soit à peu près de six à sept nœuds à l'heure ; si elle est plus lente, la troupe vagabonde fait fi de cette inerte machine, qui semble avoir de la peine à se traîner ; si, au contraire, le navire file avec trop de vitesse, il leur faut alors, pour jouer en le suivant, faire trop d'efforts, et ils y renoncent promptement. D'ailleurs,

dans le second cas il est bien rare de réussir à amener à bord un marsouin harponné; presque toujours
le blessé s'engage sous la joue du navire, et sa résistance jointe à celle de la pression du liquidé qui
le retient sous l'avant font presque toujours déraper
le harpon.

Rien de tout cela n'est à craindre aujourd'hui,
et nous pouvons, sans trop de présomption, espérer
pour notre dîner un plat de poisson frais ou plutôt
de marsouin, car, de par la science, les cétacés ne
sont pas des poissons.

La meilleure arme pour les pêcher est le harpon,
dont l'extrémité ou le dard proprement dit est fixé
par une charnière au bout de la tige de fer, qui se
termine par la douille dans laquelle se fixe le manche
en bois. Cette disposition permet à la partie mobile
de s'ouvrir en se mettant en travers dans les chairs
qu'elle a traversées, et l'empêche d'en sortir en les
déchirant. Le long de la tige de fer et du manche en
bois sont deux anses ou boucles en corde; dedans
passe la longue et solide ligne de pêche, ou simplement une *drisse* de bonnette, qui sert à retenir et
hâler à bord la capture.

Maintenant que tous les préparatifs sont terminés,
vous croyez peut-être que nous sommes assurés
d'un heureux résultat? Détrompez-vous; car il aut

que le pêcheur accomplisse , pour réussir, des pro-
diges d'adresse et d'agilité.

Voyez-le : notre homme, après avoir laissé ses
souliers, s'avance avec précaution sur la *martingale*
du navire, quelquefois même sur les chaînes servant
de *sous-barbes* de beaupré; là, il n'a pour point
d'appui, outre ce support mobile, qu'un morceau
de bois qui descend perpendiculairement vers la
mer, et autour duquel il passe son bras droit, mais
sans l'étreindre, puisqu'il lui faut conserver toute
la liberté de ses mouvements, afin de lancer son
arme avec force et précision ; la position qu'il occupe est on ne peut plus pittoresque. Au-dessus de
sa tête le mât de beaupré, qui le domine, semble,
avec son fardeau de toiles et de cordes, prêt à peser
sur ses épaules pour l'enfoncer dans l'abîme, dont
le séparent seulement quelques maillons de fer qui
grincent en fléchissant aux secousses que leur com-
muniquent les coups de tangage et de roulis; derrière lui, on dirait que le navire, dont il paraît déjà
détaché, veut de chacun de ses élans effacer la trace
fugitive que va laisser à la surface de l'onde la chute
de son corps; pendant ce temps la lame, que le
taille-mer heurte et divise, se lève furieuse en gron-
dant, et inonde souvent le harponneur en le couvrant
de son écume.

Tenez, si je m'appesantis sur ces détails, qui retardent le dénoûment, c'est qu'en traçant ces lignes je me rappelle encore les émotions que je ressentis lorsque pour la première fois j'occupai ce poste périlleux; et pourtant à l'époque j'étais jeune, alerte, vigoureux, incapable d'éprouver, même pendant une seconde, le moindre sentiment de défaillance morale ou physique; malgré cela, si je n'avais pas vu tout notre équipage qui, groupé aux bossoirs, ne perdait pas un de mes mouvements, je crois que je me serais tenu pour satisfait au début de la tentative, et n'aurais même pas essayé d'envoyer le harpon. Dieu merci, il en fut autrement, et j'eus les honneurs d'une belle victoire.

Nous aurons sans doute aujourd'hui la même chance; car notre harponneur est un vieux marin, ancien baleinier, qui en a vu bien d'autres. Pourtant deux fois déjà notre attente a été trompée, et l'arme, après avoir été lancée, est revenue à fleur d'eau n'ayant pas atteint le but.

L'insuccès des premières tentatives de notre pêcheur s'explique aisément par la difficile position qu'il occupe, et surtout parce que, peu élevé au-dessus de la mer, sa surveillance s'exerce seulement sur l'étroit espace situé sous lui, espace que les marsouins traversent avec la rapidité de l'éclair,

15

sans qu'il puisse les voir arriver. N'oubliez pas encore avec quelle peine le regard perçoit la situation
précise d'un corps mobile à travers la surface agitée
des flots, et vous comprendrez que réussir n'est pas
aussi aisé que vous pouviez le supposer.

Cependant, le harpon, vigoureusement lancé,
vient encore de disparaître, et cette fois le manche
en bois revient seul à fleur d'eau, tandis que le fer
est profondément entré dans les chairs d'un des cétacés.

Les matelots témoins du coup poussent de fréné-
tiques hurrahs. On file un peu la ligne attenante au
harpon. Le marsouin en profite pour tenter de s'enfuir; il s'élance à droite, à gauche, en avant, en arrière, et ses efforts n'ont d'autre résultat que d'a-
mener l'épuisement; ses mouvements ont perdu de
leur impétuosité; il ne reste plus de doute, il sera
bientôt à nous.

A mesure que la résistance diminue, on hale doucement sur la ligne, et voilà notre capture flottant
déjà sous la poulaine. Un matelot affalé sur la martingale lui passe adroitement un *laguis* ou nœud coulant autour de la queue; il ne reste plus qu'à le his-
ser à bord, ce qui est promptement fait, et le voilà
étendu, presque inerte à nos pieds dans la *coursive*
du navire.

L'œuvre du pêcheur est terminée, celle du cuisinier, de notre maître coq, va commencer.

D'abord, il plonge dans le cou du pauvre marsouin une longue lame aiguë et tranchante, absolument comme le ferait un boucher pour tuer un porc, et de la blessure jaillit à flots un sang vermeil; presque toujours quelques vieux matelots s'empressent alors de recueillir dans leurs gobelets de fer-blanc ce liquide encore chaud et fumant, et en avalent sans sourciller une certaine quantité, sous prétexte qu'il n'existe pas de moyens préventifs plus efficaces contre le scorbut, ce fléau tant redouté des anciens navigateurs.

Je ne saurais affirmer à quel point la chose est vraie, mais je vous atteste, après expérience, qu'il faut être doué d'une fameuse dose de crédulité pour digérer le remède; rien qu'en y pensant mon estomac se soulève.........

Nous avons déjà dit que les marsouins n'étaient pas des poissons; en effet, outre certaines dissemblances extérieures, telles que l'horizontalité de leur nageoire caudale, des caractères internes très-différentiels les en séparent. Ils appartiennent à la classe des cétacés, animaux marins qui offrent les appareils respiratoires et circulatoires des animaux terrestres, et se divise en deux grandes fa-

milles, les cétacés herbivores, et ceux dits souffleurs.
Parmi ces derniers existe encore une ligne de dé-
marcation bien tranchée, qui a permis de les diviser
en deux genres, les souffleurs à fanons, et les souffleurs à dents; le marsouin fait partie de cette dernière famille.

Le cétacé qui nous occupe : *Delphinus communis,*
L., *Phocæna communis*, F. C., est, selon nous, à
tort considéré par quelques écrivains comme le plus
petit du genre; car sa taille atteint souvent 1 mètre
et même jusqu'à 1 mètre 50 c., tandis que dans les
mers australes, à partir de la latitude du cap Horn,
on en rencontre plusieurs variétés jusqu'à ce moment
peu observées, mais dont les proportions sont beaucoup plus réduites. Ainsi, le 16 janvier 1838, Du-
mont-Durville, commandant alors l'expédition de
l'*Astrolabe* et de la *Zélée*, signale dans le journal de
sa campagne la présence d'une douzaine de poissons
au corps court et ramassé, qu'il prit d'abord pour des
scombres, mais dont la nage différente lui fit présu-
mer que c'était une petite espèce de dauphins. A la
date que j'ai citée, les navires sous les ordres de
l'illustre et infortuné navigateur se trouvaient dans
l'océan Glacial du Sud, par 60° 58′ de latitude.

Quoi qu'il en soit, partout où l'on trouve des marsouins on peut constater dans toutes les variétés les

mêmes habitudes de sociabilité et de turbulence.
Cette existence qu'ils mènent en famille les rend-elle
sensibles au malheur qui frappe un des membres de
la communauté, ou leur instinct leur fait-il pressentir le danger? Ce qui est certain, c'est que bien rarement il est permis de harponner deux individus de
la même troupe; aussitôt que l'un d'eux a été atteint
par le fer, quand quelques taches sanguinolentes se
sont étendues à la surface de la mer, ceux qui ont
échappé au harpon s'enfuient au plus vite, comme
vous pouvez le voir faire à la troupe nombreuse qui
s'ébattait tout à l'heure si joyeusement autour de
nous. Que nous importe? celui que nous tenons fournira amplement les gamelles de l'équipage et même
la table de l'état-major. Sans vouloir exalter l'excel-
lence de la chair du marsouin, je soutiens qu'un
cuisinier intelligent sait toujours en tirer un parti
qui la rend très-mangeable, et le foie, bien préparé,
peut même être comparé au foie de veau.

Outre la distraction qu'elle procure, la prise d'un
de ces petits cétacés est donc une bonne fortune qui
se présente trop rarement aux pauvres coureurs de
la mer.

Attendons maintenant que les vents alisés de nord-
est qui nous poussent vers les tropiques nous aient
conduits aux calmes des parages équatoriaux, nous

y rencontrerons à coup sûr d'autres visiteurs, dont vous avez, sans nul doute, souvent entendu parler, les *squales*, et je vous promets à l'avance, sur le compte de ces tigres de l'Océan, quelques lugubres histoires complétement inédites.

LE CALME, LES SQUALES.

Certains chercheurs d'étymologie prétendent que le mot requin, sous lequel sont désignés presque tous les squales, provient du latin *requiem*. Je n'en serais point étonné ; car si la chose n'est pas vraie, elle a du moins le mérite d'être vraisemblable. Pour trop de pauvres marins, le monstre vorace n'a-t-il pas été en effet le repos, mais le repos éternel ? combien d'entre eux ont eu pour cercueil l'estomac d'un requin ! En outre, ne se montre-t-il pas toujours quand tout repose, quand la nature semble plongée dans une léthargique somnolence, lorsque pas un souffle n'agite l'Océan, lorsque pas une ride de la mer n'agite l'air, qui pèse inerte sur sa surface.

Oh ! le calme, le calme en pleine mer sous l'équateur, avec un soleil de feu à pic sur la tête, sous les pieds les planches brûlantes du pont dont les coutures bâillent et s'entrouvrent en dépit de l'eau qui les arrose ; le calme, voyez-vous, c'était autrefois la malédiction de Dieu pour le marin.

Aujourd'hui, grâce à la vapeur et à la connaissance mieux étudiée des routes de l'Océan, nous
avons en partie conjuré le péril; mais qui saura
jamais tout ce que nos pères eurent à en souffrir.....

Pour vous en faire une idée, écoutez un peu le
récit suivant; je le tiens d'un vieux maître d'équipage qui faisait fonctions de lieutenant à bord d'un
navire de Bordeaux, sur lequel nous étions nous-
mêmes pris par un calme plat infernal depuis plus
de quinze jours à l'entrée du golfe de Guinée.

Tandis que les matelots et les officiers sifflaient
pour appeler la brise du matin au soir, ne s'inter-
rompant de temps à autre que pour jurer contre
le ciel et la mer, le vieux maître, plus impassible,
se contentait de murmurer entre ses dents ces mots
qui avaient piqué ma curiosité :

— Le diable m'emporte, disait-il, nous finirons
comme le Hollandais, pour peu que ça dure.....

Plusieurs fois déjà je lui avais demandé ce que
signifiaient ces paroles sans qu'il eût jugé à propos
de me répondre, lorsque enfin un soir, ayant rem-
buché mon vieux loup de mer dans la grande hune,
d'où il épiait quelques vagues apparences de brise,
j'obtins qu'il me racontât ce que les notes prises à
l'époque vont me permettre de vous rapporter presque littéralement.

« — Ah! ah! me dit-il, le Hollandais était une grosse galiote ronde devant, ronde derrière, ronde à tribord et babord, faite pour naviguer comme un boucaut de biscuit; pour la faire aller de l'avant seulement trois nœuds, il devait lui falloir une brise à forcer d'amener le grand perroquet d'une frégate de 60, et nous étions en calme; mais si bien en calme que depuis trois semaines la *Louise-Marie*, sur laquelle je me trouvais embarqué, n'avait pas seulement senti son gouvernail. Comment donc le Hollandais, un beau matin, se trouva-t-il à toute vue dans nos eaux? Je n'en sais rien. Ce qui est sûr, c'est qu'il était là depuis bien plus longtemps que nous, et qu'il a dû y rester jusqu'au moment où sa coque sera descendue au fond comme un plomb de sonde. En attendant, nous étions tous intrigués de savoir ce qui se passait à bord de la barque dont nous distinguions le pavillon en berne, qui ne signifiait rien de bon, et toutes les voiles dessus se déralinguant en battant les mâts.

« Bref, un soir, le capitaine, aussi curieux que nous autres, dit au second : « Si demain matin le temps n'est pas changé, je suis d'avis que vous alliez à bord du marchand de fromage, vous prendrez ma yole et deux hommes, et nous saurons à quoi nous en tenir. »

15.

« Quoique la corvée dût être rude, puisqu'il s'agissait pour aller et revenir d'avoir au moins pendant trois lieues les avirons sur les bras, dès le lendemain au point du jour, le calme régnant encore, c'était à qui embarquerait avec le second qui nous choisit, un camarade et moi, pour faire la promenade, et nous voilà partis.

« Pendant la première heure, tout fut à merveille, la fraîcheur du matin, l'envie d'arriver, nous avait fait nager *à toc d'avirons,* et nous pouvions déjà voir la galiotte jusqu'à sa ligne de flottaison ; mais des hommes à bord, pas plus que sur la pomme de notre grand mât, et pourtant nous étions alors à portée de vue.

« Enfin, quand nous ne fûmes plus qu'à une encâblure environ, le second se lève à l'arrière et hêle à pleins poumons le Hollandais ; mais personne ne répond, et déjà nous commençons à savoir à quoi nous en tenir. Depuis le temps où, tout jeune, j'avais navigué avec les marchands de bois d'ébène (1), je n'avais jamais tant vu de requins : la galiotte en était entourée ; ils étaient là comme des croque-morts près d'un corbillard ; c'est ce qui nous expliqua pourquoi, depuis que nous étions pris par

(1) Négriers.

le calme noûs aussi, nous n'en avions pas vu un seul.

« La présence de ces abominables bêtes aurait suffi pour nous préparer à ce qui nous attendait à bord du pauvre bateau ; mais nous n'étions pas venus pour reculer, et nous accostâmes donc la galiote, où personne ne se montrait, et pour cause. Tout son équipage était mort, oui, mort de faim, de soif, de misères..... quelle pitié ! Sept hommes et un enfant étaient là étendus sur le pont. Celui qui avait été le capitaine sans doute se trouvait seul dans la chambre, et tous ces corps corrompus exhalaient une odeur si infecte que notre parti fut bientôt pris ; nous nous sauvâmes au plus vite, en craignant même d'emporter avec nous le germe de quelque affreuse maladie, car le second nous avait parlé de peste, de fièvre jaune.

« Heureusement qu'il n'en était rien, et le journal de bord de la galiote, la seule chose que nous rapportions, nous apprit le mot de la fin. La barque, qui était partie de Dordrecht pour la Guyane, battait la mer depuis plus de quatre mois et demi, et, après une série de gros temps qui l'avaient retardée, le calme était venu lui donner le coup de grâce. Les dernières lignes écrites sur le livre de *loch* faisaient remonter à dix jours au moins la triste fin de son équipage. »

Après ce lugubre souvenir, digne introduction au sujet qui nous occupe, arrivons aux squales, genre dans lequel se classe le requin proprement dit, à qui nous allons avoir affaire.

C'est pendant la durée des heures de calme, si pénibles et si longues, dans les parages intertropicaux, qu'il apparaît le plus souvent. Tandis que les matelots, allanguis par une chaleur insupportable, sont groupés sous une tente, et, la *paumelle* à la main, racommodent les voiles de rechange ou épissent de vieux cordages, un homme à l'arrière, le timonier, veille encore. Il tient négligemment les poignées de la roue du gouvernail, machine inutile, que ne ressent même plus le navire immobile, et, pour se distraire, il promène alternativement sur le ciel et la surface unie de l'Océan un regard interrogateur. Il a déjà bien des fois recommencé le même manége, sans voir autre chose que le scintillement des rayons solaires sur les flots, à peine soulevés à longs intervalles par une faible houle, lorsqu'au loin un point noir mobile fixe son attention; peu à peu ce point dessine à fleur d'eau un triangle qui se rapproche en décrivant des zigzags, mais sans secousses, sans efforts apparents et sans faire rider pour ainsi dire la mer, plate comme une glace.

A cette vue, la figure naguère soucieuse de notre

homme s'illumine ; il s'avance rapidement vers le bord de la dunette, et les paroles suivantes vont distraire au milieu de leur travail monotone ses camarades presque endormis :

— Un requin ! tribord à l'arrière ; il vient sur nous.

A peine a-t-il parlé que la vie renaît. Pendant que le mousse va en courant prévenir le second officier, un des matelots attache un seau à l'extrémité d'un cordage et le jette brusquement, à plusieurs reprises, à la mer…. C'est une invitation au visiteur impatiemment attendu ; elle a tout le résultat désiré. Ce que l'on voyait il y a un moment a disparu ; le requin, averti par le bruit et l'agitation de l'eau, s'est sournoisement enfoncé, et il arrive, sous la conduite de ses pilotes.

Commençons par dire quelques mots de ces éclaireurs du requin. Ce sont de petits poissons de la famille des *scombéroïdes*, un peu moins gros que le maquereau, dont ils ont presque la forme et la couleur, et qui semblent avoir reçu de la nature la mission de servir de chiens de chasse au carnassier avec lequel on les voit presque toujours au large. Quel intérêt a pu former cette association ? Il est certain que les pilotes ne sauraient espérer se repaître des restes échappés à la voracité du squale, celui-ci avalant presque toujours gloutonnement sa proie en entier. D'un autre côté, on ne saurait raisonnablement croire à un attachement platonique, de sorte que l'embarras est grand pour expliquer cette société. On a dit, il est vrai, que les pilotes du requin, faute de pouvoir partager son repas, tenaient en grande estime les *conséquences* qui en résultent. Nous ne nous prononcerons ni pour la négative ni pour l'affirmative; tout ce que nous pouvons attester, après avoir observé des centaines de fois le requin en compagnie de ses petits amis, c'est que rien n'est venu confirmer pour nous la vérité de l'assertion; bien plus, dans certains mouillages sur la côte d'Afrique, le littoral de l'Inde, dans la Malaisie, dans le golfe de Panama, il nous est souvent arrivé de voir les requins réunis en véritables bandes le long des terres sans qu'il parût de pilotes avec eux, pourtant ils n'auraient pas manqué de trouver là à discrétion leur nourriture favorite. Nous avons encore pu constater leur absence parmi des douzaines de requins que nous avons vus acharnés à la fois après des cadavres de baleines; aussi considérons-nous comme étant encore ignorée la cause déterminante de l'association de créatures si différentes.

Mais pour le moment il nous est permis de la

constater, puisque déjà deux pilotes, devançant leur gros ami, frétillent dans nos eaux.

Ils sont d'abord arrivés rapidement en ligne directe, se sont arrêtés à quelques pieds seulement du gouvernail, puis ils ont plongé en contournant la poupe à tribord et babord, et, revenant presqu'à fleur d'eau, ils ont repris au plus vite la direction qu'ils avaient suivie pour venir.

Pendant ce temps, à bord, on n'est pas resté inactif : tous les préparatifs sont presque faits en l'honneur du visiteur qui approche; le second, qui s'en est chargé, tient en main l'émérillon, énorme hameçon bien aiguisé dont le fer a environ deux centimètres de diamètre et est fixé à l'extrémité d'une solide chaîne pouvant défier les dents acérées du squale; un fort cordage va permettre de lancer en sécurité le tout à la mer, aussitôt que le perfide engin aura été grossièrement dissimulé dans l'épaisseur d'un morceau de salaison, représentant au moins la ration d'un repas de six hommes. Tout est prêt : attention!

L'équipage, groupé le long des lisses, observe avec impatience; son attente est fiévreuse.

— Ah! le gredin ne viendra pas, dit à voix basse un novice.

— Allons donc! répond un vieux matelot en mâchant sa chique ; mais, dis donc, veux-tu bien sûr qu'il vienne ? Je vas te dire le moyen......

— Que faut-il faire ?

— Eh bien, va le chercher.......

Le bruit de l'émérillon et de la chaîne lancée à la mer arrête la conversation. Le second à l'arrière sur la dunette, par conséquent plus haut placé que les hommes de l'équipage, a le premier aperçu le requin à travers la transparence des eaux; ses formes, encore confuses, n'offrant que l'aspect d'une grosse masse, dont la teinte ardoisée semble bordée d'une franche blanchâtre.

*
* *

La venue du requin n'est jamais saluée à bord par les cris de joie qui accueillent les autres poissons voyageurs rencontrés au large.

A peine est-il permis de bien distinguer le monstre à travers les flots, qu'un sentiment instinctif de répulsion semble s'emparer de tous les spectateurs.

Les passagers, groupés à l'arrière de la dunette, cessent de s'appuyer sur la frêle tringle de fer servant de balustrade, et se reculent sous l'impression d'une vague crainte.

Les matelots eux-mêmes, si aguerris contre tous

les dangers, laissent échapper des exclamations qui disent presque autant d'effroi que de haine ; car toujours la présence du squale ravive en eux le souvenir des lugubres légendes que se transmettent les marins depuis un temps immémorial, et quelquefois leur rappelle des faits qui peuvent leur être personnels.

Tenez, voyez-vous, par le travers du grand mât et à l'écart, le doyen de notre équipage, vieux matelot qui compte près de quarante ans de mer ; eh bien, laissez-moi vous raconter un épisode de sa vie, et vous devinerez après sans peine quelles pensées assiégent en ce moment son esprit, et reflètent sur sa rude physionomie leur importune obsession.

Il y a bien longtemps, un enfant de Saint-Briac, petit port de la Bretagne, après avoir commencé son éducation nautique avec les caboteurs, se faisait inscrire au quartier de Saint-Malo et s'embarquait en qualité de novice à bord d'un long-courrier en partance pour le Brésil.

Au bout d'un mois de navigation le navire essuyait dans les parages où nous sommes un violent grain de ouest-sud-ouest. Au plus fort du mauvais temps, notre Breton reçoit l'ordre d'aller *étrangler* la toile du grand perroquet que des garcettes mal nouées laissent battre au vent, qui menace de déralinguer la voile. En une seconde, le jeune matelot, leste comme

un chat, est au poste indiqué ; malheureusement,
avant qu'il ait fini, passe une effroyable rafale, et tandis que les autres marins amènent les huniers, une
brusque saute-de-vent ébranle la mâture. Alors, au
milieu de la confusion, retentissent ces mots : Un
homme à la mer ! Par malheur, le capitaine, préoc-
cupé, n'avait pas pu relever aussitôt avec une exacti-
tude absolue sur le compas le cap du navire et l'aire
de vent à l'instant précis de la chute, et dans le moment toute manœuvre était impossible pour le sauvetage. Le bâtiment, à sec de toiles, fuit donc avec une
prodigieuse vitesse la place où a disparu le novice ;
tout ce que l'on a pu en sa faveur a été fait, les liens
de la bouée de sauvetage coupés, celle-ci est tombée
à la mer.

Ce n'est pourtant pas sur le bâtiment qu'il nous
faut suivre les péripéties du drame ; afin que vous le
compreniez, je dois vous répéter en abrégé, aussi fidèlement que possible, le récit que je tiens de celui
qui en fut le héros et qui eut le bonheur d'être recueilli par un autre navire, après trois heures et demie d'agonie. Je lui laisse donc la parole en vous
priant de ne pas oublier que tout ceci est historique.

« Au moment de ma chute, je n'eus que le temps
« de songer que j'allais peut-être me casser les reins

« sur le plat-bord du bâtiment. Aussi, lorsque je me
« sentis enfoncer dans l'eau, je remerciai bien vite la
« bonne Dame d'Auray, qui commençait déjà à me
« protéger, et elle n'avait pas fini, comme vous allez
« le voir ; puis je me dépêchai de remonter à fleur
« d'eau, vu que, pour réfléchir, on n'est pas bien
« quand on a trois ou quatre brasses au-dessus de
« la tête. A peine eus-je respiré l'air, que toutes mes
« idées me revinrent ; mais pas une n'était gaie.

« Il ventait encore tellement fort que je ne voyais
« autour de moi que les embruns de la mer, et les
« blanches crêtes des vagues qui dansaient partout
« comme des moutons dans nos landes de Bretagne ;
« pourtant, au milieu d'une éclaircie, j'aperçus les
« mâts du navire, mais si loin, si loin déjà, que je
« ne crois pas avoir vu plus bas que cette barre
« de perroquet sur laquelle j'aurais bien voulu en-
« core pouvoir me trouver.

« Le grain, pensai-je, les empêche de manœu-
« vrer pour venir à mon secours ; restons en place
« et attendons. Au pays j'étais renommé comme le
« plus rude nageur de toute la côte, depuis La
« Rance jusqu'à la baie d'Arguenon, la crainte de
« me noyer ne pouvait donc pas me venir de
« suite. »

Il nous faut abréger ici le récit du pauvre matelot

pour arriver à la conclusion, qui se rattache à notre sujet.

..... « Il y avait longtemps déjà que le grain était
« passé ; la mer encore presque calme ne brisait plus,
« seulement de longues houles venaient de temps à
« autre, et en me soulevant me permettaient de
« voir un peu au large, mais rien ne paraissait ni
« navire, ni embarcation ; rien que le soleil, qui me
« brûlait la tête et m'aveuglait si je me tournais
« du côté où il baissait.

« J'avais réussi, en me servant de mon couteau,
« pendu à mon cou, à me débarrasser de mes vê-
« tements, et mes bras, mes jambes, n'étant plus
« gênés, agissaient encore librement ; mais je me
« sentais la tête malade, tant il me venait de tristes
« idées.

« Mon Dieu ! mon Dieu ! me disais-je, je suis donc
« perdu, puisqu'on ne vient pas à mon aide, et
« après avoir déjà fait le vœu, si j'étais sauvé, de me
« rendre en marchant pieds nus du port où je se-
« rais débarqué jusqu'à Auray, je promis encore
« à Notre-Dame d'aller sur les genoux, et un cierge
« à la main, depuis la porte de l'église jusqu'au
« sanctuaire pour commencer une neuvaine.

« Je finissais mon second vœu quand je vis de-
« vant moi, à trente ou quarante pas, un point noir,

« qui, allant et venant, semblait approcher. Aussi-
« tôt je reconnaissais l'aileron (1) d'un requin.

« Ah ! ce fut là, je vous assure, un cruel moment ;
« ma première pensée avait de suite été de me laisser
« couler, pour ne pas sentir les dents qui n'auraient
« alors déchiré que mon cadavre, et je crois vrai-
« ment qu'à partir de cet instant mon corps ne se
« tint sur l'eau qu'en dépit de ma volonté. Le mau-
« dit animal agitait déjà la surface de la mer si près
« de moi que les rides de son sillage arrivaient jus-
« qu'à ma poitrine, lorsque les émotions me suffo-
« quèrent. D'abord, je vis tout en rouge : la mer, le
« ciel, me parurent comme du sang ; alors je fermai
« les yeux, dis adieu à ma mère, appelai encore
« une fois à mon secours Notre-Dame-d'Auray, et
« je perdis connaissance.

« Un peu plus tard, je ressuscitais dans un bon ha-
« mac entouré d'individus que je ne connaissais pas.
« J'avais été recueilli par un bâtiment de Bordeaux,
« après trois heures et demie d'abandon, en pleine
« mer, et un tête-à-tête avec un requin, qui avait duré
« assez longtemps pour que j'en garde le souvenir.
« Depuis je frissonne toujours, malgré moi, quand je
« vois un de ces affreux poissons....... »

(1) Nom que les marins donnent à la nageoire dorsale du
requin.

Au bruit causé par la chute de l'émérillon lancé à la mer, le squale, qui, sous la conduite de ses pilotes, s'est approché, surgit alors lentement des profondeurs de l'Océan. Quelques mouvements de ses larges nageoires pectorales, quelques légères flexions de sa queue, l'ont bientôt amené à portée de l'appât grossier qui lui est offert ; il le regarde, le flaire, et semble le dédaigner. — Ah ! quel dommage ! disent les spectateurs, il ne mordra pas, il n'a pas faim. — Erreur ! le requin est insatiable, et pour surexciter sa convoitise et le faire se jeter sur la proie, il suffit que celui qui tient la ligne la retire brusquement, comme s'il voulait la ramener à bord. Aussitôt le monstre s'élance, et en un clin d'œil le lard, l'émérillon plus un pied et demi de chaîne ont disparu entre les puissantes mâchoires du squale.

Pendant une seconde, l'officier qui tient la ligne le laisse savourer le friand morceau, puis tout à coup, roidissant ses bras, se rejetant en arrière, il donne une violente secousse, et le fer acéré de l'émérillon reste profondément enfoncé dans l'œsophage du monstre. Alors commence la lutte. D'abord surpris de la résistance qu'il éprouve, et sous l'impression douloureuse que lui fait éprouver le fer, le requin semble céder et demeure inerte ; mais bientôt il résiste, s'élance, plonge, se tord convulsivement, et cha-

cun de ses mouvements a pour résultat de rendre
sa capture certaine, en faisant mordre davantage la
pointe acérée de l'émérillon.

Comme aucunes mains ne seraient assez tenaces,
aucuns bras assez vigoureux pour résister aux saccades
imprimées par le squale à la forte ligne, celle-ci a
été lestement liée à un taquet à l'aide d'une demi-
clef, et deux robustes marins molissent ou roidissent
tour à tour le solide cordage.

Enfin, peu à peu, les forces du requin s'épuisent,
et l'équipage tout entier, opérant sur la ligne une
traction irrésistible, l'amène par le travers des porte-
haubans d'artimon ; un matelot qui s'y est affalé lui
passe adroitement un nœud coulant autour de la
queue ; agissant alors à la fois sur les liens qui re-
tiennent l'énorme poisson par ses deux extrémités,
on l'enlève, on le fait passer par-dessus la lisse du
navire, sur le pont duquel il retombe lourdement,
comme une masse inerte.

Le drame, cependant, n'est pas encore fini, la dé-
fense n'est pas épuisée ; et tous ceux qui savent par
expérience quels dangers peuvent encore faire courir aux spectateurs les dernières convulsions du
monstre crient de s'écarter. A peine, en effet, est-il
étendu sur les planches du bâtiment que son énergique
vitalité semble renaître.

Jusqu'à ce que le charpentier du bord ait réussi à séparer, en le frappant avec sa hache, les vertèbres caudales, sa queue heurte comme un bélier tout ce qui se trouve à sa portée. A bord d'un navire, sur lequel nous étions par le travers de l'entrée du canal Mozambique, nous avons vu un requin, pouvant avoir de quatorze à quinze pieds de longueur, défoncer d'un seul coup de sa formidable queue une pièce à eau d'environ cinq hectolitres, placée en drôme sur le pont. Cependant elle était pleine et cerclée en fer : le plus curieux de l'aventure fut que trois passagers , qui avaient pris la grosse futaille comme gradin, pour mieux jouir du spectacle, tombèrent pêle-mêle sur le dos du squale, dont un autre soubresaut les envoya tout étourdis, mais bien heureusement pour eux, hors de sa portée, rouler cinq ou six pas plus loin.

En écrivant ces lignes, nous voyons encore près de nous un fragment de l'épine dorsale du *carcharias*, qui accomplit cette prouesse.

Dès que le requin a été mis dans l'impossibilité de se défendre, alors commence pour lui une affreuse agonie, car il n'est pas de torture que n'invente l'esprit de vengeance qui anime les matelots contre leur mortel ennemi, puni outre mesure des instincts carnassiers que la nature lui a départis ; après lui avoir arraché tous les viscères, ils le coupent à morceaux, le tailladent sans merci, et telle est la vitalité de l'organisme de ce poisson que chacun des lambeaux accuse longtemps par ses contractions la vie et peut-être la douleur ; mais rien ne saurait fléchir ses bourreaux.

Détournons donc nos regards de ce hideux tableau, puisque pour nous le squale ne saurait être coupable que de remplir la mission que lui a confié la nature, en le chargeant au sein de l'Océan du rôle que jouent le vautour, le tigre, le lion dans les jungles asiatiques, dans les plaines brûlées par le soleil de l'Afrique ; et après avoir examiné quelques-unes des particularités intéressantes que présente le genre auquel il appartient, nous justifierons toutefois la haine que lui ont vouée les matelots, en racontant quelques épisodes de nos longues courses.

*
* *

Même à part la prévention trop méritée que soulève la présence du requin, il est juste de dire que son aspect n'offre rien de gracieux, et quoique ses formes ne présentent aucune des bizarreries qu'on trouve chez d'autres poissons, on peut en toute justice le déclarer un vilain animal.

Sa large tête plate, ses petits yeux, sa peau grisàtre, rugueuse, enduite d'une matière visqueuse exhalant une odeur fétide, en font un ensemble repoussant.

A cela près de quelques légères différences dans la coloration, presque toutes les variétés de cette nombreuse famille offrent les mêmes caractères généraux; une seule en diffère, par l'étrange conformation de sa tête, c'est celle du squale-marteau.

Les dimensions les plus ordinaires du requin varient entre six et neuf pieds; toutefois, on en rencontre quelquefois d'une bien plus grande taille; nous en avons capturé un dans la mer des Indes qui mesurait près de quinze pieds de longueur; et comme notre équipage ne se composait que de quatre matelots, plus deux novices, peut-être eût-il été impossible de l'amener à bord quand il eut mordu à l'émérillon, si je ne lui avais pas fracassé la tête à coups de carabine; nous crûmes même un moment qu'un de ses coups de queue avait démoli notre gouvernail.

Ainsi que l'ont écrit tous les naturalistes, la mâchoire inférieure du requin, beaucoup plus courte que la supérieure, l'oblige la plupart du temps à se renverser de côté pour saisir sa proie, que son nez pousserait devant lui en la heurtant, s'il l'attaquait dans la position ordinaire.

Toutefois, il lui arrive souvent de ne pas avoir besoin d'user de cette précaution. Quand le morceau qu'il convoite n'est pas trop gros, il le saisit très-bien en le faisant couler sous le prolongement de la mâchoire supérieure jusqu'à ce qu'il arrive à celle inférieure, qui l'arrête au passage. Je l'ai vu peut-être vingt fois en agir de la sorte.

Un matin, par exemple, après avoir en grande partie disséqué une belle tête de marsouin, que je voulais conserver, je l'attache à l'extrémité d'une longue et forte ligne pour la mettre à la traîne derrière le navire, afin que le frottement de l'eau finisse de la nettoyer et d'enlever les chairs restées dans les cavités. Nous filions sept à huit nœuds sur une mer magnifique; j'avais pris toutes mes précautions, et sans souci de ma relique, sautillant dans la houache du navire, je descendais à l'appel du mousse, qui avait servi le thé et le café dans la chambre, quand un matelot cria de la poulaine : Un requin ! un requin !

A ces mots, qui me firent oublier mon déjeuner pour penser à celui que je venais peut-être de servir au vorace poisson, au lieu de descendre l'escalier de la dunette, je me précipite vers le couronnement, saisis ma ligne et me mets en devoir de la retirer en la hâlant vigoureusement main sur main. Déjà la tête du marsouin n'est qu'à vingt pieds tout au plus de l'arrière du navire, je vais pouvoir l'enlever hors de l'eau ; au moment où j'aperçois dans les ondes roulées du sillage le requin signalé, je précipite mes mouvements de traction ; mais, fendant les flots avec une rapidité incroyable, le squale en quelques élans atteint la ligne, que je rentre coupée comme avec des ciseaux, et je vous assure que pour s'emparer de ce qu'elle retenait il ne s'était pas donné la peine de se retourner sur le côté.

Un autre jour, un de ces voraces poissons nous mystifia bien mieux encore dans le cours du même voyage. Nous comptions plus de deux mois de mer, et après avoir depuis longtemps consommé nos vivres frais, nous nous trouvions réduits aux insipides conserves et aux salaisons du bord, quand un hasard heureux nous fit rencontrer un compatriote sorti en même temps que nous de la Gironde, et qui, mieux approvisionné, avait ce jour-là même tué un mouton. La mer étant belle, la brise maniable, les deux navires s'approchent autant que possible, et alors s'engage entre les deux capitaines, depuis longtemps camarades, la conversation suivante.

— Oh ! D..., veux-tu un gigot pour votre dîner !

— Avec plaisir ; mais je ne peux pas l'envoyer prendre, mes embarcations sont hors d'état d'être mises dehors.

— Et les miennes sont en *drôme*, il me faudrait une heure pour les dégager.

— Oh! B..., une idée !... écoute, amarre ton gigot solidement à une ligne de sonde, je vais faire loffer, passer à te toucher, et vous le lancerez sur mon pont.

— C'est cela ; fais mettre un homme dans tes *porte-haubans* de misaine, pour attraper la ligne avec une gaffe dans le cas où elle tomberait à la mer.

A ces dernières paroles notre maître d'équipage, qui mange à la table des officiers, et par conséquent doit profiter de notre bonne fortune, se place au poste indiqué. Aussitôt le capitaine ordonne au timonier de *serrer le vent*, et notre barque, docile au gouvernail, s'avance au-devant du précieux envoi, vers lequel nos espérances gastronomiques volent encore plus vite.

Cependant il n'est pas permis à un capitaine de courir en pleine mer les chances d'un abordage, même quand il s'agit d'un gigot; bientôt retentit donc ce commandement de notre chef : — Tiens bon! comme ça.

Voyant alors que nous n'approchons plus, le matelot, qui fait tournoyer en l'air, ainsi qu'un plomb de sonde, l'objet de notre convoitise, lâche la ligne, et le gigot, traversant l'espace, arrive tout juste assez

16.

près de nous pour que nous puissions contempler, une seconde, ses fraîches et appétissantes couleurs. Mais, soit que nous fussions encore trop éloignés ou qu'il ait été lancé trop mollement, il retombe à la mer, d'où il ne sortira plus. Un abominable requin s'est élancé, et aux yeux des deux équipages a lestement avalé notre rôti. Heureux requin! pauvres marins! Il va sans dire que ce soir-là le bœuf salé nous parut bien dur, le plat de haricots bien indigeste...

Mais ce ne sont là que plaisanteries, et la bouche du terrible acteur que nous avons mis en scène est fournie de dents trop nombreuses et trop tranchantes, sa voracité est trop insatiable pour que de sombres drames ne succèdent pas souvent à la comédie.

En voici un que nous choisissons entre bien d'autres, tout aussi authentiques, et peut-être plus émouvants encore, parce qu'il s'est accompli sous nos yeux.

Nous nous trouvions, en 1835, au mouillage devant Colombo, côte sud-ouest de Ceylan, à côté d'un grand trois-mâts de New-York, qui chargeait des caisses de plombagine ; elles lui étaient apportées par des bateaux du pays, à bord desquels il les prenait à l'aide d'élingues et d'une caliorne-palan, frappée à l'extrémité de la grande vergue.

Or, une après-midi, pendant que nous étions précisément sur l'*Américain* à causer avec l'officier qui présidait à l'opération, cinq caisses mal saisies échappent au cordage qui les retenait, et tombent à la mer entre le navire et le chaland.

A qui était la faute ? Certainement à ceux qui les avaient mal engagées dans l'élingue ; mais l'officier de service devait en porter la responsabilité, qui l'exposait à une retenue sur ses appointements. Pour lui éviter cette pénible extrémité, un seul moyen se présente à son esprit : il offre aux Chingulais (habitants de Ceylan) qui sont présents une piastre par caisse si quelqu'un d'entre eux veut, en plongeant, aller les repêcher, et il est certain que si la proposition avait été faite à des indigènes de la côte occidentale, vers l'île de Manar, où résident les pêcheurs d'huîtres perlières, plus d'un se fût hâté de l'accepter ; mais parmi ceux qui l'écoutent, personne ne répond ; seulement un des matelots du navire s'avance hardiment pour tenter le sauvetage s'il doit toucher la récompense promise.

Je le vois encore, ce pauvre diable : c'était un grand et vigoureux garçon, taillé en Hercule, avec une longue barbe rutilante descendant sur sa poitrine. — « Tu crois, Tom, lui dit l'officier, que tu pourras res- « ter assez longtemps sous l'eau pour réussir ? » —

Et déjà, après avoir acquis la certitude de gagner la prime offerte, le hardi marin, déshabillé, sautait à bord du chaland, prêt à se jeter à l'eau.

Cependant, la pensée du danger que pouvait lui faire courir la rencontre d'un requin était venue à tous les spectateurs, et chacun regardait avec attention autour du navire et du bateau sur lequel l'officier américain et nous étions descendus.

La mer, calme, limpide, nous permettait de voir sous la carène du trois-mâts à une grande profondeur; on ne découvrait aucun indice inquiétant.—Va donc, Tom, lui dit l'officier, et remonte vite si tu ne peux pas réussir. — Dès qu'il eut parlé, le matelot s'élança la tête en avant, et disparut sous l'onde à peine agitée. Son chef tient lui-même l'extrémité d'une longue ligne, dont l'autre bout formant un nœud coulant est aux mains du plongeur.

Une minute se passe…, quarante-cinq secondes encore… ; enfin, nous voyons surgir à huit ou dix mètres du bateau la tête ruisselante du matelot, qui en deux élans se cramponne en riant au plat-bord.

Bientôt il aide lui-même à retirer une des caisses, solidement fixée à la ligne.

Puis, un verre de rhum dans l'estomac, il plonge encore après avoir donné l'assurance à l'officier américain qu'il réussirait.

Le succès de la première tentative nous inspirait à nous aussi une confiance, augmentée par l'habileté du nageur, et cependant si l'affaire m'eût été personnelle, j'aurais, je le jure, formellement interdit au matelot de continuer, tant j'étais sous le coup d'un sinistre pressentiment.

Pendant que l'Américain tient la corde dont il interroge les secousses pour savoir si le matelot a fini, je suis sur le cadran de ma montre le temps qui s'écoule, et ma main tremble comme la feuille au vent. Un malheur est inévitable, j'en suis sûr.

En effet, après une minute et des secondes que je n'ai pas pu compter tant j'étais ému malgré moi, un tourbillon se forme à l'avant du bateau, la tête du malheureux matelot en surgit; son visage, pâle comme la mort, affreusement contracté, apparaît au milieu d'une large plaque de sang qui s'étend sur la mer. Tandis que les Chingulais, affolés de terreur, crient, se reculent, des camarades de l'infortuné, son officier, tous nous nous précipitons à son secours. On saisit un de ses bras, puis l'autre; mais nos forces, décuplées par le désespoir, ne peuvent rien contre l'incroyable résistance qu'oppose un énorme requin, dont les épouvantables mâchoires tiennent comme dans un gigantesque étau le pauvre marin. Enfin, après une effroyable secousse, qui faillit nous empor-

ter à la mer, le monstre disparut, ne nous laissant
dans les mains qu'un cadavre littéralement coupé en
deux. Quel spectacle, grand Dieu! quel spectacle!.....

Que pourrions-nous ajouter à ce récit, qui, en dépit des années écoulées, a éveillé dans notre esprit
de pénibles pensées? Rien que ne sachent déjà nos
lecteurs en parlant des multiples rangées de dents
acérées qui ornent la bouche des squales. Leur forme
est absolument celle de l'instrument de chirurgie
connu sous le nom de *flamme*, et dont se servent les
vétérinaires pour saigner les animaux ; quoique mo-
biles, elles sont si solidement implantées dans des
mâchoires servies par de vigoureux muscles, et la
puissance de l'animal est telle, que nous regardons
comme bien extraordinaires les histoires qui nous
montrent des hommes luttant avec succès, un couteau
à la main, contre des requins. Quant à nous, nous
avons toujours vu les plus habiles plongeurs, les pêcheurs de tripang (holoturie) des îles malaises ,
les pêcheurs d'huîtres perlières de Ceylan, de l'O-
céanie refuser obstinément de se mettre à l'eau, et
ne témoigner nulle envie d'affronter ceux qu'ils re-
gardent, avec raison, comme leurs plus mortels ennemis.

UN ANNIVERSAIRE.

Vieux! vieux! trois fois vieux souvenirs, je fête l'anniversaire des dates que vous me rappelez, non pas, ainsi que je l'ai souvent fait, pour vous laisser bourdonner renfermés dans ma tête et vous perdre parmi tant d'autres, ce qui m'est trop de fois arrivé, mais pour vous donner la vie de la publicité.

Oh! ne rougissez pas de modestie, je ne vais pas vous étaler au rez-de-chaussée d'une de ces feuilles qui comptent leurs lecteurs par dixaine de mille; occupez sans crainte l'humble place où je vous loge, ceux qui vous y trouveront sont déjà des amis; puissiez-vous reconnaître leur bienveillance en rappelant à quelques-uns des jours déjà trop éloignés.

Le 24 janvier 1832, au numéro 42 de la rue Monsieur-le-Prince, dans une étroite chambre du troisième étage se trouvaient ensemble cinq étudiants en médecine de seconde année.

Qui les avait réunis ce soir-là? Ce n'était ni le bon feu flamboyant dans l'âtre, ni les marrons étalés devant lui pour conserver leur chaleur, ni le plaisir de causer, en fumant leurs vieilles pipes, du pays, de la ville natale ; tous cinq étaient originaires d'un petit chef-lieu d'arrondissement situé dans un de nos départements de l'ouest, et désigné dans tous les dictionnaires de géographie comme port de mer, quoique trois quarts de lieue le séparent de l'Océan.

Bien moins encore voulaient-ils parler de leurs dernières rencontres au Prado, ou de la politique, toutes choses cependant alors intéressant beaucoup la population du quartier latin... Non, tous cinq étaient tristes, silencieux, et paraissaient ennuyés ; de temps à autre un d'eux se baissait, ramassait un marron, soufflait dessus pour chasser la cendre, l'épluchait, l'avalait en l'accompagnant d'un verre de cidre ; puis, sa pipe rallumée, le regard fixé vers le plafond, il lui adressait les spirales vaporeuses du tabac de la régie.

Qu'avaient donc nos cinq jeunes gens ? Ce qu'ils avaient, mon Dieu ! mais tout ce qu'il faut pour être heureux, en espérances au moins ; ils étaient jeunes, entraient dans la vie, abordaient l'existence, et il leur était permis de la colorer à leur fantaisie, de l'envelopper du prisme trompeur des illusions ; mais ce qu'ils n'avaient pas sera plus tôt dit : tous les cinq, après un dîner bien maigre chez Rousseau *l'aquatique*, se trouvaient n'avoir, pour vivre jusqu'au premier février suivant, que six francs, somme trop modeste pour dorer l'existence de cinq étudiants en médecine pendant sept jours, même en l'an de grâce 1832.

Nécessité, a-t-on dit, est mère de l'industrie; on comprendra sans peine tous les projets financiers, plus ou moins ingénieux, qui pouvaient éclore dans nos jeunes cervelles. Je vous en fais grâce, car tous venaient aboutir à une impossibilité ou à un résultat par trop insuffisant.

Quand, enfin, un membre de l'assemblée se lève, jette en l'air sa casquette, qui retombant sur l'unique chandelle éclairant la scène nous plonge dans l'obscurité, et il s'écrie : « Adieu, mes amis, je suis las de vivre ainsi au jour le jour; mon parti est pris, adieu à vous, adieu au quartier latin, je pars. »

Je le vois encore ce pauvre Gilbert, à la lueur du foyer, la figure animée, nous jeter ces paroles : « Je m'embarque, enfants; je m'embarque à bord d'un navire baleinier de Nantes, qui a besoin d'un chirurgien pour compléter son équipage et mettra sous voile dès mon arrivée : voici la lettre que j'écris à son armateur; elle l'informe que ses conditions seront les miennes; je ne lui demande que cin-

17

quante francs d'avance pour me rendre à mon poste..... Que dites-vous de l'idée ?.......

— Que le diable t'emporte ! repris-je à mon tour, la même m'est venue aujourd'hui en voyant la demande de la maison M.... de Nantes, placardée à la porte de l'École de Médecine ; et voici ma lettre pour lui demander d'embarquer sur son navire.

Tous deux, pour voir se réaliser nos désirs, nous avions les mêmes titres ; tous deux, avant de venir à Paris, nous avions obtenu, dans le service médical d'un port militaire, un grade qui nous permettait de servir à bord d'un bâtiment du commerce en qualité de chirurgien. Tous deux nous étions certains, en prenant ce parti, de mécontenter nos familles, mais aussi de satisfaire nos idées aventureuses, et surtout d'échapper aux exigences de la vie d'étudiant ; c'était, ainsi que nous l'avons dit, le plus pressant besoin pour le quart d'heure. Mais, à coup sûr, un de nous devait recevoir un démenti à ses espérances, un seul devait partir.

D'abord, nous voilà à nous jeter mutuellement à la tête les objections suivantes :

— Mais tu es fou ! mon cher, ton père ne te laissera jamais t'en aller.

— Et toi, penses-y donc, que dira ta mère ?

Bref, après avoir longtemps discuté, nous ne

pûmes que nous faire entrevoir,' l'un et l'autre,
les obstacles prévus pour chacun, mais qui ne devaient pas nous arrêter ; restait la concurrence que
nous allions nous faire, pour qu'elle disparût.

— Veux-tu, me dit Gilbert, que le sort décide
laquelle de nos deux lettres partira ? Je te joue en
cinq points d'écarté celle que tu as écrite contre
la mienne ; bien entendu que si je gagne je jette
ton épître au feu.

— D'accord, et si tu perds j'allume ma pipe avec
la tienne.

Cinq minutes après, nos amis, accoudés, sur la
table suivaient avec intérêt la partie engagée. Nous
étions quatre à quatre, il ne restait qu'un point à faire.

— Je ne l'ai pas oublié ; je donnais les cartes et avais
la chance de tourner le roi ; mais après avoir battu et
rebattu le jeu, je n'avais pas encore montré l'atout,
quand Gilbert m'étale tranquillement trois rois sur
la table, ceux de trèfle, cœur et carreau, en me disant : — Garde-toi à pique, ou tu as perdu.

La carte que je balançais entre mes doigts m'é-
chappe, c'était le dix de trèfle ; il avait gagné, et ma
lettre était déjà au feu.

Huit jours plus tard, notre ami nous écrivait de
Saint-Nazaire pour nous faire ses adieux.

Deux ans sont passés : j'ai, moi aussi, couru les

océans; *la Clorihde*, sur la quelle je suis embarqué chirurgien, louvoie pour gagner le mouillage de *James-Town,* capitale de Sainte-Hélène; les rafales qui tombent du haut des mornes et s'engouffrent dans le ravin où elle située retardent notre marche; nous forçons de toile pour arriver avant la nuit, laissons enfin tomber l'ancre quand le soleil va disparaître, et une embarcation me porte à terre avec le capitaine et quelques passagers pris dans l'Inde.

Au moment où je mets le pied sur le môle, un individu à la figure amaigrie, aux vêtements délabrés, s'approche de moi, me regarde et, avant que j'aie pu prononcer une parole, m'enlace dans ses bras : c'était Gilbert, échappé au naufrage de son navire complétement brisé sur une des *Falkland,* et arrivé de la veille à Sainte-Hélène à bord d'un brick américain.

Il avait tout perdu dans le désastre; je partageai mon trousseau avec lui, et le soir, chez master Salomon, consul de France, tous deux assis à une table copieusement servie, pendant qu'il oubliait les misères endurées, nous nous rappelions la chambrette et les amis laissés rue Monsieur-le-Prince; c'était le 24 janvier 1834, il y avait juste deux ans qu'il m'avait gagné là partie d'écarté.

MÉLANGES CYNÉGÉTIQUES.

UNE

MATINÉE DE CHASSE A TRIKIWARET.

(INDES ORIENTALES.)

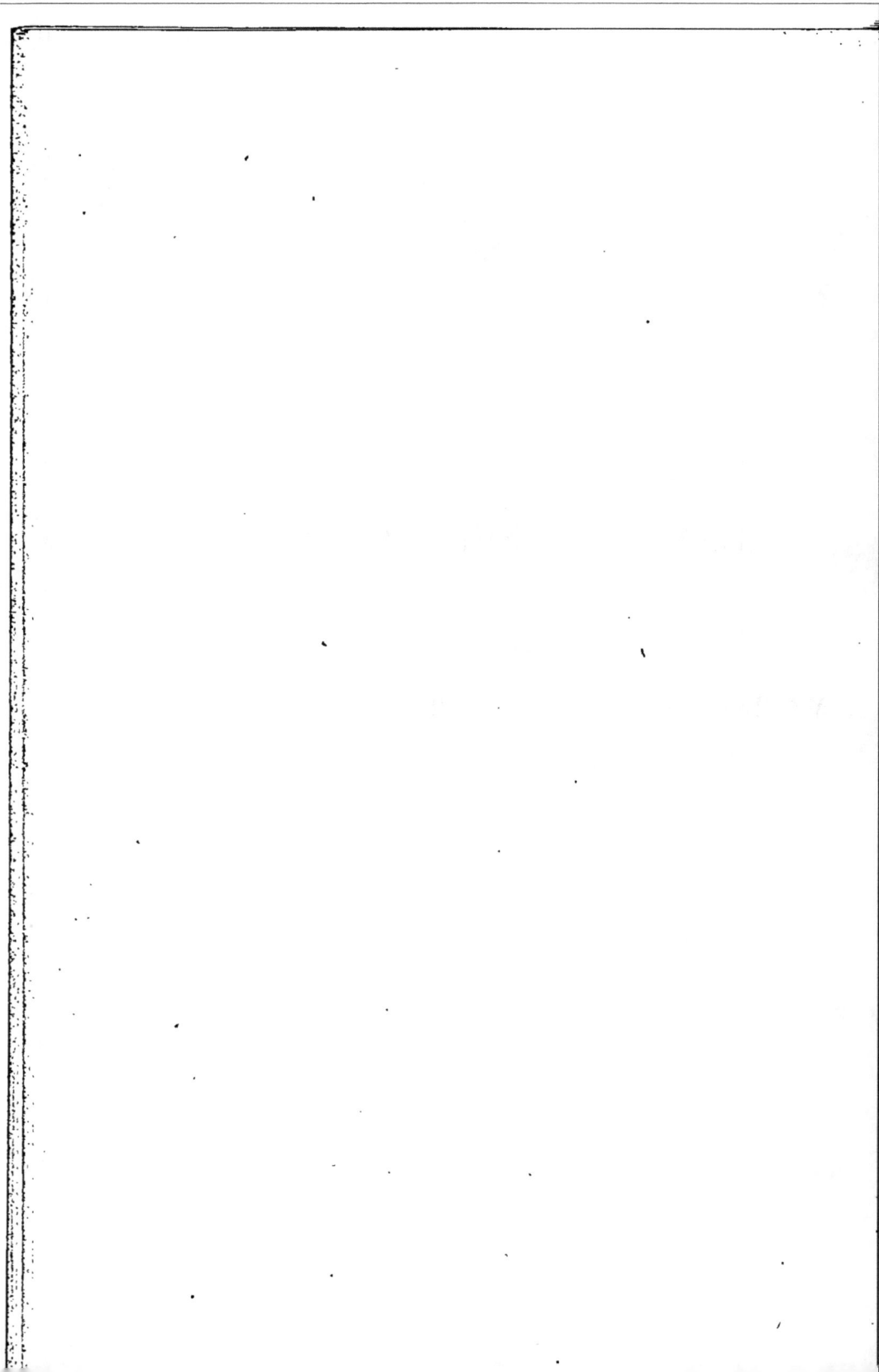

MATINÉE DE CHASSE A TRIKIWARET.

Le 9 novembre 183., en attendant l'heure du déjeuner, j'étais paresseusement étendu sur un canapé
de rotin, sous la *verandah* de l'hôtel Veuillotte, à
Pondichéry, et fumant une *chiroutte* de Trichina-
poly, je suivais d'un regard curieux les mouvements
cadencés qu'un bateleur indien faisait exécuter à
une demi-douzaine de serpents à lunette, — *cobra di
capello* des Portugais, — couleuvre capelle des
Français.

A la voix de leur maître, au bruit aigu du sifflet
qui lui servait le plus souvent à commander les
figures, les hideux reptiles se dressaient, montrant
sur leur cou, largement dilaté, l'étrange dessin qui
leur a valu le nom qu'ils portent de serpents à lu-
nettes.

Tantôt isolés, tantôt réunis presque enlacés, ils
reculaient, avançaient en cadence, et me paraissaient avoir sinon le sentiment de la mesure musi-

cale, au moins l'instinct de l'obéissance, puisqu'ils
suivaient tous les mouvements lents ou rapides de
la main du charmeur.

L'arrivée d'un domestique indien, porteur d'une
lettre à mon adresse, mit fin à la représentation, et
tandis que l'impressario rassemblait avec soin ses
dangereux pensionnaires et les fourrait dans un
grand panier rond, je prenais connaissance de la
missive suivante, que j'ai encore sous les yeux, et que
je copie textuellement :

« Cher monsieur,

« J'ai reçu votre aimable proposition de chasse
pour demain, elle est acceptée ; mais s'agit-il seulement d'aller à peu de distance de la ville pour tirer
les lièvres vers la *Chaullerie* des Bergers et les bécassines de ses rizières, ou voulez-vous faire un déplacement plus sérieux et de plus longue durée ?
Dans ce cas, je vous proposerais une partie vers Trikiwaret. Là nous trouverons sanglier, axis — cerf
moucheté — et menu gibier à foison ; mais alors
notre absence durera plus d'une semaine, l'aller et
retour devant nous prendre au moins quatre jours.

« J'attends la réponse par le porteur de la présente
et recevez, etc., etc.

« Adolphe... »

Le signataire était un fougueux amateur de chasse et d'histoire naturelle, que ma bonne étoile m'avait fait rencontrer à mon arrivée dans l'Inde; quoique nos relations fussent encore bien récentes, la similitude de nos goûts avait déjà développé des sentiments sympathiques qui devinrent en peu de temps une bonne et franche amitié.

Ma réponse ayant été que je demandais à aller le plus loin possible, et à y rester le plus longtemps qu'il se pourrait, nous étions le soir même partis pour Trikiwaret.

Je ne sais pas comment on voyage aujourd'hui dans ces belles contrées; mais il y a trente ans on avait peu le choix des moyens de transport : ils se bornaient au palanquin porté par des hommes, ou au véhicule du pays tiré par des bœufs, mais des bœufs lestes, fringants et fournissant à ravir, quand le terrain le permettait, un temps de trot et même de galop.

Notre caravane fut donc composée de trois voitures à bœufs, une pour chacun de nous, et l'autre pour nos bagages et provisions; de plus, un de mes domestiques conduisait en main mon cheval de selle, dont je me servais souvent afin de dégourdir mes jambes, en poussant des reconnaissances aux alentours de la ligne que nous suivions. Mon compagnon,

17.

plus habitué que moi, nouvellement débarqué, à tout ce qui alors excitait ma curiosité, rompait, en dormant, la monotonie de la route. Que de fois depuis, dans mes courses, mes chasses sur d'autres points du globe, il m'est arrivé, étant brisé de fatigues, affaibli par les privations, de penser au bien-être, au superflu même dont nous étions entourés, mon ami Adolphe et moi, dans nos excursions cynégétiques sur la côte de Coromandel!

A chaque halte, nos gens empressés savaient promptement réunir les éléments de repas confortables : de bonnes volailles, des fruits délicieux, du lait à discrétion, du gibier de toutes espèces, de bons vins, rien ne nous manquait; mais aussi je ne crois pas que sous le ciel énervant de l'Inde il soit possible, même à l'homme le plus vigoureux, de trouver en lui la résistance, l'énergie, qu'il lui faut souvent déployer s'il fréquente par exemple les solitudes du Nouveau-Monde situées sous les latitudes tempérées. Où nous sommes en ce moment, ce qui décime les étrangers, c'est l'abondance dont on abuse ; dans les déserts américains c'est presque toujours la privation des choses les plus indispensables à la vie de l'homme civilisé.

Vous pensez bien que les quelques réflexions qui viennent d'échapper à ma plume ne me fatiguaient

pas l'esprit il y a trente ans. Étais-je dans ma voiture, étendu sur une natte recouvrant un bon matelas, je dormais, et quand je chevauchais au milieu
de la luxuriante végétation qui presque partout
couvre le sol, tout à ma curiosité, j'avais assez de
voir et d'admirer.

En traversant une *aldée* (village), située à quelques milles du lieu où nous nous rendions, nous
avions pris une quarantaine d'Indiens dits *Villis*,
hommes des bois. Ce nom distinctif de leur caste
ne doit pas faire supposer que nos auxiliaires tou-
chaient en quoi que ce fût à la classe des orangs-
outangs ; c'étaient au contraire presque tous des
hommes magnifiques, de hardis chasseurs, et plus
d'un parmi eux portaient sur leur corps robuste
des preuves évidentes du courage avec lequel ils
avaient fait face aux carnassiers, tigres, panthères,
léopards, guépards, etc., etc., rencontrés par eux
dans leurs expéditions.

Leur chef surtout, le nommé Venglassalon, avait
été singulièrement marqué par un grand tigre royal
que l'on croyait mort. Le féroce animal, s'étant relevé
dans une angoisse suprême, avait saisi l'Indien
entre ses puissantes pattes de devant, et tout en rendant le dernier soupir, avait profondément labouré
de ses griffes acérées la poitrine et les reins du chas-

seur, qui offraient du haut en bas de son buste, devant et derrière, de longs sillons parallèles imitant un tatouage fait avec symétrie.

Presque tous n'étaient armés que de forts bambous destinés à frapper et fouiller les buissons afin d'en déloger les bêtes fauves auxquelles nous venions faire la chasse. Cependant, quand nous eûmes dit à Venglassalon qu'il fallait que quelques hommes prissent des fusils pour se poster comme tireurs dans nos battues, plusieurs d'entre eux furent chercher leurs armes. Quant à lui et à son frère Nainni, mon ami et moi nous leur confiâmes à chacun un de nos bons fusils en leur faisant expliquer par mon daubachi Simon, notre interprète, que le lendemain leur mission serait de se tenir près de nous pour se servir des armes que nous leur prêtions, s'il y avait urgence, ou nous les remettre en cas de besoin, une fois les nôtres déchargées.

Pendant que nous avons arrêté nos dispositions pour la journée de demain, nos domestiques ont remisé nos charrettes de voyage, qui vont se trouver transformées en chambres à coucher.

Nous sommes campés sur un petit plateau de la chaîne rocheuse de Trikiwaret, célèbre par ses pétrifications. — En écrivant ces lignes, j'en vois près de moi un assez bel échantillon, qui me sert de

presse-papier. — A cent mètres au-dessus de nous
se dresse une vieille pagode très en renom. Les
rayons enflammés du soleil couchant, passant comme
des lances de feu à travers le sombre feuillage du
banian, — figuier sacré, — qui nous abrite, vont se
briser sur les briques rougeâtres de la façade du
temple et dessinent en reliefs vigoureux les détails
saillants de son architecture fantastique, tandis que
les angles rentrants se prolongent en ombres épaisses. On dirait de longs voiles de deuil que ne pourrait faire flotter le souffle de la brise du soir qui, au
loin dans la plaine , agite pourtant les cimes empa-
nachées des palmiers ; leur longues feuilles dente-
lées se balancent frémissantes, et les troncs élancés
qui s'inclinent semblent saluer comme le font à la
même heure les Parsis (adorateurs du feu) l'astre du
jour, dont le disque radieux disparaît à l'horizon avec
une majestueuse lenteur.

A quelque distance de nous, plus bas sur la pente
que nous dominons, nos villis forment des groupes
pittoresques ; ils n'ont pour vêtement que le *langouti*,
étroites ceintures auprès desquelles les pagnes de
certains sauvages océaniens seraient des toilettes
raffinées. Aussi du point où nous sommes, en dépit de leurs mouvements, toujours lents et graves, à
leurs silhouettes nues que colorent les reflets du

soleil couchant, on croirait en vérité être dupe
d'une illusion, et n'avoir sous les yeux que de
belles statues en bronze florentin.

Un domestique nous avertissant que notre dîner
est servi nous arrache avec peine à la contemplation du magique spectacle. Le couvert est mis sur
une petite table dressée en plein air, et avant que
nous ayons terminé notre repas, le tableau dont j'ai
tout à l'heure esquissé quelques traits présente un
autre aspect, tout aussi bizarre et attrayant.

Depuis le coucher du soleil, les belles colombes
vertes, pigeons de pagode, que les Indiens nomment *patchiporra*, ne font plus entendre leur mélancolique roucoulement et demeurent immobiles, perchées sur les hautes branches du banian; les calaos
aux becs énormes, qui me rappellent les nez posti-
ches du carnaval, se reposent également, et les petites
perruches vertes ont cessé de faire retentir leurs
voix criardes. Aux hôtes ailés qui animent le jour
ont succédé, non moins nombreuses, les créatures
de la nuit.

Je ne dis rien des engoulevents, des chouettes,
des hibous de toutes dimensions, depuis la petite
hulotte jusqu'au grand-duc; un de ces derniers,
commensal ordinaire de la pagode, pousse des cris
assourdissants; nous supposons qu'il nous souhaite

la bienvenue. Je compte pourtant quand l'heure de dormir aura sonné, le prier de se taire ; mais en attendant nous avons à nous occuper de visiteurs autrement curieux.

Voilà les *vavals* ! nous dit un de nos chasseurs villis, et nous voyons en effet arriver du côté des montagnes, qui sont peu éloignées, comme une procession d'énormes chauves-souris se suivant sur une ligne ! Toutes se dirigent vers un massif touffu de superbes tamarins, dont les fruits les attirent. Nous y arrivons, mon ami Adolphe et moi, presque aussitôt que les premières, mais nos fusils en main, et bientôt il nous est permis d'examiner de près, avec intérêt, une demi-douzaine de roussettes mortes ou blessées.

Ce sont d'affreuses bêtes ; quelques-unes ont jusqu'à un mètre cinquante centimètres d'envergure ; leur aspect est hideux, et je ne suis pas étonné que la crédulité de certains voyageurs, concluant du physique au moral, ait trouvé là l'origine de la fable des vampires, qui n'existent certainement pas parmi les roussettes de l'Inde, complétement frugivores.

Toutefois, dans le cas où quelqu'un de mes lecteurs aurait un jour à faire le coup de fusil contre les *vavals* des Indes orientales, je l'avertis de ne

pas se fier à leur immobilité quand le plomb les a
jetées à terre, et de se tenir hors de la portée de leurs
dents. Pour avoir négligé cette précaution, mon domestique perdit la première phalange du petit
doigt de la main droite. Au lieu de faire comme nos
villis, qui avant de les ramasser s'assuraient de
leur mort avec leur bambou, l'imprudent voulut saisir par l'extrémité d'une de ses ailes la seconde que
j'avais abattue; mais qui fut pris? Ce ne fut pas la
roussette. Aux cris du pauvre garçon, j'avais inutilement tenté de le secourir, les mâchoires contrac-
tées du maudit animal ne se relâchèrent même pas
quand je lui eus coupé la tête avec mon poignard;
il fallut les désarticuler entièrement. Malheureusement le bout du doigt était littéralement broyé, et
tenait à peine par quelques fibres.

Tant que le crépuscule nous le permit nous fusil-
âmes les roussettes, et plusieurs douzaines de victimes gisaient sur le terrain quand la nuit noire sus-
pendit notre feu, au grand déplaisir des Indiens,
enthousiasmés par nos faciles succès; car le vol de
ces mammifères est loin d'être aussi rapide et acci-
denté que celui des chauves-souris de l'Europe, mais
leur vitalité exige que les projectiles aient une
grande pénétration.

Aux explosions retentissantes de nos armes succédèrent alors les bruyantes clameurs des bandes de chacals, qui, eux aussi, entraient en campagne, et les cris rauques, prolongés de plusieurs hyènes. Comme nous prenions le thé avant de nous coucher, une de ces dernières bêtes passa si près de notre campement que, pour calmer l'inquiétude que témoignaient les mouvements désordonnés de mon cheval, je jugeai convenable de le faire attacher à une des roues de ma voiture, dans laquelle je ne tardai pas à m'endormir, insouciant du passé et confiant dans l'avenir, comme on l'est quand on touche encore à ses vingt ans.

Longtemps avant le lever du soleil, mon ami Adolphe et moi étions debout, et passions en revue les armes, pour lesquelles nos tireurs étaient venus nous demander des munitions. Certainement nous ne nous attendions pas à voir entre les mains de ces pauvres diables des fusils de luxe ; mais ce qu'ils nous présentaient dépassait tellement notre attente, que nous nous demandions l'un et l'autre quels noms il était possible de donner à de semblables machines.

Figurez-vous des canons de carabine, de pistolet, le fusil, voire même celui d'un vieux tromblon portugais à l'extrémité évasée comme le rebord d'une cloche ; tout cela rouillé, corrodé, tordu, et attaché le long de morceaux de bois avec des liens en corde végétale.

Le seul de ces engins qui eût conservé assez de ses parties primitives pour qu'on pût reconnaître à quelle famille il avait appartenu, était un ancien fusil à mèche, bien antérieur aux guerres de Dupleix et de Tipoo-Saïb; seulement, toutes traces de batterie ayant disparu, il fallait aujourd'hui mettre le feu à la poudre contenue dans le bassinet, à l'aide d'une mèche portée à la main... Quant aux autres, les ayant tournés et retournés en tous sens, mon ami me déclare sérieusement qu'il croit bien avoir découvert comment il est encore possible d'y introduire de la poudre et du plomb; mais faire sortir ce qu'on y aurait mis nous paraît à tous deux un problème insoluble.

Après avoir ri comme des fous à l'exhibition de cette vieille ferraille, nous nous rendons aux désirs des propriétaires, et nous remettons à chacun d'eux une charge de poudre et de chevrotines, en nous promettant bien de nous tenir à l'écart des porteurs de ces machines infernales.

Immédiatement au-dessous du petit plateau où nous étions campés s'étendait un large et profond ravin, rempli de broussailles presque impénétrables. Venglassalon, en nous le montrant, nous avait dit

que dans les fourrés nous trouverions beaucoup de
pani —, sangliers, — de *combouman*, — cerfs ; —
et peut-être même quelques *seurtæ*, — léopards.
Quoique nous ne tenions pas excessivement à voir
se réaliser cette dernière éventualité, nous avions
décidé de commencer immédiatement nos battues
sur ce point; mais ce qui m'intriguait fort était de
savoir comment nos batteurs, presque nus de la tête
aux pieds, allaient s'y prendre pour déloger de leurs
retraites les animaux sauvages et les faire passer
à portée de notre feu. Au départ, j'avais voulu pé-
nétrer dans un massif et y cueillir les fleurs d'une
belle liane qui pendaient en grappes parmi la ver-
dure, et tous mes efforts avaient été inutiles. Un réseau inextricable de plantes grimpantes, des tiges
enlacées munies de longues et fortes épines m'ayant
arrêté sans me permettre un seul pas.

Mon compagnon, à qui je fais part de mon observation, me dit que nos villis se glisseront sans doute
dans ces fouillis en suivant les traces des bêtes qui
les fréquentent. Je veux bien le croire ; la chose
toutefois ne m'en paraît pas plus facile. Il faut pourtant qu'elle soit possible, puisque, au moment où
nous arrivons à une clairière qui coupe la végétation,
jusque-là continue, nos hommes disparaissent, et
Venglassalon nous avertit, mon ami et moi, de nous

poster derrière quelques buissons épars sur le terrain découvert. Son frère Nainni se tient à mes côtés, tandis que notre grand veneur, accompagnant Adolphe, se rend avec lui cinquante pas plus loin.

A peine étions-nous en place, l'œil et l'oreille aux aguets, qu'un beau paon sauvage, venant je ne sais d'où, traverse en volant l'espace découvert devant nous, et va s'abattre à une demi-portée de fusil du poste de mon ami, qui, sans égard pour la magnificence du royal oiseau, le tue roide au moment où Nainni me disait tout bas : *Doré! doré! Caje de corti,* en me montrant une grosse hyène tachetée assise sur son derrière à une soixantaine de pas. Malheureusement l'explosion de l'arme de mon compagnon fit lestement détaler la vilaine bête, à laquelle j'envoyai inutilement une charge de chevrotines à trop grande portée.

Un quart d'heure plus tard, une harde, composée de sept ou huit axis, venait encore défiler à petite distance de l'endroit où se tenait Adolphe, et lui fournissait l'occasion de faire un coup double sur une biche et son faon. C'était un joli début, qui aurait dû, sans nul doute, m'engager à attendre que mon tour arrivât, mais il n'en fut rien. Fatigué de mon immobilité, je laissai sur place mon camarade et nos traqueurs, qui ne paraissaient pas encore, pour aller chasser plus activement et chercher le gibier sous la conduite de Nainni.

— Ah çà, — dis-je à mon factotum Simon, qui me suivait, — explique à Nainni que je veux me promener, mais surtout tirer des coups de fusil, et que si je suis content de lui, au lieu de lui donner ce soir, ainsi que nous en sommes convenus, un *fanon* pour payer sa journée, je lui remettrai une roupie.

C'était porter de six sous à deux francs cinquante centimes la rémunération de l'Indien, qu'une pareille libéralité fit promptement mon âme damnée Pour commencer, il me proposa de gagner, à un quart d'heure de marche du lieu où nous étions, un endroit où nous trouverions des *varvoucogi*.

Malheureusement, Simon ne savait pas plus que moi ce que signifiait ce mot, et pressé de questions, il me répondit d'une manière si claire, que je m'imaginai qu'il s'agissait de singes. Je fus promptement désabusé.

Arrivés au milieu de massifs d'acajou, arbres touffus mais peu élevés, qui fournissent une noix dont l'amande est exquise, Nainni me fit signe de me tenir sur mes gardes, et presque aussitôt, au lieu de voir un singe gambader sur les branches, j'aperçus dans une clairière deux oiseaux qui disparurent en courant sous bois, sans me laisser le temps de les ajuster.

— Maître ! des faisans, me dit Simon, pendant que le villis marmotait toujours : *Varvoucogi.* L'un et l'autre ne me fixaient en aucune façon sur l'espèce des oiseaux qui m'étaient apparus ; j'étais bien certain surtout que le premier se trompait. Enfin un coup de fusil heureux vint promptement éclaircir mes doutes, et Nainni me rapportait un des *désiderata* de tous les chasseurs de nos plaines du Mirbalais ou de la Champagne, une belle canepetière, — petite outarde : — cinq autres vinrent bientôt rejoindre la première ; j'étais dans le ravissement. Le nom de varvoucogi, que leur donnent les Indiens du littoral de la côte de Coromandel, est formé des deux mots de la langue tamoul : *varvou*, espèce de petite lentille, et de *cogi*, qui signifie coq. Dans ce pays les mœurs de la petite outarde diffèrent un peu de celles de ces oiseaux dans nos contrées, où on ne les trouve la plupart du temps qu'en terrains découverts, mais leur plumage et leur forme sont les mêmes.

Le bruit de ma fusillade avait attiré l'attention de mon ami, que j'avais laissé attendant nos batteurs ; ennuyé de ne rien voir depuis mon départ, il arrivait au moment où je tuais une poule sauvage, pendant qu'empêtrée au milieu d'un réseau de lianes elle se débattait inutilement pour fuir... J'étais, ce matin là, voué aux gallinacées.

— Et nos hommes ? demandai-je à Adolphe, tandis qu'il examinait le résultat de ma chasse.

— Je ne sais ma foi pas ce qu'ils sont devenus, me répondit-il ; mais Venglassalon, en me guidant de votre côté, m'a dit avoir reconnu la trace d'une hyène, vers laquelle il s'offre de nous conduire. Voulez-vous que nous allions la tuer? puis nous rallierons notre campement, car l'heure de déjeuner sera venue.

J'acceptai, comme bien on pense, et sous la conduite des deux villis nous retournâmes prendre la piste qu'avait quittée derrière Venglassalon.

On a souvent parlé du talent d'observation que déploient les Peaux-Rouges de l'Amérique pour suivre les traces des hommes ou des bêtes.qu'ils veulent atteindre, mais je puis affirmer que sous ce rapport les Indiens chasseurs de la côte de Coromandel sont doués d'une sagacité non moins remarquable.

Pendant plus d'une heure, Venglassalon et son frère, nous précédant d'une dizaine de pas, tinrent la voie de la hyène, et sur un terrain brûlé par le soleil, quelquefois même parmi des fourrés où, avec la meilleure volonté du monde, nous ne pouvions pas, mon ami et moi, distinguer une seule des empreintes qu'ils s'efforçaient de nous montrer.

Dans de telles conditions, je n'hésite pas à mettre l'incroyable sagacité dont ces demi-sauvages fournissent la preuve bien au-dessus des qualités instinctives du meilleur chien de chasse. Le plus fin limier en effet, admettant même que la voie fût de bon temps, n'aurait certainement pas pu faire un tel rapprocher sous le soleil déjà brûlant et sur une terre calcinée par ses rayons. Dans plusieurs endroits la bête avait suivi le fond des collines rocailleuses; là ses pas ne pouvaient avoir laissé d'autres vestiges que quelques pierres légèrement remuées ou quelques éraillures sur la mousse, les lichens recouvrant les plus grosses; mais pour nos villis cela suffisait, et si bien, qu'ils n'eurent pas une seule erreur à relever, puisque nous ne fîmes pas un seul retour.

A diverses reprises seulement, après nous avoir fait signe de rester en place, tous les deux courbés jusque sur le terrain, comme s'ils eussent voulu le flairer, avaient décrit un petit cercle, et immédiatement reconnu la nouvelle direction à suivre.

Nous ne pouvions du reste conserver aucun doute et croire à une mystification, car lorsque les empreintes paraissaient visibles sur un emplacement poudreux, ils se hâtaient de nous appeler par gestes, et nous montraient en souriant des preuves irrécusables de leur savoir-faire.

Dans un de ces instants où nous étions tous groupés pour examiner des traces apparentes :

— Simon, dis-je à l'oreille de mon danbachi, avertissez Nainni, de ma part, que si je tue la hyène, au lieu de la roupie que je lui ai promise, il en aura deux.

La commission fut bien faite, mais... n'anticipons pas sur l'événement.

Nous approchons sans doute du fort qui abrite la hyène, car nos guides nous laissent en place non sans recommander un silence absolu, et disparaissent parmi de hauts buissons séparés par d'étroites coulées.

Nous profitons de ce moment pour nous assurer que nos armes, chargées d'une balle dans un canon, de chevrotines dans l'autre, ne trahiront pas nos bonnes intentions.

Bientôt reparaît Venglassalon tout seul ; il nous recommande, par l'intermédiaire de Simon, de ne pas faire le moindre bruit en marchant, et de le suivre.

Nous tournons à l'entour de quelques-uns de massifs près de là, et enfin nous apercevons Nainni debout à côté d'un énorme buisson, plus large et plus touffu que les autres. Quoique le moment soit solennel, une idée me passe par la tête

18

et me donne envie de rire; je trouve à l'Indien un faux air du chien d'arrêt, et je ne me trompe pas. La hyène est là, endormie sans doute sous l'épais couvert.

Adolphe est déjà posté par l'Indien qui nous dirige, et qui me fait placer sept ou huit pas plus loin, également en face d'une haute et large coulée; puis il contourne doucement le repaire par le côté opposé à celui où se tient son frère, et nous les entendons tous les deux à la fois tousser légèrement.

A ce bruit assez fort pour réveiller la hyène, mais pas assez pour l'effrayer et la faire fuir brusquement, elle se contente de mettre en curieuse le nez à une des portes du logis, qui n'était pas celle que je gardais.

Une forte détonation et un cri rauque me font courir vers mon camarade : la bête, le crâne fracassé, gisait à ses pieds.

Voulez-vous savoir maintenant pourquoi mon ami avait eu la chance de tuer la hyène : c'était parce que je n'avais fait que promettre les deux roupies à Naïnni, et que lui les avait déjà données à son frère.

La bête carnassière tuée par Adolphe était une très-forte hyène tachetée, appartenant à la variété que les Indiens désignent sous le nom de *Caje de*

Corti, tandis qu'ils donnent celui de *Pili de Corti*
à la hyène dont la robe est rayée de bandes brunes.

Cette différence au reste dans la livrée est la seule
que présentent ces vilains animaux, et leurs instincts
sont absolument les mêmes.

Pour notre début, nous comptions ainsi : un paon,
deux axis, — cerfs mouchetés, — une demi-douzaine
de canepetières, une poule sauvage et la hyène.
Quoique ma part dans tout ce total fût modeste, je
partageai l'avis de mon compagnon, qui me proposa de regagner notre campement pour déjeuner;
et nous reprîmes le chemin de la tente, précédés
de nos villis, qui, ne pouvant porter qu'une partie
de nos victimes, avaient laissé la hyène sur le terrain pour se charger des deux axis.

Bien des fois depuis ce jour il m'a été permis de
prendre part, soit dans l'Inde, soit sur d'autres points
du globe, à des chasses dont les résultats furent autrement importants, mais jamais peut-être je n'é-
prouvai une joie plus vive.

C'est qu'à cette époque j'en étais encore à mes premiers pas dans cette aventureuse carrière de courses,
de voyages en lointains pays, et mon imagination
séduite n'entrevoyait pas les fatigues, les privations,
les dangers même qui plus tard, tout en rendant les

jouissances plus vives, n'en devaient pas moins sou-
lever fréquemment dans mon esprit des doutes pénibles et de cruelles incertitudes.

LE RENARD.

***

Au voleur! au voleur! haro sur le faquin!

« Quoi! diront à coup sûr certains de nos lec-
« teurs : tant de bruit pour quelques dindonneaux,
« quelques poulets enlevés aux fermières négligen-
« tes? La fouine, le putois, la belette en faut au-
« tant. »

Très-bien! d'accord, et quand nous traitons de
voleur maître renard, nous prenons moins souci de
ses méfaits que de son outrecuidance, pour formuler contre lui cette grave accusation. Ce n'est donc
pas sur le ravageur des basse-cours mal gardées que
nous crions haro, mais bien sur le voleur de réputation; ce que nous ne pardonnons pas plus aux
bêtes qu'aux hommes. Pourtant, à celui dont nous
allons causer il serait facile de réclamer le bénéfice des circonstances atténuantes, et il serait en droit
de nous dire, s'il pouvait dire quelque chose :

« Vous avez tort de vous en prendre à moi de ce
qu'il vous plaît de nommer une réputation usur-
pée; qui me l'a faite cette réputation? L'homme,

18.

l'homme seul a pu s'aviser de prendre mon nom
pour synonyme de finesse, de ruse ; je n'ai jamais,
quant à moi, brigué semblable honneur, et rien
fait pour l'obtenir...... »

Devant un tel raisonnement, et surtout devant cet
aveu si humble, que la franchise dicterait sans doute
à la bête, nous serions désarmés ; faisons donc
comme si elle avait parlé : mettons de côté nos pré-
ventions pour traiter le renard avec impartialité.

Au physique, rien à dire que tout le monde ne
sache. Qu'il vienne des régions boréales avec une
robe blanche, bleue, noire ou argentée, chacun re-
connaîtra le renard à ses courtes oreilles, bien ouvertes, à son front large, à son museau pointu,
à ses yeux inclinés et à pupilles contractiles, à ses
formes qui, sur une échelle un peu plus ou un peu
moins grande, sont toujours les mêmes, et surtout
à sa queue longue, touffue, traînante, balayant
presque le sol.

Quoique la fourrure de ceux de nos pays ne présente pas de dissemblance aussi prononcée que
dans le Nord, on y trouve deux variétés bien distinc-
tes : le renard fauve et celui dit renard charbonnier, nom qu'il doit à ses pattes presque noires et
à sa teinte, en général plus foncée que celle du
premier.

Le renard, comme le chien et le loup, est classé par les naturalistes dans le genre *canis*, où il forme une famille à part, plus rebelle que les autres à tout croisement avec les espèces voisines. Sa sauvagerie se ploie très-difficilement à la captivité, quoiqu'il ait été pris jeune; il est même sous ce rapport bien plus éloigné du chien que ne l'est le loup.

On trouve le renard dans tous les pays boisés; mais il se plaît surtout sur les côteaux couverts d'épais taillis, de fourrés d'ajoncs, de massifs épineux presque impénétrables. Là, couché en rond comme un chien, il passe ses journées dans un état de profonde somnolence, non loin de son terrier, si la nature du sol lui a permis de le creuser aux environs, ou à portée de rochers qui lui offrent un abri en cas d'alerte.

Au printemps et en été, quand les moissons sur pied peuvent le couvrir, souvent il néglige de se rendre le matin au bois, et il se remet très-bien dans un champ de seigle, d'avoine ou de blé, dont les tiges hautes et pressées dissimulent sa présence.

Durant les fortes gelées d'hiver il est presque toujours sous terre; mais après une longue série de pluie, lorsque les infiltrations ont rendu sa demeure souterraine humide et froide, il se décide très-difficilement à y rentrer. Ainsi que nous le dirons plus loin, il nous est arrivé dans de pareilles circonstances, de chasser des renards trois et quatre heures, jusqu'à la mort, sans qu'aucun d'eux ait fait mine de rallier les trous que nous n'avions pas bouchés.

Quoique son goût prononcé pour la chair ne démente pas son titre de carnassier, on peut dire que le renard est omnivore.

A l'occasion, il se contente de fruits tels que fraises, framboises, raisins qu'il ramasse dans les bois, les haies, les vignes; si ces ressources lui font défaut, il ne jeûne pas pour cela, et sur le bord d'un ruisseau il se met en quête de grenouilles, d'écrevisses; nous raconterons comment nous avons eu la preuve qu'il ne dédaigne pas le poisson; il résulte de ces appétits variés qu'il est rarement réduit à une abstinence prolongée et absolue.

Sous notre latitude, les femelles rentrent en chaleur vers la fin de janvier, suivant que la température est plus ou moins adoucie.

Quelques auteurs ont écrit que les renards se tenaient alors plus fréquemment dans leurs terriers; nous n'avons pas constaté ce fait, nous nous rappelons seulement avoir observé qu'à cette époque il nous est souvent arrivé de lancer des renards mâles qui, au lieu de se faire battre dans le canton où nos chiens les avaient mis debout, prenaient immédiatement un grand parti et franchissaient deux ou trois lieues en ligne droite.

Après une gestation d'environ deux mois, la femelle met bas de trois à cinq petits, qu'elle dépose, autant que possible, dans un terrier isolé, loin de ceux fréquentés par ses congénères.

Au bout de huit à dix jours, les renardeaux, qui sont venus au monde les yeux fermés, commencent à être assez forts pour venir respirer l'air à l'orifice du trou, ce qu'ils font régulièrement, tant qu'ils l'habitent, trois fois le jour ; le matin au soleil levant, vers midi et le soir avant la nuit.

Celui qui a découvert leur demeure peut alors les voir près de la mère s'ébattre comme de jeunes chiens. Cette habitude a souvent coûté la vie à toute une famille tuée par un guetteur d'un seul coup de fusil ; mais quand la femelle s'est aperçue que sa retraite est connue, et qu'elle y a été dérangée, elle quitte les lieux, emportant les uns après les autres ses petits dans un autre domicile.

Sa sollicitude maternelle ne leur fait du reste jamais défaut tant que leur faiblesse ne leur permet pas de subvenir eux-mêmes à leurs besoins. Si pendant les longues et fréquentes courses que nécessite l'entretien de sa progéniture, la renarde se trouve chassée par des chiens courants , jamais elle ne cherchera son salut en se réfugiant dans le terrier où sont ceux pour qui elle s'est exposée : une fois seulement elle passera aux alentours, comme si elle voulait prévenir toute imprudence de leur part, puis elle gagnera le large.

Le préjugé qui a fait du renard le symbole de la ruse, est, pour tous ceux qui ont été à même de voir de près et d'étudier les mœurs de ces animaux, une chose inexplicable. De toutes les bêtes de chasse il n'en est pas en effet qui use de moins de ressources pour tromper la poursuite. On l'empoisonne, on le prend aux piéges sans grandes difficultés. Est-il chassé par une meute, il ne tente rien afin de la mettre en défaut ; à peine sait-il faire quelque doubles voies que les chiens reprennent bien vite. Un seul lièvre, après une heure de chasse, a montré plus d'instinct pour défendre sa peau que cinquante renards pendant toute leur existence.

Quant à la finesse qu'il est sensé déployer dans la recherche de sa nourriture, elle a également été singulièrement exagérée ; tous ses artifices se réduisent à se cacher pour ne pas être vu de la proie qu'il convoite ; dans ces moments même il perd l'instinct de sa conservation, tant il est absorbé par le but qu'il poursuit, et voici à quelle occasion nous avons pu nous en apercevoir.

Pendant une belle journée du mois d'avril 1845, nous nous promenions dans une allée de noyers qui aboutissait à la maison de campagne que nous habitions ; c'était un dimanche, les champs étaient déserts, et sous l'influence des premiers jours du printemps nous laissions nos pensées de gratitude monter vers le Dispensateur de tous les biens d'ici-bas, comme les chants des alouettes planant au-dessus de nos sillons, et les cadences des grives qui, perchées à la cime de nos peupliers, semblaient leur donner la réplique ; mais aux champs, ainsi qu'à la ville, il est rare que l'esprit du mal ne vienne pas troubler les heures de quiétude que l'on croirait parfaite. Cette vérité nous apparut tout à coup sous la forme d'une belette.

La mauvaise petite bête, sortie d'une vigne bordant l'allée, venait de disparaître en quelques sauts dans un sainfoin du côté opposé, quand nous pensâmes à retourner à la maison, pour y prendre un fusil avec l'espoir de la tirer si elle se montrait encore.

Après un moment d'attente, notre espérance fut déçue ; mais quelle fut notre surprise, lorsqu'en regardant vers le milieu de la prairie artificielle où avait disparu la belette, d'apercevoir dans un en-

droit dont l'herbe était moins haute, moins épaisse,
un renard qui rampait à plat ventre en s'éloignant de
nous et en se rapprochant peu à peu d'un groupe que
formaient une douzaine des habitants de notre basse-
cour. Si une poule ou un coq s'arrêtait, jetant aux
alentours un regard défiant, le renard, de son côté,
suspendait sa marche, se rasait sur le sol à ce point
que pour nous il devenait invisible, et il ne recom-
mençait son approche, qu'autant que coqs et poules se remettaient à gratter et à chercher leur nourriture.

On devine sans peine qu'un pareil spectacle nous
fit promptement oublier la belette ; malheureusement nous étions au moins à soixante-dix pas du
maraudeur, et nous n'avions en main qu'un fusil
chargé de petit plomb destiné aux grives de passage dans les prés, sur le bord de la rivière. De
plus, pas un arbre, pas un buisson ne pouvait nous
cacher aux yeux du gourmand : cependant, comme
il fallait prendre un parti, puisqu'il s'éloignait sans
cesse et se rapprochait des pauvres bêtes, dont une
au moins courait le risque de devenir sa victime,
sans hésiter, nous nous engageâmes dans le sainfoin, sinon avec la pensée de le tuer, au moins avec
le désir de lui administrer, à toute portée, une bonne
correction.

A chaque instant il nous semblait qu'il allait
nous voir et prendre la fuite ; aussi étions-nous, toujours en marchant, prêts à faire feu, tout en réglant
notre allure sur celle du voleur ; c'est-à-dire accé-
lérant le pas quand il pressait le sien, ou faisant
halte s'il s'arrêtait. Nous pouvions, à notre grande
surprise, avoir déjà gagné sur lui une trentaine de
pas sans avoir attiré son attention, fixée sur les vola-
tiles, tout au plus encore éloignées de lui d'une quinzaine de mètres, lorsqu'un coq, le doyen de la troupe, s'envola en jetant un bruyant cri d'alarme, signal auquel répondit bien vite tout ce qui l'entourait ; et comme le renard, découvert, chargeait les
retardataires, ce fut à nous d'intervenir ; ce que
nous fîmes en lui envoyant deux coups de fusil, l'un
en plein derrière, le second en travers, au moment
où il abandonnait la poursuite. Par malheur, ainsi
que nous l'avons dit, notre fusil était chargé très-
faiblement avec du plomb de grives, et nous tirâ-
mes au moins à cinquante ou soixante pas ; néanmoins, au cri de douleur que lui arracha notre premier coup, nous fûmes convaincus que nous avions
donné au gourmand une leçon capable de lui apprendre une autre fois à veiller un peu mieux sur
ses derrières.

Si le récit que nous venons de faire prouve que

le renard oublie parfois la prudence la plus ordinaire aux animaux, ce que nous allons raconter
pourra démontrer que l'on a fort exagéré l'instinct
qui le porterait à s'associer avec ses semblables,
dans le but de ménager à ses chasses une réussite
plus certaine, et lorsque le renard sur la piste
d'un lièvre ou d'un lapin donne de la voix, il est
probable que ses glapissements sont plutôt l'expression des besoins physiques de son estomac qu'un
avertissement à un camarade de se porter sur la
ligne suivie par la bête qu'il pourchasse.

Un cultivateur de nos voisins était un matin parti
de chez lui avant l'aube pour aller passer une partie de la journée avec un de ses fils, domestique
dans une propriété située à une lieue et demie
environ.

Notre homme cheminait tranquillement à travers
les mauvais chemins, traversant les grands bois qui
s'étendent sur les communes de Fléac, d'Avy, de
Marignac, — département de la Charente-Infé-
rieure, lorsqu'il entendit les coups de voix d'un renard qui venait dans sa direction, et en même
temps l'envie lui vint de s'arrêter un instant et de
se cacher; peut-être, se dit-il, verrai-je la bête. Le
voilà donc quittant le sentier et se mettant derrière
une forte pile de fagots dressés, selon la coutume,

autour d'un baliveau, dans un taillis fraîchement coupé.

A peine était-il posté, qu'à la faible lueur du jour il aperçoit un renard qui arrive au petit galop et va, comme lui, prendre position derrière un abri semblable à celui qu'il avait choisi ; pendant ce temps, la chasse approchait, et bientôt apparaît entre les deux guetteurs, celui qui en faisait les frais, un malheureux levraut. Le pauvre animal, jugeant l'endroit favorable pour tromper la poursuite, se met à ruser, à sauter, à doubler ses voies, puis lorsqu'il croit les avoir assez embrouillées, et qu'il espère que son persécuteur, qui approche, ne saura les démêler, il prend son parti afin de gagner de l'avance; malheureusement en fuyant il va précisément près de l'affût où se tenait le renard en embuscade ; d'un bond, celui-ci lui tombe sur le dos et le saisit, juste au moment où le chasseur entrait, lui aussi, dans le taillis. Les cris du lièvre lui révèlent bientôt ce qui s'était passé ; il s'élance vers son semblable, qu'il ne traite pas en compère, mais bien en ravisseur; car une lutte ardente s'engage entre eux. De son côté, le témoin de cette curieuse scène, qui croit le lièvre mort, intervient en criant à tue-tête pour jouer le rôle du troisième larron. A sa vue, au bruit qu'il fait, les renards se sauvent, mais le lièvre est également parti, et le paysan ne ramasse sur la place que des touffes de poils du lièvre et des renards. Il s'était trop pressé, peut-être même, dans l'ardeur du combat, ceux qui y avaient pris part avaient-ils laissé échapper la victime.

Quoique ce qui précède constitue la partie de l'aventure rentrant plus particulièrement dans le cadre que nous cherchons à remplir, elle eut une conclusion trop curieuse pour que nous ne la disions pas à nos lecteurs.

Trois quarts d'heure plus tard, notre voisin, encore sous l'impression du dépit de n'avoir pas su profiter d'une chasse de renards, arrivait au but de son voyage, et il trouvait tous les gens de la ferme en émoi, parce qu'un d'entre eux venait précisément de s'emparer d'un lièvre qu'il avait aperçu dans un carré du jardin attenant à la maison; le pauvre animal, fatigué, couvert de morsures, ayant une oreille arrachée, n'avait même pas cherché à fuir. Il va sans dire que personne ne mit en doute que ce fût bien le même qui, échappé aux renards, était venu chercher près du village un refuge contre leur voracité.

Il résulte pour nous de ce fait, dont nous garantissons l'authenticité, que si pendant qu'un renard chasse, un autre se met à l'affût et s'empare de l'objet

de la poursuite, ce n'est pas la conséquence d'un intelligent compromis entre ces deux animaux, mais
au contraire une preuve de sottise de la part de celui qui avertit par ses cris les autres voleurs. Enfin,
d'autres animaux du même genre que le renard,
les chacals d'Afrique, d'Asie, les coyottes du Nouveau-Monde, font également entendre des cris lorsqu'ils poursuivent une proie, et nous avons souvent
été à même d'observer qu'il n'existait entre eux
aucune entente préalable.

Le renard une fois repu a l'habitude, comme le
font même certains chiens, de cacher les restes de
la proie dont il s'est emparé; mais il lui arrive de le
faire très-maladroitement, c'est-à-dire de l'enfouir
en terre à demi, ou de le dissimuler incomplétement
au fond d'un fossé sous les feuilles.

L'hiver, dans les contrées où il existe des rivières
et des marais qui permettent la chasse à la sauvagine, il fait concurrence à la loutre en battant presque
toute la nuit les buissons, les joncs, les roseaux du
rivage, pour y découvrir les pièces perdues par le
chasseur. Il nous est bien des fois arrivé de suivre
au bord d'une rivière les traces de ces deux animaux
qui se mêlaient sur la neige, et c'est en le faisant
que nous nous sommes assuré que le renard profi-

tait, à l'occasion, des débris de poissons laissés par la loutre, et qu'il les mangeait après les avoir emportés à quelque distance de l'endroit où celle-ci les avait abandonnés.

On a beaucoup exagéré, selon nous, les torts du renard, et on lui a imputé bien des méfaits dus aux belettes, aux putois, aux martes, et surtout aux collets, aux piéges de toutes sortes dont se servent les braconniers, et aussi à leurs dignes auxiliaires les chats et les chiens errants des villages. Quant à nous, nous avons toujours pensé que le plaisir que nous éprouvions à le chasser était un large dédommagement de la concurrence qu'il nous faisait à l'endroit du gibier.

« Pour le propriétaire campagnard qui aime véritablement la chasse aux chiens courants et qui ne trouve dans sa contrée ni cerfs, ni sangliers, ni chevreuils, trop rares aujourd'hui sur le sol de la France, et qui exigent du reste des équipages complets en chiens et chevaux, il n'est pas, à notre avis, de chasse plus agréable que celle du renard. Trois ou quatre couples de bons briquets suffisent; nul besoin de piqueur; les chiens une fois mis dans la voie ne doivent perdre le renard qu'aux trous, et il arrive souvent, dans certaines conditions que nous allons préciser, que l'animal n'y cherche pas un refuge et se fait bravement chasser presque une journée entière à travers bois.

L'époque la plus favorable de la chasse au renard se trouve comprise entre la fin de novembre et le commencement du mois de mars : pendant ces trois mois, sa robe d'hiver, bien fournie, récompense le chasseur de la peine qu'il a eue à se la procurer ; mais si le froid est intense, le vent du nord piquant, et, par contre, le bois sans humidité, il est probable que l'on perdrait son temps à chercher dans les fourrés ces animaux, qui se seront mis au fond des terriers à l'abri contre les rigueurs de la saison. D'un autre côté, c'est le moment le plus favorable pour tenter de les détruire au moyen du poison et des piéges, si on ne veut pas l'entreprendre à l'aide du fusil et des chiens. Nous en parlerons plus tard ; mais nous, qui n'avons jamais eu recours à ces procédés, quelque peu traîtres, mettons-nous en campagne, ainsi que nous l'avons si souvent fait autrefois, car toutes les circonstances nous promettent un heureux résultat.

Depuis trois jours des pluies torrentielles ont inondé le pays ; aujourd'hui le vent souffle de la partie du sud-est, c'est un temps un peu mou, il est vrai ; mais s'il enlève de la vigueur à nos chiens,

il n'en donnera pas aux renards, les animaux sauvages subissant tout aussi bien que ceux qui sont
domestiques les influences atmosphériques.

Quand on veut exclusivement chasser le renard,
il est inutile d'entrer en quête d'aussi bonne heure
que pour le lièvre, car l'odeur du premier est tellement forte et se conserve sous bois si longtemps, que
souvent nous avons fait de longs rapprochers et lancé
sur des voies de la nuit précédente, vers les trois
heures de l'après-midi; mais lorsqu'il est aussi tard,
il faut renoncer à suivre les chemins, les sentiers, et
mettre de suite les chiens au fort. Pendant la matinée, au contraire, une fois rendu dans les cantons
où se trouvent les taillis les plus épais, les forts d'a-
joncs les moins accessibles, il faut longer lentement
les frayés, les routes charretières, car c'est en les
suivant que le renard gagne habituellement le lieu
où il passera la journée, et en général il préfère
pendant l'hiver la pente des coteaux abrités du vent.

Presque tous les chiens chassent le renard avec
ardeur. Cependant il s'en trouve qui n'en veulent
pas, d'autres ne rallient que sur le lancer; les uns
et les autres fournissent de précieuses indications
lorsqu'au début de l'attaque, avec une meute dont
on n'est pas très-sûr, on aurait à craindre de prendre
une voie de lièvre.

L'indécision ne saurait pourtant être de longue durée, le renard se comportant devant les chiens tout autrement que le lièvre. En effet, souvent celui-ci, dans l'espoir que la meute le laissera derrière, ou plutôt paralysé par la frayeur, s'obstine à demeurer au gîte, qu'il ne quitte qu'au dernier moment; le renard, au contraire, se dérobe aux premiers cris et file sous bois au plus vite.

Devant des chiens peu gorgés et d'une allure lente comme celle des bassets, il se contente de maintenir une certaine distance entre ses persécuteurs et lui, sans trop s'effrayer. C'est alors qu'il accomplit ce que les chasseurs nomment la double piste : c'est-à-dire qu'après une randonnée, qui dure en moyenne un quart d'heure, vingt minutes, il revient vers le lancer en foulant exactement sa première voie; il est, dans ce cas, très-facile à celui qui a suivi les chiens de le tirer, s'il a su parfaitement se cacher, en s'abritant dans une cépée ou derrière un arbre, car le renard ne vient pas en étourdi se livrer au fusil du chasseur, surtout si la vivacité de la poursuite et le vacarme d'une meute nombreuse et bien criante ne lui font point oublier la prudence. Lorsque, au contraire, il a été attaqué par beaucoup de chiens vites et menant grand bruit, son premier soin est de gagner les terriers les plus proches et

19.

de s'y réfugier ; les trouve-t-il bouchés, il va en visiter d'autres et souvent à de très-longues distances
du lieu où il a été mis debout. Dès qu'il a reconnu
que ses refuges habituels lui sont interdits, il n'hésite pas à prendre un grand parti, et il peut dans ce
cas fournir des traites de trois à quatre lieues en
ligne droite ; mais quand il lui arrive d'être trompé
dans son attente et de ne pouvoir fuir sous terre la
meute qui le harcèle et le gagne de vitesse, alors il
s'enfonce dans un taillis impénétrable, un massif
d'ajoncs où les chiens plus hauts que lui auront de
la peine à le suivre et il s'y fera battre des heures entières, en surallant ses voies, sans oser vider l'en-
ceinte.

A l'époque où nous chassions presque exclusivement les renards avec une demi-douzaine de grands
briquets qui ne leur permettaient pas une minute de
répit, il nous est arrivé bien des fois d'en laisser sur
leurs fins dans un fourré continu d'ajoncs qui pouvait avoir cent cinquante hectares d'étendue, sans
qu'il fût possible aux chiens de les faire sortir, et
nous redoutions cet endroit beaucoup plus que les
terriers que le renard ne recherche pas toujours.

En février 1842, par exemple, après une longue
série de pluies qui avaient profondément pénétré
le sol, nous avons pu, avec un de nos amis, tuer

en deux jours de chasse sept de ces animaux sans qu'aucun d'eux eût tenté de se soustraire en se terrant, et cependant nous n'avions pas bouché un seul des trous qui étaient très-nombreux dans le pays. Une de nos victimes du premier jour offrit une particularité remarquable; c'était une très-vieille femelle, qui, au lieu de la queue fournie, longue, ordinaire à ses pareils, n'avait qu'une énorme touffe de poils représentant une grosse houppe dans le genre de celles qui servent à poudrer les cheveux.

Notre première pensée fut que la bête avait perdu, par suite d'un accident, une partie de son appendice caudal; mais l'ayant dépouillée avec soin, nous reconnûmes qu'il n'en était rien : les vertèbres, loin d'avoir été interrompues par force majeure, se terminaient naturellement en pointe, décroissant graduellement, mais n'atteignant qu'une longueur de quatre travers de doigt à peu près; c'était bien un vice de conformation originel.

Nous avons dit en commençant que l'odeur très-développée du renard permettait aux chiens de le suivre sans difficulté. Eh bien, la sotte manière dont il court devant eux offre au chasseur toutes facilités possibles pour le tirer; il suffit de connaître ses refuites habituelles, et de l'y attendre sans se montrer; il choisit de préférence les fossés couverts, les sentiers étroits encaissés, et il y passera dix fois dans la même chasse s'il n'est pas trop vigoureusement mené. Il lui importe beaucoup de se tenir caché le plus possible, car dès qu'il se montre, les pies, les geais, les mésanges, les merles, tous les hôtes ailés du bois, semblent insulter à sa détresse, en le poursuivant de leurs cris aigus, qui avertissent le chasseur de prendre garde; ainsi, faut-il lorsqu'on les entend être prêt à faire feu, le fuyard passant rapidement.

Quoiqu'en tirant un renard par le travers on puisse le tuer avec du plomb de moyenne grosseur, nous conseillons de ne se servir sous bois, à cette chasse, que de double zéro. Quelques auteurs ont écrit que ces animaux, après un coup de fusil qui leur cassait un membre, faisaient entendre des cris; nous assurons qu'il n'est pas besoin qu'ils soient aussi grièvement blessés pour se plaindre; plusieurs fois nous avons entendu des renards piqués à de très-fortes distances pousser des cris comme auraient fait des chiens.

Après une blessure qui le met dans l'impossibilité de tenir devant la meute, si le renard peut arriver à son terrier, il oublie alors toute prudence : ainsi, un jour, un d'eux essuie notre feu à très-forte portée et s'enfuit en criant vers un terrier près duquel était posté un braconnier. Celui-ci avait eu la précaution de boucher les trous, mais seulement avec quelques poignées de bruyère et de genêts; pendant que le renard écarte les obstacles, notre homme l'ajuste à dix pas et tire : la capsule part seule, il recommence son coup; même résultat : ses deux coups ont raté; sortant alors rapidement de sa cachette, il court sur la bête avec son fusil dont il veut se servir comme d'un assommoir, mais il arrive juste au moment où l'animal disparaît sous terre.

Une autre fois, nous en avons vu un passer littéralement à travers une feuille de journal déployée à l'orifice du terrier et dans laquelle arriva une partie de notre charge de plomb : celui-là venait encore d'être blessé et se sentait près d'être atteint par la meute.

Le renard sous terre n'est pas tout à fait perdu, si on a un chien qui soit d'assez petite taille pour le suivre, en indiquant par ses aboiements la direction qu'il a prise, et que le terrain le permette, il est facile de l'arracher de son refuge. Malheureusement, en pareille circonstance, lorsqu'un certain nombre de chasseurs sont réunis, tout le monde parle à la fois, on donne des avis qui se trouvent souvent contradictoires, et on perd du temps en se fatigant inutilement.

Selon nous, dès que l'on est convenu de déterrer
un renard, la première chose à faire, une fois les
chiens couplés et attachés, c'est de suivre exactement les conseils de celui des chasseurs le plus
expérimenté et surtout de garder le silence ; on
ne doit faire de bruit que pour exciter le chien à
pousser la bête jusqu'à l'accul et à faire entendre
les avertissements qui guident les travailleurs.

Lorsque les bouches du terrier sont loin les unes
des autres et n'ont pas été fermées, il est prudent
d'y veiller ; le renard, poussé par le chien et averti
par les coups de pioche du danger qu'il court, s'il
n'entend pas rire et crier au-dessus de lui, au lieu
de gagner le fond du souterrain, peut subitement
sortir et chercher encore son salut dans la fuite ;
cela nous est arrivé plusieurs fois ; la chasse est alors
magnifique et on est certain que l'animal tiendra
sans se terrer jusqu'à la fin. Quelques personnes
ont l'habitude de mettre un collier garni de grelots
au cou du chien qui va sous terre ; c'est, à notre
avis, une chose fort dangereuse, car il peut arriver
qu'une racine se glisse en dessous du collier et empêche le chien d'avancer et même de reculer. Un
excellent basset, qui nous servait de chien terrier,
est resté ainsi pris pendant deux jours dans des
trous que nous ne connaissions pas, et le pauvre

animal ne réussit à s'échapper qu'en sortant la tête du collier ou en le brisant.

Si le renard use de peu de ruse pour déjouer les poursuites dont il est l'objet, il n'en est pas de même aussitôt qu'il est tombé au pouvoir de ses ennemis. A peine se sent-il pris qu'il fait le mort, se laisse frapper par les hommes, houspiller par les chiens, puis, au moment où tous croient le drame fini avec l'existence de la victime, tout à coup l'animal se lève et s'enfuit.

Un soir, après une belle chasse, à la suite de laquelle nous avions déterré un magnifique charbonnier, qui avait été muselé et renfermé pour la nuit, car nous voulions le lendemain le lâcher au milieu d'une vaste lande et le faire chasser par nos chiens, il prend fantaisie à un de nous d'aller visiter le captif; bientôt nous le voyons revenir et nous informer que la partie du lendemain était manquée, le renard étant mort.

— Comment! nous écriâmes-nous, il est mort, mais c'est impossible!

— Oui, oui, reprend le curieux, venez voir vous-même; il est sur le flanc, mort, et peut-être depuis longtemps, car je l'ai touché, il est déjà froid.

Cette dernière assertion était au moins très-risquée. Pour vérifier le fait avancé, nous nous rendons

en toute hâte sur les lieux, nous trouvons ouverte
la porte de l'endroit où avait été mis le prisonnier;
mais lui n'y était plus. Profitant de l'oubli et de
l'inexpérience du visiteur, il avait gagné le jardin,
franchi un mur et rejoint, sans y être invité, la
lande où nous nous proposons de le porter le lendemain.

Outre les chiens et le fusil, on peut employer
pour détruire les renards les piéges et le poison, à
l'aide des précautions recommandées par tous les
traités cynégétiques; on en obtient de très-remar-
quables résultats, mais en général il ne faut user
de ces moyens que pendant la saison rigoureuse,
lorsque la terre est profondément gelée ou que la
neige la recouvre.

Nous n'entrerons pas à ce sujet dans des détails
que tout le monde trouvera dans les ouvrages spé-
ciaux.

Nous ne parlerons pas davantage de la chasse
au renard telle que la pratiquent nos voinsis d'outre-
Manche, pour plusieurs motifs : le premier c'est
que nous refusons obstinément le nom de chasse à
ces courses furieuses, échevelées, qui ont pour but
la plupart du temps un malheureux animal dépaysé,
et qui a souvent perdu dans une longue captivité
une partie de ses forces; et enfin nous tenons es-

sentiellement à ne transmettre à nos lecteurs que des renseignements vrais, en leur communiquant seulement le résultat de nos propres observations et de notre longue expérience.

UNE CHASSE AU MOIS DE MAI.

Il me semble voir mes lecteurs sourire en lisant ces mots : *une Chasse au mois de mai,* et se rappeler, avec un soupir de regret, que depuis long-temps à cette époque les fusils sont au repos et les chiens dans l'inaction; quelques-uns même peut-être, effrayés, se demandent si je les prends pour des braconniers.

Rassurez-vous, honnêtes chasseurs, ce n'est pas moi qui vous conduirai le soir au carrefour pour y attendre traîtreusement le lièvre qu'une petite pluie printanière fait sortir des seigles et des avoines, et jamais nous n'irons ensemble nous embusquer derrière une haie pour tromper, à l'aide de la chanterelle ou de l'appeau, les coqs de perdrix que la rage d'amour amène dans les poches ou à portée du fusil.

En pareille occasion, je serais un mauvais guide; et si par hasard des péchés de ce genre laissent dormir ma conscience trop facile, il est certain que

je n'en demanderai pas l'absolution à mes lecteurs ;
j'aurais vraiment peur de trouver chez les uns trop
de sévérité pour la faute, chez d'autres trop d'in-
dulgence pour l'expiation.

Laissons donc le passé, et si nous parlons aujourd'hui des perdrix et des lièvres, ce ne sera que
pour couvrir leur descendance de notre protection,
protection un peu égoïste, il est vrai; mais où est
ici-bas le désintéressement absolu ? Ne le deman-
dons pas aux chasseurs, nous aurions tort, en voici
une preuve.

Un jour, avec un de mes amis, un de ces camarades dont le dévouement ne connaît à l'occasion
ni l'eau ni le feu, je chassais la bécassine; tous
deux d'égale force à ce tir qui nous était familier,
nous abattions en moyenne ordinairement les deux
tiers de celles qui se levaient à portée; or, ce jour-
là, par un guignon incroyable, mon compagnon
tirait tout de travers, tandis que je semblais avoir
hérité de son adresse et de son bonheur habituels.
Devant, derrière, à droite, à gauche, les bécassines
tombaient sous mon feu comme des cailles gras-
ses dans un chaume. J'avais déjà fait trois ou quatre magnifiques coups doubles, et enivré par une
réussite inespérée, j'arpentais hardiment la prairie, sans prêter plus d'attention au dépit de celui

qui m'accompagnait qu'aux abominables fondriè-
res dont le terrain était en maint endroit entre-
coupé. Déjà mes nombreuses victimes commençaient à gonfler le filet de mon carnier, et leurs
long becs soigneusement passés à travers ses mail-
les, lui donnaient une vague ressemblance avec
l'échine d'un porc-épic, lorsque rendu à un des
passages les plus dangereux du marais, je m'enga-
geai sur une planche longue, étroite, mal assujettie,
qui nous servait à le franchir ; à peine avais-je atteint le milieu avec cet aplomb particulier aux
chasseurs heureux, dont le poids de la carnassière
assure le centre de gravité, qu'une bécassine part
sur la rive opposée ; la voir, l'ajuster et l'abattre fut
l'affaire d'une seconde. Un témoin désintéressé eut
certainement applaudi le tireur et l'équilibriste ;
je n'avais pas bronché sur mon frêle appui, quand
mon digne ami, exaspéré par une réussite tellement
insolente, s'écrie :

Le diable t'emporte ! tu n'en manqueras pas
une....

Le diable n'avait pas entendu probablement la
première partie de la phrase, et ce qui est sûr,
c'est que la fin se perdit pour moi au milieu du
bruit que je fis en plongeant dans l'affreux bour-
bier, car mon camarade avait accompagné ses pa-

roles d'un imprudent coup de pied et fait chavirer mon support.

Bientôt, étendu à plat ventre sur la planche à demi couverte par la boue noire et liquide, et au risque de s'enfoncer lui-même dans la fondrière, il réussissait, non sans peine, à m'arracher à une complète submersion; c'était généreux de sa part; néanmoins, il l'eût été autant, à mon avis, de voir mes succès avec moins de jalousie, et surtout de ne pas en interrompre le cours d'une aussi sotte manière. Que voulez-vous? pour être chasseur on n'est pas parfait.

Nos exploits aujourd'hui ne doivent exciter qu'une louable émulation entre leurs auteurs, et la reconnaissance de tous pour ceux qui auront le mieux contribué à les accomplir; car il s'agit de protéger le gibier contre ses ennemis naturels, ce que négligent trop souvent en France les petits propriétaires, quoique le plus grand nombre d'entre eux n'ait pas de gardes particuliers à qui confier ce soin : aussi voit-on pulluler dans beaucoup de contrées les animaux destructeurs et les oiseaux de rapine.

La chasse ouverte, on ne s'occupe que de leur faire concurrence, et quand elle est close, on les laisse en paix continuer l'œuvre de destruction, à laquelle ne travaillent plus les vrais chasseurs.

Je ne me suis jamais exagéré, comme le font certaines personnes, les dommages que nous causent les carnassiers et les oiseaux de proie, parce que dans bien des contrées, pour ainsi dire vierges, où l'homme n'exerçait que rarement sa puissance destructive, j'ai toujours vu en grand nombre les êtres les plus inoffensifs croître et multiplier malgré les attaques incessantes de leurs ennemis, ce qui m'a persuadé qu'une loi de nature défend à une espèce d'en absorber une autre complétement, et fournit à toutes les moyens de se maintenir dans de certaines proportions que l'homme seul, grâce à son intelligence, a le pouvoir de troubler.

Malgré tout, lorsque je vivais à la campagne, je faisais une guerre acharnée aux pirates de nos champs. J'avais à cette époque l'honneur d'être maire de la petite commune rurale sur laquelle était située ma propriété, et vous croirez sans peine que les soucis administratifs empiétaient peu sur mes loisirs, si je vous dis que l'unité territoriale confiée à mes soins ne comptait que trois cents habitants; néanmoins, faute de mieux, j'avais une certaine importance relative, puisqu'un de mes collègues, maire d'une commune voisine de la mienne, ayant un jour reçu pour le remplir un tableau de statistique où figurait la question suivante :

Combien d'âmes, dans la commune de L....? put répondre en toute sincérité : « *Soixante-trois, dont quatre au lit* (1). » Laissons entre les mains d'un disciple d'Esculape ces pauvres âmes alitées, et entrons enfin dans notre sujet.

Sur notre demande, le préfet du département nous a gracieusement octroyé la permission de faire quelques chasses aux renards avec nos chiens courants et le fusil; pour qu'elles soient heureuses, nous avons pris toutes les précautions usitées en pareille circonstance.

D'abord deux hommes connaissant bien les lieux sont partis à minuit afin de boucher, avec soin, les terriers dans la contrée que nous devons parcourir; de plus, une demi-douzaine de gamins, avertis à l'avance, iront au jour se poster à l'entrée des cavernes situées dans les rochers, et qu'il serait impossible de fermer, afin de faire reculer ceux des renards qui seraient tentés d'y chercher un abri.

Pour en finir avec les préliminaires, nous aussi, depuis quelque temps, avons usé d'un moyen certain de prévenir tous mécomptes, et nous ne saurions trop en recommander l'emploi à ceux à même de s'en servir; voici en quoi il consiste :

(1) Historique.

Durant une semaine avant la chasse, tous les matins, nous sommes allé, avec un chien de renards, très-sûr et tenu au trait, reconnaître les rentrées ordinaires, de manière à ce que nos chiens, foulant le bois à la billebaude, ne prennent pas une voie de lièvre, ce qui nous exposerait à une perte de temps précieux à cette époque, où la chaleur contraint souvent d'abandonner la campagne de bonne heure.

Maintenant, entrez une minute dans ma salle à manger, où se trouvent réunis les amis conviés à la fête, et vous aurez une idée de l'assurance un peu prétentieuse, peut-être, mais néanmoins permise à celui qui a su mettre toutes les chances de son côté.

Le déjeuner matinal tire sur sa fin, déjà quelques-uns ont quitté la table pour boucler leurs guêtres, charger leurs fusils, allumer une pipe, un cigare, et ce faisant, on rit, on chante, on crie, on échange de joyeux propos; pourtant, dans l'esprit de plusieurs subsiste encore le doute de savoir si nous aurons la bonne fortune de lancer un renard dès le début.

J'ai beau les rassurer, répondre de tout, je ne puis dissiper certaines incertitudes; il faudrait motiver ma confiance, ce que je ne veux pas faire; aussi un de mes cousins, brave garçon prématurément enlevé à l'affection de tous ceux qui l'on connu, et dont, malgré les années écoulées, je déplore souvent·la perte, ne cesse de me dire :

— Ah! mon cher Henry, vous serez toujours absolu.

— Certainement, tant que je croirai avoir raison.

— Eh bien! puisque vous êtes si sûr de votre fait, voulez-vous tenir un pari?

— Lequel?

— Le voilà. Je ne dis pas que nous ne lancerons pas un renard; mais je gage que nous aurons été avant obligés de rompre les chiens sur un lièvre; et je propose pour enjeu une dinde truffée qui sera mangée à la prochaine Saint-Hubert, chez celui de nous qui aura perdu; acceptez-vous?

— Oui, à une condition.

— Tout ce que vous voudrez; mais pas de faux fuyants; précisons, précisons.....

— Certainement, plus même que vous ne vous y attendez, mon cher Jules; je prends en sortant la direction de la chasse, n'est-ce pas?

— Oui! oui! s'écrièrent ceux qui nous écoutaient; vous connaissez le pays mieux que nous.

— Dès lors, messieurs, voici le pari que je propose à mon tour : il est cinq heures moins un quart, nous sommes prêts à partir; à cinq heures et demie nous serons arrivés aux bois des Augers. Eh bien!

si à cinq heures trente-cinq minutes nous n'avons pas un renard debout, je payerai la dinde truffée. Qu'en dites-vous, Jules?

— Incroyable! mirobolant! Ce que je dis, c'est que les amis peuvent être assurés de fêter chez vous la Saint-Hubert et la dinde truffée; j'accepte.

— Nous verrons; en attendant, que chacun fasse coupler ses chiens, le reste me regarde.

Cinq heures sonnaient comme nous sortions de la cour. Les fouets avaient fort à faire pour comprimer l'impatience de nos trente chiens, couplés et hardés. Un seul, mon Figaro, était libre et trottait gaiement à mes côtés, sans pressentir l'importance du rôle que j'allais lui confier; à lui était réservé l'honneur de livrer la voie à notre meute, et il y avait quatre-vingt-dix-neuf chances sur cent pour que ce fût celle d'un renard, puisqu'il refusait presque toujours de prendre sur une autre.

Néanmoins les hasards de la chasse sont si bizarres que je ne suis pas sans quelque inquiétude, non à cause du pari, le plaisir que j'éprouverais à en offrir le prix à mes bons amis compenserait largement le dépit passager que me ferait éprouver sa perte; mais mon amour-propre est en jeu, et pensez aux plaisanteries qui m'attendent, si par malheur je fais découpler sur un lièvre. Enfin, *audaces fortuna juvat.*

Les bois où nous nous rendions couvrent en partie les communes de Marignac, de Saint-Grégoire-d'Ardenne, de Fleac et d'Avy. Le massif qu'ils forment s'étend, presque sans interruption, sur une longueur de quatorze à quinze kilomètres, et une largeur qui varie entre quatre et six; une seule petite plaine, d'une centaine d'hectares, enclavée dans les taillis, coupe leur continuité. Elle se termine au nord par un profond ravin, que limite un coteau couvert de genêts, d'ajoncs et de buissons de houx mêlés de genévriers. Je veux attaquer à l'angle du bois que forme la ravine sur le bord de la plaine; là, Figaro m'a depuis huit jours indiqué, chaque fois que je suis venu, la rentrée d'un renard que je me suis bien gardé de déranger, dans le fourré; mais la proximité de la petite plaine fait que cette lisière est à peu près le seul point au milieu de ces bois où l'on rencontre fréquemment aussi des lièvres, de sorte que tout en cheminant, et tandis que mes amis comptent les minutes qui nous séparent du lancer promis pour cinq heures et demie, je sens presque malgré moi ma confiance vaciller, et je prends la résolution de ne plus pronostiquer désormais d'une manière aussi absolue.

Je ne sais si ma contenance trahit mes doutes, mais plusieurs de ceux qui me suivent ne se gênent pas pour formuler quelques plaisanteries qui m'agacent les nerfs ; tout juste si j'ai la force d'en rire.

Je viens de tirer ma montre : il est bientôt cinq heures et demie. Je vois déjà sur la bordure le baliveau au pied duquel le renard fait sa rentrée. Je n'ai pas seul reconnu les lieux, et pour retenir Figaro, qui veut gagner de l'avant, je suis obligé de passer dans la boucle de son collier la mèche de mon fouet, tout en avertissant mes compagnons de s'apprêter à découpler les chiens.

Je suis rendu... Ah! quelle chance! Je dois avoir gagné, mon amour-propre de chasseur sortira sauf de l'épreuve. Figaro, le nez dans la coulée, tire tellement sur le trait que j'ai de la peine à le défaire ; sa queue me fouette les jambes, de petits gémissements s'échappent en sifflant de sa gorge, que comprime le collier sur lequel il pèse.

Bellement! donc, Figaro, bellement! Enfin, il est libre : *Là'ha!* mon Figaro; *là!*..... Il a disparu dans le fort sans rien dire ; mais presque aussitôt j'entends un coup de voix, puis deux autres rapidement répétés. Plus de doute, notre renard est là, mon bon petit chien *cogne* sans discontinuer.

Au coute ! A Figaro, *au coute !* mes toutous! nos

trente chiens ont promptement rallié : leurs voix éclatent à la fois avec un ensemble magnifique. Pendant que les briquets redoublent leurs notes claires et retentissantes, une douzaine de beaux élèves, issus du plus pur sang de Saintonge, poussent en chœur des hurlements sonores prolongés, qui emplissent l'air comme les sons majestueux que jette dans l'espace le bourdon d'une cathédrale.

C'est vraiment pitié qu'un aussi splendide concert ne salue que le lancer d'un mangeur de poules, car il serait digne de porter l'effroi au cœur d'un dix-cors, le roi de nos forêts; mais, vous savez : faute de mieux on. . . . .

Quel beau départ! tous ceux qui en sont témoins m'entourent, me complimentent pendant que je leur fais voir, montre en main, combien j'ai scrupuleusement tenu ma parole; il est juste cinq heures trente-cinq minutes.

Quelques voix inquiètes murmurent bien encore : « Mais est-il certain que ce soit un renard? » Une chienne griffonne, qui ne le chasse jamais, et que j'ai eu soin d'amener, répond pour moi; sortie du fourré au même instant, elle vient la queue basse, l'air piteux et en secouant ses longues oreilles, se ranger près de nous. A sa vue, les applaudissements en-

20.

thousiastes redoublent avec un ensemble qui effa-
rouche ma modestie; pour leur faire diversion, je
m'empresse de crier à celui qui a perdu la ga-
geure, tandis qu'il s'éloigne en rejoignant la chasse.

— Eh! eh! J..... vous ferez comme moi, j'espère,
les choses grandement; pas de fades produits du
pays, des truffes du Périgord, mon cher, vous y
penserez.

LE CHASSEUR FAUBOURIEN.

————

Avant tout, passez sur le néologisme, et soyez aussi indulgent pour moi que pour certains de mes confrères qui s'en permettent, ma foi, bien d'autres.

Je ne mettrai pas de nom au bas du portrait, si portrait il y a; plus discret même qu'un livret de musée, je ne donnerai seulement pas une initiale.

Appelez-le comme vous voudrez, Pierre, Paul, etc., que m'importe; ce que je désire, c'est que quelques-uns, en me lisant, se répètent ce que disait Arnal dans je ne sais plus quelle pièce : Voilà une tête que j'ai vue sur les épaules de quelqu'un. Ce n'est pourtant pas par la tête que se distingue celui dont il est question; la plupart du temps en effet il est blond, brun, ou châtain, absolument comme le commun des martyrs.

Le seul trait distinctif de sa personne, qu'elle soit longue ou courte, c'est d'être toujours sèche, taillée en cheval de course qui sort de l'entraînement.

Pour le trouver, sans chercher longtemps, n'allez pas à l'extrémité de la ville en partant du centre;

faites le contraire, entrez de suite dans la cité du côté de la campagne. Avez-vous dépassé le poteau sur lequel figure invariablement ce charitable avis : La mendicité est interdite dans la ville de X? Alors voici l'octroi, qui donnerait presque envie de jeter par terre l'écriteau dont je parlais tout à l'heure ; attention ! Maintenant, notre homme n'est pas loin.

Halte ! tenez, voyez-vous cette porte au-dessus de laquelle le vent berce un paquet de chandelles de six, en bois de chêne, et un pain de sucre en bois blanc ? eh bien il demeure là ; c'est un épicier, dites-vous : erreur, sa femme est une épicière, d'accord ; mais lui, demandez ce qu'il est à ce beau braque, vrai modèle d'ostéologie, qu'on aperçoit au seuil de la boutique. Lui , c'est notre chasseur faubourien, le plus âpre destructeur de gibier qui se puisse inventer ; lui, c'est le braconnier patenté, et si on n'y met ordre, bientôt passeront par ses mains le dernier lièvre et la dernière perdrix de la contrée.

— Eh bien ! alors....

Je vous vois venir ; vous croyez que notre homme, forcé désormais de demeurer au port d'arme, sera le premier puni ; encore une erreur. Sachez donc que si le gibier ne peut pas tenir à côté de lui, lui ne peut pas plus vivre sans gibier que le poisson dans l'eau sans nager ; il quittera le pays. Parbleu ! il changera de commune, de canton, d'arrondissement, de département s'il le faut. Il ira à l'autre bout de la France, que lui importe? Sa femme, là-bas comme ici, vendra toujours bien pour trois cents francs par an de cassonnade et de savon, ce qu'il lui faut, ce qui lui est indispensable ce sont des champs, des bois, des vignes, des prés à dépeupler, et Dieu sait s'il s'y entend.

Comme tireur j'ai pu connaître son égal, je n'ai jamais trouvé son maître. Joignez à cela un œil de faucon, un jarret de loup, une oreille de renard, et des ruses qui ne sont qu'à lui.

Quand à ces avantages physiques vous aurez ajouté un esprit d'observation que pourrait envier un Indien des déserts de l'Amérique, une patience à toute épreuve, et un calme, un sang-froid qui ne se démentent jamais, vous pourrez me croire si je vous dis que ce n'est pas là un chasseur, mais une vraie machine à tuer. Qu'une perdrix s'envole, qu'un lièvre déboule; en partant ils ont touché la détente des ressorts, et ce sont toujours autant de bêtes mortes.

Il ne vit à proprement parler que durant les cinq ou six mois pendant lesquels la chasse est ouverte, le reste du temps se passe pour lui à l'état de léthargie.

Peut-être un jour de printemps le verrez-vous assis sur le parapet du pont qui relie le faubourg à la
ville, et tenant en main une longue ligne volante ;
oh ! alors ne croyez pas que c'est lui, ce n'est que
son ombre ; mais que parmi les hautes herbes de la
prairie, baignée par la rivière, une caille fasse entendre son joyeux *paye les dettes*, ou que sur les
coteaux voisins s'élève l'appel retentissant d'un coq
de perdrix rouge, à ce moment seul je vous permets
de le reconnaître. Alors le sang monte à ses joues,
son œil s'allume, ses narines se dilatent. Le poisson peut mordre à l'hameçon, faire disparaître
sous l'eau la *flotte* de la ligne, en faire plier le *scion*,
à le briser, il n'est plus à la pêche, il compte les
jours qui le séparent de l'ouverture.

Nul plus que lui ne semble pourtant attendre cette
heure bénie avec indifférence. La veille, le soir, au
café ses voisins lui disent en riant :

— Eh bien ! c'est donc demain le grand jour.....

— Quel jour ? répond-il froidement.

— Comment ! quel jour ? mais l'ouverture de la
chasse... La terre sera-t-elle bonne ? trouvera-
t-on du gibier ?... Il tourne le dos et laisse les bavards.....

Chez lui, même semblant d'indifférence, seulement, avant de se coucher il donne un coup d'œil à

son chien, qui dort au fond d'une barrique lui servant de niche.

Le lendemain, à quelle heure est-il sorti ? Le diable et lui seul le savent. Les plus matineux du quartier ne l'ont point vu, et les campagnards partis avant l'aurore pour se rendre au marché de la ville ne l'ont certainement pas rencontré sur leur route : toutefois, dès l'aube ces derniers entendant sur la lisière des bois des coups de fusil se sont répétés :

— Allons, bon ! en voilà qui commencent de bonne heure, ils tirent à la lune, c'est sûr... Ah ! les enragés bourgeois !! et les braves gens nomment messieurs tels et tels, qui en ce moment encore au lit rêvent aux plaisirs de la journée, tandis que celui qui nous occupe inaugure le massacre des innocents.

Son plus grand mérite aujourd'hui ne sera pas tant d'avoir tué beaucoup de gibier que d'avoir su partout aux alentours de la ville devancer les autres chasseurs, qui n'auront, à leur grande surprise, fait que glaner où l'on avait déjà moissonné.

Il aura bien par-ci par-là vu quelques avis portant ces mots : *Chasse réservée*, et qui auront dérangé sa course ; malheureusement, son chien ne sait pas lire, et, passant outre, est allé comme un furieux courir, galopper, fourrager en tous sens les enclos où, sur la foi de l'étiquette, de belles compagnies de perdreaux picoraient en paix. Disséminées alors sur des terres communes, les familles imprudentes reçoivent une leçon dont ne sauraient profiter plus d'un de leurs membres.

A propos du chien, je ne répéterai pas cette phrase banale : Il ne lui manque que la parole ; seulement je crois en vérité que si la nature lui avait un peu plus allongé les doigts et délié la patte, on le verrait un jour parler avec son maître le langage des sourds-muets ; mais, faute de pouvoir s'entendre à l'aide de l'ingénieuse méthode professée par les successeurs de l'abbé de l'Épée, ils n'en vivent pas moins toujours en intime communauté d'idées ; il leur suffit d'un regard pour se comprendre. Le chien lève les yeux, le maître abaisse les siens, tout est dit ; mais jamais de ces cris à faire débouler un lièvre à un kilomètre, ou de ces gestes à rendre jaloux défunt télégraphe s'il ressuscitait, ce que semble affectionner tant de chasseurs. On dirait que le chien a compris et adopté pour devise les paroles suivantes, souvent répétées par son maître : Qui ne voit rien ne dit rien. Or, il est certain que l'un et l'autre pourraient très-bien parfois ne pas gagner à être vus. Si on en croit la voix publique, la nature aurait départi au chasseur faubourien et à son auxiliaire des instincts de chasse tellement variés que le premier ne risquerait jamais de rentrer sa carnassière vide, tout leur étant bon pour la remplir. Je ne dirai pas ce que ces propos ont de fondé ; mais j'affirme que les paysans se défient autant de l'homme quand il rôde près des clôtures de leurs jardins, que du chien lorsqu'ils l'aperçoivent flânant à l'entour de leurs poules, de leurs canards.

Toutefois, comme ce genre de chasse sort complétement de notre spécialité, nous ne nous en occuperons pas plus longtemps, pour suivre le chasseur en question, mais poursuivant un gibier de bon aloi.

A l'époque où les lièvres et perdrix, rendus rares par les attaques répétées dont ils ont été l'objet, devraient trouver grâce devant leur persécuteur et être réservés pour la reproduction, lui n'en continue pas moins à leur faire une guerre acharnée et trop souvent heureuse , grâce à son inépuisable opiniâtreté.

Un soir, comme nous revenions de chasser la bécasse au bois, en traversant une petite plaine, nous longions une épaisse haie double, plantée sur les deux bords d'un profond fossé. Tout à coup notre bonne chienne, qui, fatiguée et indifférente, nous précédait de quelques pas, lève le nez vers les broussailles, s'étend et forme un magnifique arrêt.

Notre première pensée fut qu'un lièvre dérangé
pendant le jour était venu là chercher un abri mo-
mentané. Laissant aussitôt la chienne à l'arrêt, nous
nous hâtons de passer de l'autre côté de la haie avec
l'espérance de voir sortir le lièvre ; mais c'est en
vain que nous jetons dans le fossé des pierres et des
mottes de terre, rien ne bouge. Impatientés, nous
faisons forcer l'arrêt à notre chienne, qui ressort
bientôt des buissons, tenant dans sa gueule un magnifique coq de perdrix rouge tout en vie. Puis, tandis
que nous le mettions avec précaution dans notre carnier, sans comprendre pourquoi un oiseau aussi
fort s'était laissé saisir, apparaît près de nous un
grand estafier de notre connaissance, appartenant à
la classe des chasseurs dont nous parlons.

— Ah ! ah ! nous dit-il, — en voyant les secousses
imprimées au filet de notre carnassière par les mouvements de l'oiseau que nous venions d'y renfermer,
— il ne vous a pas donné beaucoup de peine celui-là.

— C'est vrai, ma chienne me l'a rapporté sans que
je l'aie tiré, je n'y comprends rien.

— Ce n'est pas étonnant, je venais de lui faire faire
son dixième vol.....

On s'imaginera sans peine, maintenant, la puissance destructive d'un homme capable de forcer, à
la fin de novembre, un vieux coq de perdrix rouge.

Pour exercer avec une pareille âpreté le métier de massacreur a-t-il au moins quelques excuses légitimes?

Cède-t-il presque malgré lui à la passion de la chasse? Peut-il invoquer l'enivrement du plaisir? Est-il enfin un chasseur dans toute l'acception du mot? Non certainement, il n'est qu'un tueur, à qui tous les moyens sont bons.

Le plus beau coup de fusil selon lui est celui qui fait le plus de victimes, et lorsqu'après une heure d'attente au coin d'une haie, il aura couché dans la poussière des sillons la moitié d'une compagnie de perdreaux groupés autour de la mère, il éprouvera plus de plaisir qu'à faire un brillant coup double.

Son triomphe est le lièvre au gîte; vous pouvez être certain que sur dix il en assassine au moins sept. Pas n'est besoin qu'ils soient dans les guérets, où avec un peu d'habitude tout le monde peut les distinguer; ses yeux de lynx les découvrent dans les ronciers, sous les ajoncs, au milieu des cépées. Bref, auprès de notre homme, le renard, la fouine, le putois, la belette ne sont que des innocents, et quand j'étais propriétaire, je redoutais bien moins leurs déprédations que le voisinage d'un des forbans dont je parle. Ah! voilà bien le chasseur, diront à coup sûr quelques-uns de mes lecteurs; jaloux! jaloux! toujours jaloux. Mais non, non, mille fois non ; mes plaintes ne sont pas l'expression d'une envieuse jalousie. Seulement je vais terminer ce bavardage, déjà trop long, en faisant part à mes lecteurs, que je crois tous chasseurs honnêtes, d'une réflexion à laquelle je trouve un côté assez inquiétant.

La chasse est encore aujourd'hui considérée comme un plaisir que peuvent se donner toutes les personnes que n'atteignent pas les motifs d'exclusions prévus par les paragraphes de l'article 7 de la première section de la loi de 1844.

Toutefois, supposons qu'en présence des profits que peuvent en tirer ceux qui en font une affaire, les propriétaires du sol viennent à se dire :

« Mais ce gibier, source de bénéfice, naît, croît et
« se multiplie sur nos terres ; dès lors pourquoi ne
« serait-il pas considéré comme un des autres pro-
« duits du sol, auxquels nul que le propriétaire n'a
« le droit de toucher ?..... »

RETOUR DES OISEAUX DE PASSAGE.

La chasse dont je vais parler était, dans quelques-
uns de nos départements du littoral de l'Océan, il y
a une quinzaine d'années une source de plaisirs
d'autant plus vifs qu'ils venaient clore la saison cy-
négétique. Souvent, quoiqu'il fût encore licite de
courir la plaine et les bois avec le chien d'arrêt ou
les chiens courants, il m'est arrivé de laisser les uns
au chenil, l'autre au coin de la cheminée de ma
cuisine, pour aller patauger dans la prairie des journées entières en quête des oiseaux de passage qu'un
hiver tardif retenait au pays.

Elle était si bien peuplée, cette belle prairie, quand
le vent du nord, durant le mois de février, semblait
renvoyer le printemps aux calendes grecques, surtout lorsque la froidure succédait à des pluies qui
avaient un peu fait déborder la rivière. En pareilles
circonstances, l'embarras gisait uniquement dans le
choix du gibier à tirer, du plomb à prendre, du fusil
à emporter; pour trancher la question, d'ordinaire

je tirais tout ce qui s'offrait à mes coups, me mettais en campagne chargé de munitions variées et d'un arsenal complet, c'est-à-dire de trois fusils.

Un d'eux, une bonne canardière de cinq pieds de canon, était destiné aux bandes innombrables de vanneaux, de pluviers, presque inabordables en terrain découvert, à moins d'un temps très-favorable, tel qu'un coup de vent ou une brume épaisse. Je le déposais habituellement le long d'un arbre, dans un buisson, jusqu'à ce que le besoin de m'en servir se présentât : les deux autres étaient, l'un un bon fusil ordinaire d'un fort calibre ; l'autre, l'intermédiaire, avait quarante-cinq pouces de canon et était mon arme favorite dès qu'il s'agissait de tirer au vol une pièce isolée. Ces deux derniers me quittaient rarement. J'en avais presque toujours un en main et l'autre sur l'épaule.

Joignez maintenant à cela une paire de longues bottes imperméables, deux bateaux destinés à me faire, sur différents points, traverser la rivière ; enfin, pour finir, une vache artificielle, et vous croirez sans peine que, grâce à de pareils moyens d'action, j'obtenais quelquefois de magnifiques résultats.

Vous ne vous feriez pourtant pas encore une idée précise de tout ce qu'ils avaient de varié, si je n'ajoutais que, pour complément, j'avais presque toujours un grand épervier de quinze à vingt mètres de circonférence dans un de mes bateaux. M'arrivait-il, en longeant la rivière, de voir dans ses eaux troubles un remous où je supposais le poisson rassemblé à l'abri de forts courants, je déposais les armes à feu, et de chasseur je devenais pêcheur pendant quelques minutes.

Toutefois, comme ce n'est pas le moment de s'occuper de ces intermèdes, revenons à nos oiseaux de passage.

Par un mois de févier, dans le genre de celui dont vient de nous gratifier l'année 1868, la chasse commençait au point du jour, dès qu'il était permis de pouvoir distinguer sur les cours d'eau un canard d'un paquet de jonc; parfois même plus tôt, puisque je dois avouer, en toute humilité, que j'ai sur la conscience quelques paquets de joncs. Enfin, heureuse ou malheureuse, l'inspection des bords de la rivière terminée, au lever du soleil, très-souvent, de nombreux passages de palombes venaient s'abattre en masses pressées à la cime de hauts peupliers de la Caroline qui bordaient la prairie, et il fallait être à l'affût avant leur arrivée. Si, par une faveur du hasard, le vol s'appuyait à portée, deux coups lâchés à la fois faisaient dégringoler au moins cinq ou six de ces magnifiques oiseaux; dans le cas contraire, toute tentative pour les approcher étant inutile, le mieux était de prendre son parti, comme le renard devant les raisins de la treille, puis de se rabattre vers les grives de la saison, — les roselles ou mauvis, — qui couvraient les buissons voisins.

Je ne veux pourtant pas quitter les palombes sans raconter un des bons tours que je leur ai joués : son souvenir rend moins amère à ma mémoire la pensée des heures bien longues qu'elles m'ont si souvent fait passer dans une vaine attente.

Autant qu'il m'en souvienne, le fait remonte au carême de 1845 ; j'avais fait élaguer des frênes bordant la rivière, les fagots provenant de leurs branches étaient en piles sur une rive, et lorsque je descendais avec mon fusil dans la prairie, ils me servaient d'abri pour jeter aux alentours, sans être vu, un coup d'œil scrutateur. Étant une après-midi à mon observatoire, j'aperçois onze belles palombes qui longeaient la rive opposée, piquant de l'herbe fraîche sur le bord de l'eau ; elles venaient vers moi, mais toutes à la suite les unes des autres, de sorte qu'il ne m'eût guère été possible d'en tuer plus de deux ou trois. Heureusement qu'en suivant, ainsi qu'elles le faisaient, la rivière, elles devaient arriver une quinzaine de pas plus haut, à une flaque d'eau infranchissable ; bien certain de ne pas être découvert, je les attendais là, mon fusil à l'épaule, le doigt sur la détente.

Rendues à la coupure de la prairie, les premières s'arrêtent, les autres arrivent, se mêlent, le groupe est compacte, on dirait onze poules sous une geôle; mon coup part, et une forte charge de plomb n° 3 couche mortes ou mourantes neuf palombes sur la plage. Qui de onze ôte neuf, voyez ce qu'il en resta : tout juste assez pour parler du malheur arrivé à la famille.

Sans sortir de la prairie, revenons maintenant à ses autres habitants passagers. A peine le soleil paraît-il au-dessus de l'horizon, que de toutes parts arrivent des bandes de vanneaux, de pluviers, de courlis de mer, qui ont passé la nuit disséminés dans la plaine, et qui viennent dans les pâtis humides chercher une nourriture abondante et facile. Que ne donneriez-vous pas pour vous trouver à portée de leurs troupes, qui couvrent des arpents de terrain; mais le moyen d'y arriver? Nous en causerons tout à l'heure; en attendant, regardez là-bas; ne voyez-vous pas,

> . . . . Allant je ne sais où,
> Un héron au long bec, emmanché d'un long cou.

Quand je vous disais que la prairie était bien peuplée; mais, puisque en ce moment notre bel échassier attire toute votre attention et excite surtout votre convoitise, je vais vous livrer un moyen à peu près infaillible de vous procurer, sinon celui-là, du moins un de ses pareils, et vous remarquerez que le procédé vous servira peut-être à surprendre nos vanneaux, nos pluviers, qui s'obstinent à demeurer loin des buissons, qui pourraient favoriser votre marche.

Tout le monde des chasseurs à la sauvagine a entendu parler de la vache artificielle, de la hutte ambulante, de la barrique enfoncée au milieu des terrains humides, et dans laquelle on se blottit pour attendre le gibier au passage ou à la reposée. Certainement, au temps dont je parle, il arrivait à mes amis et à moi d'obtenir de beaux succès à l'aide de ces perfides moyens; mais que de fois je les ai vus échouer, tandis que mon arbre artificiel, bien manœuvré, ne m'a que très-rarement procuré de déceptions.

Parmi les nombreux affûts que j'avais disséminés sur les bords de la rivière, tous plus ou moins industrieusement construits, celui pour lequel j'avais une prédilection marquée était un vieux saule entièrement creux à l'intérieur et dont l'écorce seule laissait encore pousser de maigres jets.

Il ne m'avait pas été difficile de l'approprier à l'usage que j'en voulais faire : quelques coups de hache avaient élargi une gerçure pour permettre un accès facile au cœur de la place, puis des meurtrières pratiquées sur les trois quarts de la circonférence laissaient découvrir tout le gibier qui se posait aux environs, et dont la défiance était si peu éveillée, qu'il m'est arrivé maintes fois de ne pouvoir faire feu, parce que les canards défilaient à la lettre au pied de mon arbre, et que mon feu ne pouvait les atteindre qu'à une quinzaine de pas, faute d'être tout à fait plongeant.

Mais il m'arrivait souvent de voir ceux que j'attendais s'appuyer trop loin, et c'est ce qui me donna un jour l'idée de mobiliser mon affût afin d'aller au-devant d'eux.

Pour cela, je fis complétement scier mon arbre au raz de terre, puis l'écorce levée par bandes longitudinales bien aminciesfut clouée sur trois cercles légers, laissant intérieurement un vide proportionné à ma taille, assez exiguë; une des bandes, assujettie avec de simples charnières en cuir et un crochet, servait de porte; le dessus était garni de brindilles très-naturellement posées; quelques légères branches se profilaient également à l'entour de la tête de mon arbre, et parmi elles se trouvait placée l'ouverture destinée au fusil.

Tout étant terminé, restait encore le doute de

savoir si mon arbre, seul, isolé, ne serait pas tenu en suspicion par les oiseaux de passage, surtout lors de leur retour; car à cette époque leur instinct, éveillé, surexcité par tous les piéges qu'ils ont appris à connaître dans le courant de l'hiver, rend leur sauvagerie plus grande que jamais.

Je résolus, afin de m'en assurer, de tenter dès le lendemain une expérience décisive.

Un beau héron cendré, — *ardea cinerea*, — fréquentait depuis plusieurs jours les rives du cours d'eau traversant la prairie. Tous les matins il arrivait au soleil levant à l'endroit le plus découvert, et y guettait, les pattes dans l'eau, les petits brochets qui en cette saison frayaient parmi les herbes au bord de la rivière.

Me voilà donc dès l'aube installé dans ma guérite sur son parcours habituel; une demi-heure plus tard, mon échassier s'appuyait sans façons à sa place ordinaire, et, après avoir jeté autour de lui un regard interrogateur, commençait sa promenade en s'avançant de mon côté; déjà je pouvais bien augurer de ma tentative sans trop de présomption; cependant le dénouement tardait singulièrement, car le héron, après avoir saisi deux ou trois poissons, était monté sur une motte de terre, et, une patte levée, la tête dans ses épaules, paraissait se livrer sans aucun souci au *far niente* de la digestion, à cent mètres de moi à peu près. Je commençais à me lasser de la partie, que je savais mon partenaire capable de faire durer une heure : mon arbre en reprendra racine ici, — me disais-je, — risquons le tout pour le tout, et tentons d'aller à lui...............

Aussitôt pensé, aussitôt fait, et, à pas imperceptibles, je fais glisser sur le sol mon enveloppe végétale. Oh! douce surprise! est-ce l'étonnement que lui cause un arbre qui déménage? ou plutôt n'a-t-il rien remarqué? Le héron recommence, lui aussi, à diminuer la distance qui nous sépare en faisant lentement de longues enjambées.

Je m'arrête, et à l'instant où il vient de saisir un brochet qui frétille dans son bec, je lui envoie avec mon long fusil à deux coups une charge de plomb n° zéro, dont un grain lui casse une aile.

A partir de cette expérience, bien concluante, je reléguai dans un coin du grenier la vache artificielle. Je ne crois pas en effet qu'il existe de moyen plus sûr pour surprendre les oiseaux les plus sauvages que l'arbre mobile. Son emploi, néanmoins, exige certaines précautions sans lesquelles le succès peut faire défaut. Voici les deux principales :

D'abord le canon du fusil passé parmi les quelques branches conservées doit, au moyen d'un enduit qui lui ôte tout brillant, se confondre parfaitement avec elles.

En second lieu, chaque fois que vous voulez progresser, il ne faut pas que la base de l'arbre soit soulevée au-dessus du sol, ce qui laisserait voir le mouvement de vos jambes, il doit glisser en effleurant la terre ; ce point est capital.

Si vous manœuvrez adroitement et avec patience, vous pouvez en toute occasion, et vis-à-vis de tout gibier, être assuré de la réussite, surtout en ayant le soin de vous trouver sur le terrain avant ceux à qui vous voulez faire la guerre.

En général, une fois le mois de janvier passé, les grandes troupes de palmipèdes, tels que canards, milouins, garots, souchets, sarcelles, etc., etc., s'appuient rarement sur les rivières, les étangs, dans l'intérieur des terres. Aussitôt qu'aux fortes gelées de décembre et janvier a succédé le souffle du vent de la partie du sud, on voit ces oiseaux, réunis en bandes nombreuses et symétriquement alignés, passer à une grande hauteur et se diriger toujours vers les rives de l'Océan, d'où elles comptent bientôt partir pour atteindre les régions boréales.

Cependant il arrive quelquefois que leur migration est retardée par un retour subit et prolongé de la froidure ; dans ce cas, au lieu de prendre leur essòr dans le Nord, les diverses variétés de canards, de plongeons, remontent de nouveau les fleuves, les rivières, et vont se répandre, jusqu'au dégel définitif, dans les lieux qu'ils avaient quittés.

De telles circonstances sont des bonnes fortunes dont profitent avec empressement les chasseurs à la sauvagine; mais si le hasard peut leur livrer encore l'occasion de faire quelques beaux coups de fusil, ils feront bien de ne pas la laisser échapper; car à cette époque les canards n'ont plus les habitudes routinières qui paralysent souvent leurs instincts défiants durant l'hiver.

Leurs vols, peu nombreux, sont sans cesse errants; aujourd'hui ici, demain à l'autre extrémité du département, on dirait qu'ils préludent au voyage de long cours qu'ils vont bientôt entreprendre; tandis que lors de leur première apparition ils affectent fréquemment une régularité d'allures assez étrange chez des oiseaux de passage; en voici un exemple :

Au mois de janvier 1854, une petite famille composée de cinq canards mâles et de deux femelles était venue s'abattre à l'embouchure d'un large fossé versant ses eaux dans la rivière, et situé sur une propriété que j'habitais. Après les avoir suivis du regard durant leurs évolutions avant la pose, il me fut facile de m'approcher à portée, grâce à quelques

buissons, et de faire un beau coup double quand ils
s'enlevèrent tous ensemble. Le lendemain, au même
endroit, à la même heure, encore un coup double
qui réduisit à trois le nombre des survivants, parmi
lesquels restaient les deux femelles, très-reconnais-
sables à quelques plumes blanches que présentaient
leurs ailes. Étant allé le troisième jour chasser la bécasse dans le bois, je ne pus savoir si j'avais seul
manqué au rendez-vous; mais ce que je n'ai pas oublié, c'est que le quatrième jour combla ma bonne
fortune, et deux coups heureux mirent en ma possession les deux canes et le dernier canard. Il ne faut
pas s'attendre à de semblables prévenances de la part
de ces oiseaux, au moment des passages de retour, et
afin de tromper leur expérience et leur sauvagerie,
les procédés les plus ingénieux échouent même
souvent.

C'est dans ces circonstances que l'emploi de l'arbre
mobile m'a été très-avantageux. Avant de continuer,
il faut, à ce propos, que je raconte la risible aventure à laquelle il donna lieu.

C'était le soir du jour où j'avais tué un héron, et,
plein d'espoir après ce début, je m'étais, à la nuit
tombante, embusqué dans mon arbre, que j'avais
porté à la place qu'il avait naturellement longtemps
occupée, c'est-à-dire près de la rivière et le long

d'un fossé où une vingtaine de ses semblables crois-
saient en bordure. Quelque temps avant, un de mes
amis m'avait fait cadeau d'un appeau pour les canards, petit ustensile très-ingénieusement construit,
mais dont une longue pratique peut seule apprendre
à tirer parti ; pour moi, j'en étais encore réduit,
après plus d'un mois d'apprentissage, à en obtenir
les *couacs* d'une clarinette mal embouchée, plutôt
qu'une imitation plus ou moins fidèle de la voix des
palmipèdes.

Qu'importe, je n'en avais pas moins mon appeau
dans ma poche. Le temps était froid, brumeux,
tout-à-fait favorable pour la passe, et déjà j'avais entendu quelques canes crier au loin dans la prairie,
lorsque l'envie me vint de tenter de les imiter : j'em-
bouche mon instrument, le fais parler tant bien que
mal, puis je prête l'oreille, tout en inspectant du
regard les environs de mon affût.

Je ne vois rien ; mais outre les canards, qui élèvent
de plus en plus la voix, il me semble entendre derrière moi craquer les branches, les feuilles mortes
qui couvrent le sol sous des pas qui approchent.

Il n'y a plus de doute ! à la faveur d'un clair rayon
de lune glissant entre deux nuages, je distingue un
individu en ce moment arrêté au pied d'un saule, à
une quinzaine de pas à peu près. Bientôt même je

le reconnais pour un meunier des environs, braconnier enragé; en même temps l'idée me passe par la
tête de m'amuser à ses dépens, chose d'autant plus
facile qu'il était bien loin de me croire aussi près de
lui; je prends mon appeau, et j'en tire quelques sons
étouffés; aussitôt mon homme se baisse, regarde
autour de lui, le long du fossé; évidemment il me
fait l'honneur de me prendre pour un palmipède
quelconque. Pourtant, comme il ne voit rien de la
place qu'il occupe et qu'il est bien sûr d'avoir entendu, il s'approche presque en rampant du bord de
la rivière, dans l'espoir sans doute de découvrir sur
les eaux, à travers les roseaux de la rive, celui dont
les cris ont attiré son attention. Vain espoir, il n'a
rien vu; et commence à descendre la rive en s'éloignant, lorsque je tire de mon appeau deux cris,
mais cette fois nettement articulés. Pour le coup, le
meunier a parfaitement reconnu d'où part enfin la
voix, et, courbé en deux, il se dirige à petits pas vers
l'endroit où le fossé débouche dans la rivière; en
faisant par moments quelques temps d'arrêt pour regarder et écouter; mais il est tellement près de moi,
que je n'ose plus me servir de l'appeau; je lui ménage une autre surprise : profitant d'un instant où il
me tourne le dos, je pousse mon arbre de son côté,
de sorte que lorsque tout à coup le meunier change

la direction de ses pas, il se trouve étrangement surpris en voyant un vieux tronc dont depuis tant d'années il connaît la place, en train de se promener.

Souvent, depuis cette soirée, je me suis fait répéter par cet homme quelle fut l'impression que lui fit éprouver le phénomène, et toujours sa réponse fut la même : — Je crus, me disait-il, être devenu fou. — Le fait est que je le vis d'abord ne témoigner par son attitude, ses gestes, qu'une surprise fort naturelle, tout en cherchant à s'assurer s'il n'était pas dupe d'une illusion; mais lorsqu'il ne lui fut plus permis de conserver un doute, et quand, sous ses yeux, j'eus imprimé à l'arbre quelques mouvements, dont il lui était impossible de comprendre la cause, un sentiment indéfinissable de frayeur s'empara de lui, son fusil s'échappa de ses mains; je l'entendis marmotter quelques paroles incohérentes, puis enfin je le vis s'enfuir en courant comme un fou et disparaître, pendant que je riais aux éclats.

Maintenant, je déclare que la plaisanterie, dans les conditions où elle se produisit vis-à-vis d'un homme de trente à quarante ans, ne pouvait, selon moi, avoir d'autres conséquences qu'une impression passagère, quoique très-vive; mais je n'aurais pas osé soumettre à l'épreuve un enfant ou même un jeune homme.

Tous les chasseurs à la sauvagine connaissent le courlis de mer, *échassier longirostre*, sinon pour en avoir tué, au moins pour avoir prêté l'oreille à leurs cris perçants et variés. Ce bel oiseau, qui presque toute l'année se tient sur les rivages de la mer, arrive par bandes nombreuses dans les grandes prairies, au mois de février et de mars, surtout lorsque le débordement des rivières a ramolli le sol. Son naturel défiant le met en garde contre le chasseur qui s'offre à découvert, et il ne le laisse que bien rarement arriver à portée; mais il ne se défie nullement du buisson naturel ou artificiel, derrière lequel celui-ci s'abrite, et si le chasseur qui le guette a pu se procurer un de ces oiseaux empaillés, il est certain qu'en le plaçant à la portée de son feu il y amènera toutes les bandes qui l'apercevront.

Les mœurs du courlis de mer offrent encore une particularité à laquelle j'ai dû un jour une chasse magnifique : c'est le sentiment instinctif qui leur fait méconnaître le danger, pour se rendre aux cris d'appel de leurs semblables.

Par une matinée brumeuse, j'avais démonté un de ces oiseaux. Quand j'eus, à grand peine, réussi, malgré sa course, à m'en emparer, à ses cris stridents et répétés, toute la bande à laquelle il appartenait, et que j'avais perdue de vue, arriva en lui répondant, et passa et repassa au-dessus de ma tête en poussant de bruyantes clameurs. On eût dit qu'ils allaient tenter de m'enlever leur frère.

On devine alors ce qui arriva : pour avoir les mains libres, je place sous un de mes pieds l'extrémité de l'aile cassée du blessé, et un quart d'heure plus tard, les malheureux courlis, effrayés, renonçaient enfin à la partie, s'enfuyant dispersés, en laissant neuf des leurs sur le champ de bataille.

UNE AVENTURE

D'UN CHASSEUR DE FOURRURES.

UNE AVENTURE

D'UN CHASSEUR DE FOURRURES.

Ce qui suit ne doit rien à l'imagination ; voici dans quelles circonstances j'ai été assez heureux pour entendre le récit que je vais reproduire le plus fidèlement possible, grâce aux notes prises à cette époque.

'Mon camarade André, dont j'ai souvent parlé dans mes précédents écrits, cédant à mes instances réitérées, et pour me mettre en rapport avec deux anciens chasseurs de fourrures, avait bien voulu consentir à m'accompagner au Pueblo de los Angeles. Ceux que je désirais voir venaient d'y arriver avec la caravane partie quelques mois avant de Santa-Fé, au Nouveau-Mexique.

Un d'eux, précisément celui qui sera le narrateur, était personnellement connu de mon ami et avait été longtemps un compagnon de chasse de son père.

Dire que cela eût suffi pour me mériter les bonnes

22

grâces de Tom Carver et de Peter Brotchie, je le croyais si peu, que je n'hésitai pas à appeler à mon aide un panier de champagne, plus une caisse de bordeaux, et, en vérité, je suis persuadé que leur contenu contribua mieux que les instances d'André et les miennes à délier la langue des chasseurs.

Maintenant, écoutez :

Le premier que j'ai nommé s'adresse, ainsi que mon ami et moi, à son camarade. — Le champagne, qui le fait rire comme un fou, chaque fois qu'une nouvelle bouteille pétille, l'a mis dans nos intérêts.

Peter, dit-il, voyons, conte l'affaire avec Bill Turner... Tu sais... sur la rivière Rouge...

Pauvre Bill! reprit de suite et sans se faire prier Peter Brotchie... Pauvre Bill! en avons-nous vu de la misère à cette époque! Mais, malgré cela, je n'ai jamais cru que tout était fini comme au jour que Tom me rappelle, et dire que ça m'est arrivé parce que j'étais entré dans la chambre d'une nouvelle accouchée.

— D'une nouvelle accouchée? dis-je en riant.

— Oui, mais n'allez pas croire que je voulais me faire inviter au baptême, non, ma foi! J'aurais eu trop peur de servir de dragées, comme cela, malgré moi, manqua de m'arriver.

Il y a plus de vingt ans, c'était à l'époque où les

chasseurs de la Compagnie de l'Hudson étaient en
guerre avec ceux du Nord-Ouest. Quelle peine
alors, mon Dieu! ce n'était pas assez des Indiens
toujours sur nos talons; chaque fois que, nous autres
chasseurs libres, nous trouvions un parti d'une des
deux compagnies, il fallait répondre à un tas de
questions : d'où venez-vous? où allez-vous? êtes-
vous pour l'Hudson ou le Nord-Ouest? Et si la langue
fourchait, si vous ne répondiez pas comme ils voulaient, alors il pleuvait des balles. Les blancs vous
envoyaient aux Indiens, les Indiens vous ren-
voyaient aux blancs : il n'y avait plus moyen de
vivre.

Nous nous trouvions donc trois bons camarades,
James Bill, Turner et moi. Nous longions la rive
droite de la rivière Rouge, l'hiver approchait, la
saison de chasse avait été assez heureuse, et notre
intention, pour nous débarrasser de nos fourrures et
nous reposer pendant une partie du mauvais temps,
était de gagner le fort Constant, établi depuis peu,
au delà du lac Winnipeg, sur le bord de la Saskat-
chaonan.

Il fallait nous hâter, nous avions tant usé de munitions qu'il n'en restait aux uns et aux autres que
tout juste pour abattre de temps en temps une pièce
de venaison, quand un soir, au moment de la halte,

Bill s'aperçoit qu'il a oublié sa corne à poudre. —
C'était celle qui en contenait le plus.

— Attendez-moi, nous dit-il, je sais où elle est
restée, au juste... Dans une demi-heure je serai de
retour, et, après avoir déposé ce qu'il portait, il était
déjà loin, retournant sur nos pas.

Pauvre Bill! nous ne devions plus le revoir...

L'endroit où nous allions camper est un des plus
affreux qui se puisse imaginer, tout alentour on ne
voit que rochers perchés les uns sur les autres, dans
toutes les positions.

Pour ceux qui ne connaissent pas ces pays du
Nord, qu'ils se figurent des œufs sur des pains de
sucre, des pains de sucre sur des œufs, le tout de
belle taille. Quelquefois vous croiriez qu'en poussant ces roches vous leur feriez faire la culbute;
mais elles sont solides au poste, et elles restent
debout, représentant des murs, des tables, enfin
tout ce qu'on peut faire à l'aide des pierres, excepté
des maisons.

Peu de jours avant, nous avions eu un engagement avec des Pieds-Noirs; nous en avions tué deux,
et nous espérions avoir trompé les autres par une
fausse route. Néanmoins nous fûmes inquiets, lorsque au bout d'une heure nous vîmes que Bill ne
revenait pas.

Peter, me dit alors James, j'ai peur qu'il soit arrivé malheur à Bill, si nous allions au devant de lui ?

Je le craignais tout autant que James, mais je ne partageais pas son idée, et voilà pourquoi : Bill connaissait la contrée comme pas un, il ne pouvait donc pas s'être égaré ; de plus il avait sa carabine, et nous n'avions pas entendu de détonation, ce qui n'eût pas manqué d'arriver s'il avait été attaqué : ne voulant pas cependant laisser derrière un camarade tel que Bill :

— Reste ici, dis-je à James, je retournerai. Il insista pour partir, et ce fut moi qui demeurai avec nos bagages.

Il n'était pas absent depuis plus de dix minutes, quand j'entendis deux coups de feu, et je reconnus, à n'en pas douter, l'explosion du rifle de James.

Laisser tout là, et voler à son secours, fut, vous le pensez bien, l'affaire d'une seconde ; mais, sans aller loin, je le vis revenir vers moi et je l'entendis me crier :

— Sauve-toi, Peter ! sauve-toi ! les Pieds-Noirs !...

Au même instant, j'aperçois à deux cents pas derrière lui vingt-cinq ou trente Indiens acharnés à sa poursuite.

En pareille circonstance chacun suit son idée

sans demander conseil à son voisin. Je vous ai déjà
dit que nous avions autour de nous une chaîne de
rochers empilés, pêle-mêle, les uns sur autres. Je
pensai de suite que si je pouvais y arriver avant les
Indiens je leur échapperais, une fois la nuit venue.

Me voilà donc courant, comme je le faisais alors;
en plaine, j'aurais rendu un lièvre fou.

Je suis bientôt parmi les pierres; je saute, j'escalade, écoutant déjà les cris de ces démons, dont la
bande s'était divisée; une partie était sur ma trace,
et l'autre suivait James.

Je n'avais pas pensé à tourner la tête ou à regarder
de côté, et devant je n'avais point vu un trou capable de servir d'abri à un écureuil; lorsque je
suis arrêté par une enfilade de roches à pic unies
qui me barrent le chemin. Impossible d'avancer;
pour passer au-delà, il m'aurait fallu des ailes.

Pourtant les Indiens arrivaient; je reprends donc
ma course, en longeant la maudite muraille, mais
quelle course! grand Dieu! des sauts, des bonds à
faire frémir. Enfin, je suis à l'extrémité de la barrière
et tourne de l'autre côté; là, à mes pieds, entre
deux ou trois roches énormes, je vois une étroite
ouverture.

Je regarde au fond, c'était noir comme dans un
four; je lance une pierre, je l'entends rebondir,

frappant à droite et à gauche ; puis plus rien..... Ma foi, le temps pressait..... Je me risque..... et me voilà à descendre comme un ramoneur dans une cheminée, le dos appuyé d'un côté, les genoux de l'autre. Je descends, je descends jusqu'à un bec de rocher qui s'avance et sur lequel je m'arrête en écoutant.

Bien certainement les chiens qui me suivaient ne m'avaient pas vu me fourrer là ; je me disais donc : se douteront-ils que je suis ici, ou croiront-ils que je cours encore ?

Je ne tardai pas à être fixé.

Tandis que je m'adressais la question, j'entends des voix près du bord de la fente ; avançant aussitôt la tête, j'aperçois des ombres qui par moments me cachent la lumière. Sans aucun doute, il leur était impossible de me voir, car, ainsi que je vous l'ai dit, il faisait noir autour de moi à ne pas distinguer les doigts de la main.

Malgré tout, je n'étais pas rassuré, bien persuadé que si les Indiens avaient reconnu ma présence, ils ne manqueraient pas de me jouer quelque tour de leur façon, d'autant plus qu'ils avaient à venger la mort de deux des leurs. Je supposais avec raison que nous devions à leurs camarades d'avoir eu ce parti sur nos traces ; quant à penser qu'ils descendraient comme je l'avais fait, je ne le craignais pas. Malgré leur envie de me peler la tête, aucun d'eux ne devait être assez hardi pour tenter l'aventure; en effet, blanc ou Indien, on est toujours plus brave en défendant sa peau que s'il s'agit d'aller chercher celle d'un autre.

Je demeurais donc tranquille, dans l'attente; lorsque, pour commencer, une grêle de pierres dégringole; ils sondaient le terrain. Malheureusement, une grande partie tombait sur ma tête et mes épaules; je fus encore très-heureux que l'idée ne leur fût pas venue de débuter par d'assez grosses pour m'assommer. Je les reçus donc comme un avertissement de me garer de celles qui pouvaient suivre. Aussitôt, quittant mon siége, je descends, mais bien doucement, je vous jure; il me semblait sans cesse que mes jambes et mon dos allaient manquer de points d'appui, et qui pouvait me dire alors où je serais allé et dans quel état je serais arrivé?..... Pour ce qui était de remonter, l'envie ne m'en venait pas.

J'avais dépassé peut-être de dix à douze pieds la pierre saillante où avait eu lieu ma première halte, et je souhaitais vivement en trouver une seconde, lorsqu'à ma droite je sentis un enfoncement qui me permit de m'asseoir; c'était beaucoup mieux que je n'espérais, car j'étais là dedans comme dans une niche, les jambes seules pendant en dehors.

Vous pensez que je n'étais pas assez niais pour me croire sauvé ; tout ce que j'avais gagné, — et ce n'était point à dédaigner, puisqu'un moment auparavant je pouvais être lapidé sans merci, — c'était du temps ; je n'en demandais pas davantage.

Ma première pensée fut alors pour Bill et James, et, quoique loin de prévoir tout ce qui m'attendait, j'aurais donné bonne chose de les savoir aussi bien portants que moi ; puis je dis merci au bon Dieu, qui m'avait conduit à ce refuge. Une autre réflexion moins gaie me vint à l'esprit, je songeai à nos bagages, à nos fourrures, sans doute perdues à tout jamais. Une pierre énorme, passant à me toucher, changea le cours de mes idées ; à celle-là en succédèrent dix, vingt, trente, je ne sais combien d'autres, dont la moindre, si elle m'eût attrapé, n'aurait pas manqué au moins de m'étourdir ; la pluie dura environ cinq minutes sans discontinuer.

C'était une sottise : mes ennemis devaient en effet supposer que si les premières m'avaient atteint c'en était fait de moi, que dans le cas contraire, les ayant évitées, je me moquerais aussi des autres.

Je les entendais tomber et rebondir au-dessus de ma cache, heurtant le roc en saillie, que j'avais bien fait de quitter et qui maintenant m'abritait, puis elles passaient à m'effleurer. Je sentais leur vent ; mais le bruit qu'elles devaient faire en touchant le fond ne venait pas jusqu'à moi. Où diable allaient-elles ? Impossible de l'imaginer.

Tout cela , vous le voyez, n'était pas trop rusé pour des Indiens ; je m'attendais , d'un moment à l'autre, à beaucoup mieux de leur part. Je ne fus pas trompé.

D'abord m'arrivent des cris bruyants , entremêlés de leur chant de guerre, et aussitôt une vive clarté illumine les parois de la crevasse.

Il n'y avait plus de doute : certains que j'étais là, les démons voulaient m'enfumer comme un ours dans un tronc d'arbre ; toutefois , ce n'était pas encore facile, car la fumée monte toujours, et leur feu était au-dessus de moi ; peut-être cherchaient-ils le moyen de me faire rôtir... Bientôt des branches allumées passent le long de mes jambes ; toutefois, elles ne me touchent pas, et me rendent enfin le service de me laisser voir le fond de mon puits, qui me parut blanc comme neige , mais beaucoup plus bas que le point où je me trouvais.

Ils avaient déjà lancé inutilement plusieurs brandons enflammés, quand, pour le coup, la fumée commença à me prendre à la gorge ; pourtant, je me serais bien gardé de tousser malgré l'envie que j'en avais.

Si je me penchais, je pouvais apercevoir leurs silhouettes; ils cherchaient à me découvrir à la lueur du feu, mais inutilement, je le suppose. Le bois qui brûlait, arrêté par la pierre en saillie au-dessus de moi, devait les empêcher de distinguer en dessous.

Le jeu néanmoins les amusait sans doute, car il dura longtemps; il se termina enfin par une plaisanterie qui aurait pu être la fin de l'aventure, s'ils s'y étaient mieux pris.

Figurez-vous qu'il passa par la tête de ces brigands de m'étouffer avec la fumée infecte que dégage, en brûlant, une herbe qui croît dans ces lieux presque stériles, — une variété d'armoise. — Ah ! je fus bientôt fixé sur leurs intentions. A peine eus-je vu descendre lentement une masse enflammée, que je sus à quoi m'en tenir; aussitôt, en effet, je respirai une abominable odeur.

Quoique la fumée la plus épaisse fût encore au-dessus de moi, le paquet en feu se trouvant, comme presque tout le reste, arrêté sur la pierre saillante, je me sentis presque suffoqué; la tête me tournait, mon estomac se soulevait, il n'y avait plus moyen de demeurer en place, et pour en sortir il fallait me laisser tomber je ne savais où, tout mon corps étant tellement abattu que je ne pouvais faire un mouvement.

J'étais loin, comme vous le verrez, d'être au bout de mes peines. Eh bien ! je crois avoir plus souffert en ce moment que pendant tout le reste de l'aventure; c'était à devenir fou, et impossible d'améliorer ma position !

Je commençais à me dire : Mon pauvre Peter, tu es perdu ! ou, si je n'avais déjà plus la force de le dire, c'était ma seule pensée; quand il me sembla entendre un grand bruit. Que se passait-il ?

Les démons, pour mieux assurer le résultat de leur infernale invention, bouchaient, à l'aide d'un énorme quartier de roche, l'entrée de mon réduit; ce fut mon salut. Tandis qu'ils ne voulaient que concentrer à l'intérieur la fumée qui s'échappait par en haut, ils arrêtèrent si bien le courant d'air que le feu s'éteignit sur la roche au-dessus de moi, et moins d'un quart d'heure plus tard je respirais librement et me sentais ressuscité.

Je n'entendais plus rien ; croyant bien certainement m'avoir à tout jamais enterré, les Indiens devaient être partis.

Je demeure immobile encore quelques minutes, puis enfin je reprends doucement et avec peine, en remontant, le chemin que j'avais suivi pour descendre. Rendu en haut de la crevasse, je trouve, comme je m'y attendais, la porte fermée, et les canailles en avaient emporté la clef. J'ai beau chercher un joint, pousser le bloc qui obstruait l'ouverture, tenter de l'ébranler, tout est inutile..... Ils avaient travaillé en conscience, j'étais pris, bien pris, sans la moindre chance de sortir par où j'étais entré. Pour chercher ailleurs, il me faut redescendre, ce que je fais assez hardiment jusqu'à l'endroit où avait eu lieu ma seconde halte ; mais quand je l'ai dépassé , je n'avance qu'avec toutes sortes de ménagements ; car le fond de mon trou, que j'avais aperçu, comme je vous l'ai dit, grâce aux brandons enflammés qui y étaient tombés, m'avait paru beaucoup au-dessous de moi , et il ne fallait pas y arriver trop vite.

Le bonheur de me voir sauvé de l'asphyxie m'avait bien donné courage ; cependant je faisais encore d'assez tristes réflexions, qui se rapportaient, après tout, autant à mes compagnons qu'à moi-même ; c'est que, si je ne pouvais pas m'imaginer comment je me tirerais de ma prison , je devais craindre que Bill et James n'eussent pas échappé aux sauvages, ce qui n'était que trop vrai pour le premier.

Maintenant , je ne sais pas si toutes ces idées

23

noires, me troublant l'esprit, m'empêchèrent de
continuer de prendre mes précautions pendant la
descente, ou s'il n'existait pas d'autre manière de finir
mon voyage, toujours est-il, que je sens à la fois
mes points d'appui me manquer devant, derrière,
partout....; et patatras! me voilà tombé sur quelques tisons qui brûlent encore et les cendres, qui
volent en tourbillons.

Ne m'étant heureusement rien cassé, je me trouvai promptement debou, et, quoique un peu con-
tusionné, bien à même de sortir de là, si c'était
possible.

Afin de m'en assurer, je ramasse tous les morceaux de bois. Grâce à ceux qui ont conservé du
feu, que j'attise, j'éclaire donc mon logement.

Jugez de mon dépit; je me trouvais, à la lettre,
au fond d'une immense marmite en pierre, tout
autour, des roches sur un fond de sable; de plus,
la fumée et la chaleur de mon feu commençaient
à me gêner. Après avoir diminué mes tisons; ne
laissant brûler que ce qui était indispensable, afin
de mieux reconnaître les lieux, je débute par une
inspection, qui d'abord n'offre rien de satisfaisant.

Partout le roc me semble solide, continu. Je n'a-
vais encore examiné les parois de ma prison que
dans leur ensemble; pour mieux me rendre compte

de l'avenir qui m'attendait, et avant de me désespérer, une visite plus minutieuse était indispensable.
La vue ne me disant rien de bon, je prends ma carabine et je commence à heurter avec la crosse les
parois rocheuses. Toutes rendent un son mat, plein,
qui ne me permet pas le moindre espoir de salut;
lorsqu'en frappant plus haut, à l'élévation de ma
figure à peu près, mes coups font un bruit qui m'in-
dique de l'autre côté un espace vide. Je recommence, plus de doute; à cet endroit seulement la
muraille a peu d'épaisseur, j'en approche quelques
morceaux de bois enflammé, et je découvre une
large pierre, enchâssée dans une veine argileuse.

J'avais à ma ceinture ma hache et mon grand couteau. M'éclairant d'une main, de suite je pioche
dans l'argile, essayant de dégager le morceau de
roc qui en tombant devait me livrer passage.

Je travaillais de si bon cœur, qu'en moins de dix
minutes j'étais certain de sortir de ma cage, toutefois sans savoir ce qui m'attendait ailleurs, puisqu'en me servant de l'épais canon de mon rifle en
manière de levier, j'avais déjà ébranlé la large
pierre qui n'adhérait pas à la muraille. Peut-être
même l'aurais-je tout à fait renversée immédiatement si je n'avais entendu près de moi une espèce
de cri ou plutôt de gémissement.... Je m'arrête...

plus d'incertitudes,... quelqu'un est là, tout proche....

— Qui êtes-vous? m'écriai-je imprudemment. Est-ce toi, Bill? Est-ce toi, James?

Ah, oui! votre serviteur, personne ne répond, et cependant les gémissements, les plaintes continuaient, ils me parvenaient même si distinctement que je fus bientôt moins pressé de quitter l'endroit où je me trouvais.

Il ne me restait plus que quelques petits morceaux de bois presque éteints; la nuit devait déjà être avancée, les doutes, les émotions, la fatigue de la journée précédente, tout cela réuni me fit penser à renvoyer au lendemain la conclusion de l'aventure.

Quoique je doive avouer franchement qu'il me tardait bien d'abord de sortir pour respirer à l'aise; puis de me dire : Je l'ai échappé belle!!... je n'aurais pas voulu, pour tout au monde, que la pierre fût tombée toute seule en ce moment; je vis avec plaisir qu'elle était encore solide, mais qu'il me serait facile de la faire chavirer l'heure venue. Afin d'attendre patiemment et de me remettre un peu l'esprit et le corps, je m'étendis donc sur le sable, où je ne tardai pas à m'endormir, après avoir pensé aux amis et remercié Dieu, qui m'avait protégé jusque-là, tout en lui demandant de ne pas m'oublier le lendemain.

Lorsque je m'éveillai, ayant aussi bien dormi que jamais, le jour était venu, une faible lueur arrivait dans ma prison, à travers l'espace que j'avais la veille dégarni de terre.

Mon premier mouvement fut alors d'écouter : je m'approche doucement, prête l'oreille, je n'entends rien. Enhardi par le silence, je passe le canon de ma carabine entre la pierre et le rocher et donne deux ou trois fortes secousses.

Tout réussit presque mieux que je ne l'espérais. La roche ébranlée fait la bascule, sans se détacher entièrement, et me livre deux ouvertures qu'elle forme en demeurant suspendue au milieu de la large trouée que cause son déplacement.

Il semble donc qu'il ne me reste plus qu'à passer par la fenêtre, prendre mes jambes à mon cou et me sauver. Ah, oui ! je n'avais encore rien vu.

Au moment où l'ouverture m'avait paru libre, il m'était arrivé une détestable odeur de viandes pourries, et en même temps les cris, les gémissements de la veille. Il ne m'était plus possible de douter.

L'endroit était habité, mais par qui ? Le petit rayon de lumière dont j'ai parlé, passant au-dessus de ma tête, éclairait plutôt la place que je voulais quitter que l'endroit ouvert devant moi, où se trouvaient, criant, s'agitant de plus en plus, ceux que j'allais rejoindre.

Dans la pensée que je pourrais en avoir besoin, j'avais, avant de m'endormir; réuni avec soin, sous la cendre, toutes les braises ramassées en tas. Je les remue, souffle dessus; quelques étincelles s'en échappent et me permettent d'allumer plusieurs petites branches que je lance en dehors par ma fenêtre.

Ce que je vis alors ne me surprit pas beaucoup, car je m'y attendais, mais fut loin de me faire rire.

C'était la tanière où une mère ourse élevait ses petits, et comme dans la contrée il ne se trouvait guère que des grizzly, je devais avoir affaire à une de ces affreuses bêtes, si je ne me hâtais de de traverser, pour fuir, sa chambre à coucher.

Mes brandons, promptement éteints, avaient laissé l'intérieur dans une profonde obscurité; la fissure du rocher par où filtrait un rayon à peine visible, donnant seulement sur l'ouverture que j'allais franchir, était seule à peine éclairée.

Ce n'était pourtant ni le lieu ni l'heure de réfléchir.

En moins de temps que j'en mets à vous le dire, je me hisse sur les poignets, passe une jambe, puis

l'autre, et me voilà tombant à plat ventre sur deux
oursons qui cherchent, je crois, à me déchiqueter;
je leur envoie deux ou trois coups de pied en manière de caresses, et veux me relever pour me sauver, car j'ai un pressentiment que le temps presse.
Malédiction! en me redressant brusquement, je me
heurte la tête avec tant de violence à la voûte, que
je demeure un instant étourdi.

Mes mains cherchent au hasard un passage; mes
jambes tremblent si fort, à la suite de la commotion que je viens d'éprouver, qu'elles ont de la
peine à me porter

A ce moment, et du côté opposé où je suis s'é-
lève un grognement sourd, je me détourne, et vois
distinctement deux petits points lumineux briller
dans l'obscurité.

L'ourse rentrait chez elle... Vous comprenez bien
ma position, n'est-ce pas? J'allais avoir une rencontre avec une bête enragée, défendant ses petits,
et cela dans un trou où je ne pouvais reconnaître
ni ciel ni terre.

Si je n'avais pas l'incroyable bonheur de la tuer
raide avec mon rifle, dont je ne pouvais seulement
pas distinguer le canon, j'allais être, sans nul
doute, mis en pièces.

Il ne m'était pourtant pas possible d'éviter cette dernière partie, à moins de me laisser écharper comme un mouton.

A genoux, — la voûte m'empêchait de me lever. — Mon couteau dans une main, ma carabine à l'épaule, j'attends que la bête touche le canon de l'arme; ses yeux y étaient déjà arrivés, quand le coup partit.....

Vous dire ce qui se passa après, James m'a souvent raconté ce qu'il en savait; quant à moi, au moment où j'avais fait feu, il m'avait semblé que la montagne entière m'était tombée sur les épaules, et cependant mon couteau se trouva enfoncé jusqu'au manche dans le flanc de l'ourse.

Lorsque je repris connaissance, j'étais à côté de la bête morte. Il paraît que, tout en luttant, elle m'avait entraîné à l'entrée de sa tanière, et voilà ce que me dit James, qui me soignait :

Après avoir, grâce à la nuit, échappé aux Indiens, il était retourné pour tenter de savoir ce que Bill et moi nous étions devenus. Il rôdait donc parmi les rochers vers lesquels nous nous étions séparés la veille, lorsqu'il entendit presque sous ses pieds, l'explosion de ma carabine et mes cris. Alors, en suivant le bruit, il se trouva à l'entrée du réduit de

l'affreuse bête, juste au moment où elle m'emportait loin de ses petits, et qui sait, peut-être pour me
faire prendre l'air.

Quoiqu'elle fût mortellement blessée, James,
pour me sortir de ses dents et de ses griffes, craignant s'il se servait de son rifle d'attirer encore les
Indiens, fut obligé d'employer son couteau et sa
hache.

Pour moi, j'étais ce qu'on peut dire brisé, moulu;
j'avais les bras traversés de coups de dents, une
cuisse mâchée, les reins et la poitrine labourés de
coups de griffes. Quant à ma joue..... vous la
voyez...... — Rendant hommage à la vérité, j'inter-
romprai ici le narrateur, pour dire que ce qu'il
appelait sa joue n'était qu'une affreuse cicatrice,
creuse, grimaçante et collée sur des os, qui n'oc-
cupaient certainement plus leur position naturelle.
Mais laissons-le continuer :

Je n'ai dû mon salut qu'à cette circonstance, que,
pour m'éloigner de ses petits, l'ourse, au lieu de me
déchirer sur la place, s'était amusée à me porter
dehors; aussi, afin de témoigner ma reconnaissance
aux oursons, je priai James de les aller prendre, et
je me passai là, sur les lieux, le plaisir de les envoyer rejoindre leur maman, en me disant qu'il en
resterait toujours assez.

FATALITÉ.

FATALITÉ.

Que j'étais fier ce matin-là, bon Dieu ! que j'étais fier !... Je me vois encore auprès du Grand Warf de San-Francisco, le long duquel se balançait mon embarcation, que je venais d'y amarrer, pendant que, debout sur le *caillebotis* de l'avant, je cherchais du regard, parmi les flâneurs qui encombraient ce débarcadère, quelqu'un pour m'aider à sortir de ma baleinière l'ours monstrueux que j'apportais au marché de la ville.

La veille, quand la bête était tombée mortellement atteinte par la balle de ma carabine, un frisson d'orgueil et de bonheur avait bien fouetté le sang dans mes veines ; mais l'impression s'était rapidement envolée. Le duel n'ayant pas eu de témoins, personne n'avait exalté la joie du triomphe en applaudissant, et les voix de l'amour-propre étaient restées muettes.

Il n'en était pas de même le matin dont je réveille le souvenir ; plus de cent personnes, entassées sur l'extrémité du Grand Warf, et dominant le chasseur et la victime, m'assaillaient de questions entrecoupées, de cris, d'exclamations de surprise.

— Ah, quelle bête! disaient les uns; qui l'a tuée? disaient les autres.

— Eh, messieurs! c'est moi, parbleu!

— Étiez-vous seul?

— Non, certainement, nous étions deux, l'ours moi...

— Mais voyez donc quelles griffes!

— Oui, oui, de beaux ongles, cinq pouces de longueur en suivant leur courbure; — mais, messieurs, vous verriez cela bien plus à votre aise si vous vouliez me donner un coup de main pour monter l'animal sur le débarcadère?

Je n'avais pas fini que vingt individus de bonne volonté se mettaient à ma disposition. C'étaient des Français, des Américains, des Mexicains, des Océaniens, je crois même que deux ou trois Chinois se mirent de la partie. Grâce à leurs efforts combinés, ma baleinière fut bientôt délestée des 500 kilog. qui la chargeaient à couler bas, et l'ours se trouvait étendu tout au long sur le plancher du Warf, au milieu des curieux, dont la troupe grossissait sans cesse, quand arrivèrent les bouchers de San-Francisco, en quête du gibier destiné à leurs étals.

Un quart d'heure après je suivais l'un d'eux ; et en échange de mon ours, vendu, j'allai toucher 180 dollars, —soit 900 francs. Au prix où étaient à cette époque les vivres dans la capitale de la Nouvelle-Californie, maître Rush, le boucher de *Sacramento street*, avait fait une bonne affaire ; mais pour moi, qui n'ai jamais su ni acheter ni vendre, il me semblait tirer un assez joli profit de deux onces de plomb et de quelques grammes de poudre. Aussi mon argent, — ou plutôt mon or, — dans ma ceinture, ma carabine en bandoulière derrière le dos, mes mains dans les poches, entre les lèvres un *puros*, payé trois réaux — 1 franc 80 centimes, — je flânais par la ville en attendant l'heure du déjeuner.

Mon large feutre gris, dont un bouton maintenait un des bords crânement relevé au-dessus de l'oreille, à la mode américaine, mes hautes guêtres en cuir montant jusqu'aux hanches, l'arme que je portais, tout cela suffisait sans doute pour faire dire aux passants : « Voilà un des chasseurs qui nous approvisionnent de gibier ! » Et cependant si je l'avais osé j'aurais, ma foi, crié tout haut :

Eh, oui ! c'est moi qui ai tué l'ours que vous admirez à l'étal de Rush, le boucher de Sacramento street. Enfin, pourquoi le cacherais-je ? Sans le crier tout haut, je le marmottais si distinctement, en me mêlant au groupe qui s'extasiait devant les monstrueuses proportions de l'animal, que ma modestie, un peu effarouchée par la crainte d'une ovation, et certains tiraillements d'estomac, me disant que l'heure du déjeuner était venue, je laissai les badauds, et ralliai le restaurant de la Louisiane, à l'angle de la place de l'Eldorado.

Au temps dont je parle, vers les premiers jours de l'année 1850, les bas quartiers de la ville reposaient encore sur un sol mal nivelé, marécageux en plusieurs endroits, et, dans le but de soustraire à l'humidité la plupart des maisons, encore en planches presque brutes, on les avait élevées sur des pilotis, laissant en dessous du plancher inférieur un espace vide de trois ou quatre pieds de hauteur.

Les marchands utilisaient cet emplacement en y entassant des quantités de malles, de caisses, de barils, de ballots de toutes sortes; et les restaurateurs, des hôtelliers en faisaient généralement des succursales de la cuisine. C'était là que se tenaient les pauvres diables qui, moyennant huit ou dix francs par jour, se livraient à l'occupation peu distrayante d'éplucher les légumes ou de plumer la volaille et le menu gibier; pourtant, parmi ceux de mes chers compatriotes réduits par la nécessité à ce travail peu fatigant, mais un peu vulgaire, plus d'un trouvait moyen de s'égayer aux dépens des passants.

Je vous défie bien, en effet, de me dire dans quelle position sociale un Français qui a la conscience tranquille ne rira pas.

Je touchais au petit perron en planches qu'il me fallait gravir avant d'entrer dans la salle du restaurant; déjà j'avais le pied sur la première marche, quand, entre la plus élevée et le seuil de la porte, presque à la hauteur de ma figure, apparaissent deux mains qui me lancent en plein visage un nuage de duvet et de plume.

Cent fois pour une j'eusse pris la chose pour une plaisanterie, mais ce jour, soit qu'il me vînt à l'esprit qu'on ne devait pas plaisanter avec un homme qui la veille avait tué un ours, soit que je trouvasse ridicule de me voir ainsi emplumé de la tête aux pieds; car, le vent aidant, les légers projectiles s'étaient collés à toute ma personne; toujours est-il que je me fâchai, et que me baissant, après m'être reculé de deux pas pour découvrir le mauvais plaisant, je lui criai!

— Que le diable vous emporte, avec vos sottes farces!

— Que les anges vous le rendent! mon bon monsieur, ça leur sera facile maintenant que vous avez des ailes, me répondit entre deux éclats de rire une voix gouailleuse.

Ainsi que le vin, la colère enivre : j'allais céder à son ivresse, mais je n'en eus pas le temps ; mon railleur, désireux également de savoir à qui il avait affaire, s'était avancé en se traînant sur les genoux, et offrait à mes regards surpris une figure de connaissance.

— Ah, mon pauvre Édouard de...,., va, ne crains rien, je serai discret, je n'ajouterai pas une initiale ; mon amitié, fidèle aux souvenirs de ceux qui ne sont plus, respecte leur mémoire tout autant que l'affection des amis que le ciel m'a conservés. Je me bornerai donc à cela : le hasard me posait vis-à-vis d'un ancien camarade de classe au collége de Pont-le-Voy, que je n'avais revu que très-rarement depuis que nous en étions sortis ensemble, il y avait bien longtemps.

Je n'emploierai pas de phrases banales pour peindre notre mutuelle surprise ; j'aime mieux dire en peu de mots ce qui la motivait.

Quatre ans avant, mon ami, cédant à mes sollicitations, était venu passer quelques jours à la campagne que j'habitais depuis que j'avais renoncé à la vie errante ; il m'avait laissé là, enlacé dans tous les liens qui prennent l'homme par la tête et le cœur : position sociale, intérêts, famille. Il avait fait sauter sur ses genoux mes enfants ; il m'avait assisté au milieu des tracas d'une abondante vendange ; enfin, il m'avait vu en habit noir, ceint de l'écharpe municipale, faisant prononcer le oui solennel à de jeunes fiancés, et les unissant au nom de la loi. A cette heure il me retrouvait à l'autre bout du monde, en tenue de batteur d'estrade, et il m'entendait envoyer cavalièrement un *diable vous emporte!* à un inconnu. Vous m'avouerez qu'il était permis à à mon ami de se croire un instant dupe d'une illusion, ou tout au moins de se frotter les yeux pour s'assurer qu'il ne rêvait pas.

En voilà assez, je suppose, pour expliquer l'ébouriffante stupéfaction d'Édouard. A mon tour de faire comprendre maintenant comment son apparition produisit sur moi l'effet qu'obtenaient jadis les regards de la reine des Gorgones.

La dernière fois que nous nous étions vus, j'acceptais son hospitalité, nous avions passé ensemble une semaine. Il demeurait alors auprès de vieux parents, un oncle, ancien officier de marine, et de sa femme, qui lui avaient servi de père et de mère, et ne devaient pas tarder à lui laisser, puisqu'il était leur unique héritier, au moins 50,000 livres de rentes, dont il jouissait déjà en partie par anticipation, au grand plaisir des vieillards, qui l'aimaient comme leur fils.

Quel étrange caprice du destin avait donc pu faire de celui que j'avais quitté dans un joli château, au bord de la Sèvre niortaise, au milieu du bien-être que donne la fortune, un malheureux aide de cuisine à San-Francisco ?.....

Après deux cris de joie et d'étonnement qui s'étaient confondus, après une étreinte fréquemment renouvelée pendant au moins cinq minutes, certains l'un et l'autre que nous n'avions pas affaire à une ombre que nos voix feraient envoler, la parole nous revint; seulement, ainsi qu'il est d'usage, elle revint à tous deux à la fois, et nous ne nous en servions que pour nous cribler de questions, sans nul souci de répondre à une seule. Enfin, ayant déjà bien souvent, dans mes longues courses, éprouvé la vérité du proverbe qui dit que les montagnes seules ne se rencontrent pas, je recouvrai le premier mon sang-froid, et j'en usai en disant à mon ami : — Je meurs de faim, j'allais déjeuner, viens avec moi, nous ne pouvons pas échanger nos confidences ici...., nous causerons à table.

Et tout en parlant, j'employais mes forces à entraîner Édouard, que je tenais par un bras, pendant qu'il résistait en me criant :

— Je le veux bien, mais laisse-moi donc que
j'aille au moins porter ça à la cuisine......

Ça était un tas d'oies et de canards sauvages, —
j'allais dire plumés, mais pour rendre hommage à la
vérité, il me faut écrire abominablement écorchés ;
— ce qui me prouvait d'ailleurs que mon pauvre ami
n'avait pas dû céder à la vocation en prenant le métier qu'il exerçait.

Un quart d' heure plus tard je terminais le récit
des motifs qui m'avaient conduit en Californie, et
j'ajoutais :

— Mais puisque le hasard nous a réunis, j'espère
que nous ne nous quitterons pas et que je t'emmènerai
ce soir dans ma baleinière de l'autre côté de la baie,
où je chasse en compagnie de quelques Français ;
tu gagneras à tuer le gibier plus qu'ici à le plumer :
c'est convenu..... Maintenant, à ton tour, parle ; tu
devines si j'ai hâte de savoir par quel miracle tu en
es réduit, pour te distraire, à jeter des plumes au nez
des passants, et ton oncle, ta tante, dont tu es le
seul héritier;..... comment ont-ils pu te laisser partir,
surtout dans des conditions qui me semblent peu
heureuses ?.....

Tandis que je parlais, mon camarade achevait
tranquillement un verre de sauterne ; posant alors

le verre vide sur la table, et me lançant un regard d'une indéfinissable expression :

— Tu me demandes, dit-il, des nouvelles de mon oncle et de ma tante... Eh bien, je les ai tués....

— Ah! m'écriai-je, en me levant avec précipitation, culbutant ma chaise et repoussant la table, que dis-tu?... Est-tu fou ?...

— Non, mon cher, reprit Édouard avec calme, c'est toi qui es fou; remets-toi donc à ta place, je t'en prie; rassure-toi, je n'ai pas de sang aux mains; je n'ai été que l'instrument aveugle de la fatalité, qui a frappé ces pauvres vieillards, à qui je n'en veux pas de leur tort à mon égard. Mais je commence en te déclarant que je ne n'accepte pas ta proposition de tout à l'heure, et tu vas bientôt comprendre le serment que j'ai fait, de ne toucher une arme à feu que le jour où je serai décidé à me brûler la cervelle; or, Dieu merci! je n'en suis pas encore réduit là.....

La voix si calme de mon ami, le sourire à la fois doux et triste errant sur ses lèvres pendant que je m'étais brutalement laissé aller à l'effroyable pensée que ces mots : *Je les ai tués*, avaient soulevé dans mon esprit, suffirent pour me convaincre qu'il pouvait s'agir d'un grand malheur, mais qu'il ne de-

vait même pas être question de la plus légère faute ;
m'étant au plus vite remis à ma place :

— Oh ! parle, lui dis-je, parle, je t'en prie ; qu'est-
il donc arrivé ? Je meurs d'impatience.

— Crois-tu à la fatalité ? commença par me dire
Édouard.

— Oui, oui, un peu, quoiqu'il me semble que
pour beaucoup ce ne soit qu'un mot vide de sens,
derrière lequel s'abritent l'ineptie des sots et les
défaillances des faibles.

— Enfin, tu y crois un peu ; eh bien ! écoute, ce
que je vais t'apprendre te prouvera en effet que la
fatalité est pour quelques-uns une trop triste réalité.

« Tu as, continua-t-il, gardé souvenir du site
qu'occupait le petit château où j'habitais avec mon
oncle et ma tante ; tu vois d'ici la magnifique prairie
qui faisait face au perron et descendait en pente
douce jusqu'à l'étang bordé à gauche par la chaussée
destinée à retenir ses eaux, et limité à droite par
les beaux ombrages de la garenne ?

Un signe affirmatif ayant convaincu mon ami que
je revoyais parfaitement dans ma pensée les lieux
qu'il me décrivait, il continua :

— Eh bien, quand se sont passés les événements
que je vais te raconter rien n'était changé, le cadre
était le même et les acteurs y remplissaient toujours

les même rôles ; c'est-à-dire que ma vieille tante,
presque sans cesse clouée par ses infirmités dans son
grand fauteuil à roulettes, n'avait d'autres distractions que les caresses d'Azor, le petit barbet que tu
as connu, et la vue du charmant paysage qui se déroulait sous les fenêtres du château. C'était tout pour
elle, mais ce n'était pas assez pour nous, puisque le
caractère de la pauvre femme, aigri par les souffrances, était devenu tellement acariâtre qu'un rien la
livrait à des accès d'irritation qui avaient sur elle une
funeste influence. En vain tout le monde s'étudiait
pour ne pas troubler ses instants si rares de quiétude.
Tout lui était prétexte pour se laisser aller à des
crises nerveuses, parfois si exagérées, qu'on pouvait
croire qu'elle allait jouir dans un monde meilleur
du repos qu'elle ne pouvait plus trouver ici-bas.

Les médecins, à bout de leur science, ne cessaient
de répéter : « Donnez-lui ce qu'elle vous demande,
et faites, s'il est possible, tout ce qu'elle vous dit de
faire. » Chacun dans les limites de son pouvoir suivait à la lettre la prescription ; mais la pierre d'a-
choppement était son maudit chien, qui semblait
en vérité se faire un jeu de la désobéissance incessante. Le renvoyait-elle, il s'obstinait à sauter sur ses
genoux : l'appelait-elle, il s'enfuyait pour devenir
introuvable ; de là un tourment continu qu'il n'é-

tait au pouvoir de personne de combattre. Un jour
mon oncle, que tu n'as pas oublié, et dont la patience était loin d'être la vertu dominante, mon
oncle, dis-je, eut la pensée de faire disparaître le
fâcheux animal, tout en prévoyant bien qu'il en résulterait une crise. — Au moins, ce sera la dernière,
me disait-il, et peut-être qu'après nous aurons la
paix; mais le docteur, auquel on en parla, le confirma
trop dans l'idée que la crise qui résulterait de la
disparition d'Azor serait infailliblement la dernière,
pour lui permettre d'user du remède, qui devait à
son avis emporter le mal et la malade.

Tout continua donc à aller de mal en pis, jusqu'au
moment où la fatalité me fit intervenir. C'était un
dimanche; selon l'habitude, ma pauvre tante, — que
Dieu ait son âme ! — m'avait tenu sur un tabouret
auprès de son fauteuil pendant au moins une heure.
Je lui avais lu deux numéros du *Constitutionnel,* et
s'il ne me restait que tout juste assez de voix pour
lui dire : « Je crois, ma bonne tante, que vous
« avez besoin de vous reposer un moment, » elle
n'avait conservé de connaissance que ce qui lui en
fallait pour me répondre en bâillant : « Oui, mon
« garçon; je crois que je m'endors; va te promener,
« mais, avant, apporte-moi Azor. »

Chaque fois que ces mots résonnaient à mes oreil-

24

les : Apporte-moi Azor, j'aurais tout autant aimé m'entendre demander la lune. Je ne me rappelle pas, en effet, avoir pu une seule fois servir le roquet désiré. De là l'occasion pour ma tante de geindre, de se lamenter, jusqu'à ce qu'il s'en suivît une véritable pamoison ; au reste, le maudit barbet dès qu'on le cherchait devenait introuvable pour tout le monde.

Afin de le tenir sûrement sous la main, nous avions bien songé à l'enfermer ; mais nous dûmes promptement y renoncer, la méchante bête s'étant mise à pousser de tels hurlements que ma tante faillit, sur mon honneur, en devenir folle.

On dit, tu le sais, que chacun de nous ici-bas a son bon ange, son génie familier, qui écarte, autant que faire se peut, les pierres de notre sentier ; moi, je crois que nous avons également toujours autour de nous un esprit infernal qui rend difficile la tâche de celui qui nous pousse dans le bon chemin. Or, on ne m'ôtera pas de l'idée qu'Azor était une incarnation du démon chargé de faire damner ma tante.

Je ne fus donc pas plus heureux ce jour-là que les autres fois, et je courus inutilement le château de la cave au grenier : mais comme j'allais rendre compte à ma tante de l'inutilité de mes recherches, la digne femme s'était endormie, et, bien content de voir le sommeil intervenir aussi à propos, je la quittai sous la surveillance d'une femme de chambre ; puis, prenant mon fusil et ayant sifflé mon chien d'arrêt, je me hâtai de sortir pour aller tirer quelques poules d'eau qui foisonnaient dans la large ceinture de joncs bordant l'étang du château.

Déjà, — continua mon ami après un instant de silence, que je ne troublai pas, — je commençais, tu vas le voir, à céder à la fatalité. Presque toujours, en effet, lorsque je ne voulais que tirer quelques coups de fusil, j'allais dans la garenne rouler deux ou trois lapins, et je respectais surtout la sauvagine de l'étang, qui était le gibier de prédilection de mon oncle ; mais ce jour il me vint à la pensée que je trouverais peut-être Azor en train de chasser tout seul les poules d'eau et les râles de l'étang, ce qui lui arrivait souvent ; dans ce cas, me dis-je, je le renverrai, et ma tante, à son reveil, verra son favori.

A peine étais-je sur la chaussée au bord de l'eau que mon bon Fox, entré dans les roseaux, fait lever deux poules d'eau que je tire ; l'une tombe morte, l'autre démontée. Pendant que mon épagneul rapporte la première, il me semble apercevoir la seconde qui, après avoir plongé, se relève parmi une touffe de joncs qu'elle agite faiblement ; je ne m'étais pas trompé; mais, malédiction! ce petit monstre d'Azor, qui pataugeait doucement près de là, attrape en plein travers, à vingt pas au moins, la moitié de ma charge.

J'entends un cri qui me fait dresser les cheveux sur la tête, et, pendant que je reste en place, je vois le barbet, qui a gagné la prairie, s'enfuir en hurlant vers le château. Une idée furieuse s'empare de moi, je cours après lui pour l'achever, afin qu'il n'aille pas m'accuser près de sa maîtresse; une autre pensée me retient, j'espère ne l'avoir que légèrement atteint, et déjà Azor, poussant des hurlements plaintifs, arrive à la pelouse, il touche au parterre; il est trop tard pour agir.....

Dire dans quel état d'esprit je rentrai au château, vingt minutes après, est impossible. La première personne qui m'adressa la parole fut mon oncle lui-même, presque fou, et j'entends encore ces mots:
— Malheureux! tu as tué ta tante! A la rigueur, c'était exagérer... Mais pourtant cinq jours plus tard la pauvre femme était au bout de ses souffrances. La vue de l'infernale bête, qui était allée, à la lettre, mourir sur ses genoux, avait provoqué une crise à laquelle succéda un abattement dont rien ne put triompher.

Mon oncle, à la suite de cet irréparable malheur,

demeura près d'un mois sans sortir de sa chambre, où son domestique seul entrait pour le servir. J'étais au désespoir, et par moments je me sentais l'envie de fuir à tout jamais le château, lorsqu'un soir, descendant pour l'heure du dîner, je trouve mon oncle déjà à sa place. Je m'élance vers lui, il m'ouvre ses bras, nos larmes se mêlent : «Enfant, me dit-il, tu as été « bien malheureux; mais pas autant que moi, je te « l'assure. C'est terriblement dur, va, de voir ainsi « sombrer la pauvre conserve avec laquelle on a na-« vigué pendant presque soixante ans. »

Cette première entrevue, après notre perte, fut pour mon oncle et moi, j'ose le dire, une consolation, et je me souviens surtout du soulagement que je ressentis quand, avant de remonter dans son appartement, mon oncle me dit :

— J'espère, Édouard, qu'il n'y aura rien de changé ici, où tu seras bientôt seul maître, je le sens ; jusque-là, tu comprends, n'est-ce pas? qu'il est impossible que tu hérites de ta tante; il ne manquerait pas de gens pour crier que tu l'as fait exprès. . . . .

L'affaissement déterminé chez mon oncle par la douleur ne pouvait être de longue durée, le besoin d'activité, qui était un des éléments de sa vie, devait nécessairement faire bientôt réagir le physique sur le moral; c'est ce qui arriva.

24.

Ce furent d'abord les soins que réclamait la gestion de ses propriétés; puis, il dut employer les heures qu'il consacrait autrefois à celle qui n'était plus près de nous, et peu à peu il se livra avec plus d'entraînement que jamais à ses distractions favorites, la chasse et la pêche. Toujours près de lui, je surprenais bien parfois des moments de défaillance, sans doute provoqués par les souvenirs; mais mon intervention pour les lui faire surmonter était presque inutile, et son énergique nature réussissait sans secours à prendre le dessus.

Quatre mois se passèrent ainsi. Ma tante était morte à la fin du mois d'août, et nous étions au surlendemain de Noël. Le temps, pluvieux jusqu'alors, paraissait tourner au froid. Le vent soufflait de la partie du nord; quelques vols de sarcelles, de plongeons, de canards, s'étaient, dans la journée, appuyés sur l'étang, et le soir, en me quittant, mon oncle m'avait dit :

« — Demain matin, mon garçon, il faudra que « nous soyons debout de bonne heure; j'ai dans « mon idée que la sauvagine va nous arriver. »

Ses prévisions ne l'avaient pas trompé; pendant la nuit une brise glaciale avait mis en mouvement les oiseaux de passage, et je n'avais pas encore ouvert les yeux qu'un domestique m'éveillait en frappant

à la porte de ma chambre, et me criait :— « Mon-
« sieur Édouard, levez vous ! votre oncle vous attend
« pour aller à la chasse. » — Bientôt prêt, je le
trouve en effet dans la salle à manger, au milieu
d'un arsenal complet, et chargeant une forte canardière, que, dans son langage de vieux marin, il appelait sa pièce de chasse.

— Allons ! allons ! paresseux, me dit-il, nous de-
vrions déjà être sur l'étang dans notre bateau : fais
comme moi, avale un verre de vin chaud, et en
route !. . . Sur ma parole, ajouta-t-il, je ne donnerais
pas notre matinée pour moins de cinquante pièces.

Jamais je ne l'avais vu plus dispos, plus alerte.
Cependant sa bonne humeur ne me gagnait pas ;
un indéfinissable pressentiment m'obsédait malgré
moi, et si je n'eusse pas craint de le mécontenter, je
l'aurais prié de me laisser au château et de me remplacer par un garde, ce qui lui arrivait quelquefois
lorsque j'étais absent ; toutefois, je le suivis machi-
nalement.

Le bateau dont nous nous servions pour chasser
la sauvagine était une embarcation à fond plat et
en planches de sapin ; je le conduisais ordinairement à l'aide d'une longue perche pendant que
mon oncle, sur l'avant tirait tout ce qui paraissait
à sa portée.

Ce matin, installés comme nous en avions l'habitude, je pousse au large.

L'air était si froid que, sans la violence du vent du nord, qui faisait clapoter les eaux de l'étang, sa surface eût été à coup sûr presque entièrement prise. Sous le ciel grisâtre, brumeux, passaient et repassaient de nombreux vols de canards de toutes espèces, au-dessus de nos têtes le sifflement de leurs ailes ne discontinuait pas ; mais je dus bientôt avertir mon oncle qu'il m'était impossible de continuer longtemps la manœuvre du bateau ; ma longue perche, couverte d'une épaisse couche de glace, échappait à chaque instant à mes mains paralysées ; je n'avais plus la force de la tenir.

— Oh, bien ! me dit-il, alors pousse vers les joncs, sous le vent ; nous y attendrons un moment à l'abri.

Je venais tout juste d'engager l'embarcation parmi de hautes touffes de roseaux, au moment où une bande de cinquante à soixante canards, qui ne pouvaient plus nous découvrir, s'appuie à peu de distance. Mon oncle, demi-couché à l'avant, les voit, et me dit à voix basse, sans oser remuer :

— Passe-moi la canardière, Édouard, et vite, vite.

En même temps il laissait le fusil à deux coups qu'il avait gardé jusqu'alors. L'arme qu'il me de-

mandait était posée sur le fond du bateau, la crosse
de son côté, l'extrémité du canon vers l'arrière où
je me tenais ; je me baisse, la saisis avec mes mains
engourdies par le froid ; il me semble que je l'ai
assez soulevée pour pouvoir l'attirer à moi ; il n'en
était rien : le chien, accroché à une courbe, se lève,
retombe, la charge passe à me toucher et va littéralement ouvrir notre embarcation sur une longueur de près d'un mètre, à la jonction du fond
avec un des bordages.

Une soixantaine de chevrotines avaient effleuré
mes jambes sans me toucher. Mais l'émotion
m'ayant fait pousser un cri, mon oncle s'élança vers
moi. A peine ai-je eu le temps de le rassurer, que
nous reconnaissons qu'un autre danger nous menace.

Notre frêle barque, moitié défoncée, se remplissait à vue d'œil ; nous coulions bas par un froid de
sept à huit degrés au-dessous de zéro.

Je cherche en vain à pousser avec la perche le bateau vers la rive, dont quinze pas seulement nous séparent ; les joncs, les roseaux pressés s'y opposent,
nous tournons sur place ; il faut prendre un parti.

Mon oncle, qui, dans sa longue carrière de marin,
en a vu bien d'autres, est superbe de calme, de sang-
froid ; mais quelles seront pour le pauvre vieillard
les conséquences d'un bain forcé par un temps pa-

reil...? Cette pensée m'accable..... Je perds la tête ;
quand il me dit fort tranquillement :

— S...é maladroit ! tu feras donc toujours des sottises..... Allons ! à l'eau, et nous courrons vers le
château pour ne pas geler en route :

Aussitôt, le pauvre homme me donnait l'exemple,
je le suivis ; il était temps, le bateau était sous l'eau.

J'arrive enfin à la conclusion.

Dès le lendemain mon oncle, atteint d'une pleu-
résie aiguë, gisait dans son lit ; je n'avais pas, quant
à moi, attrapé seulement un rhume de cerveau ; la
fatalité en voulait à autre chose qu'à ma peau.... Cinq
jours après, à la nuit tombante, mon oncle me fait
demander. Je me rends près de lui, et je le trouve
entre un notaire et le médecin, qui ne l'avait pas
quitté une minute, mais dont les soins allaient être
inutiles ; le vieillard était mourant. Sa voix presque éteinte ne put que murmurer quelques phrases
inintelligibles, au milieu desquelles je distinguais.....
Fichu temps pour prendre un bain..... Je ne peux
te donner que ma..... Les forces lui manquèrent
pour achever ; mais comme en même temps sa main
inerte retombait sur ma tête penchée vers son lit,
je suppose qu'il s'agissait de sa bénédiction.

C'est tout ce que je touchai de la succession de
mes chers parents.

Quelques jours après, le notaire me donnait connaissance du testament de mon oncle, fait en faveur
d'un cousin au trente-sixième degré, dont je n'avais
jamais entendu parler, et en tête de ses dernières
volontés se trouvait cette phrase, que j'avais entendue déjà une fois :

« Il est impossible que mon neveu Édouard soit
« l'héritier de mes biens et de ceux que m'avait
« laissés ma femme, car il ne manquerait pas de
« gens pour crier qu'il l'a fait exprès. . . . . . . »

A moi maintenant de compléter le récit de mon
pauvre camarade et de prouver combien le destin
peut être impitoyable quand il s'acharne.

Le soir du 18 octobre 1851, le bateau à vapeur la
Mariposa, desservant la ligne entre San-Francisco
et Stockton, appareillait de la première de ces
villes avec de nombreux passagers qui se rendaient
aux placers; mon ami était un d'eux. Je l'avais conduit jusque sur le pont du steamer, où nous avions
échangé nos adieux.

Quelle ne fut pas ma surprise le lendemain en re-
voyant Édouard entrer chez moi.

— Comment! m'écriai-je, qu'est-il arrivé? te
voilà encore.

—Oh! peu de chose, me dit en souriant le malheureux garçon, un petit naufrage; le steamer le

West- Point nous a abordés et coulés bas comme nous entrions dans le détroit de *Carquinez;* mais il a eu la politesse de nous recevoir tous à son bord et de nous ramener à San-Francisco, que je quitterai au reste encore ce soir, la compagnie des bateaux à laquelle appartenait la *Mariposa* nous ayant gratuitement délivré des billets de passage sur le *Sagamore,* qui partira aujourd'hui vers les quatre heures.

Les Américains fêtaient ce jour-là l'annexion de la Californie aux États de l'Union, la ville était en liesse; dans toutes les rues on entendait des voix rauques, avinées, hurlant à tue-tête l'ode composée pour la circonstance, et qui commençait par ces vers :

> Rejoice ! hear ye not o'er the hills the East,
> The sound of one welcome to liberty's union!

Nous passâmes la journée à flâner, à voir défiler les processions qui émaillent toutes les fêtes des Yankees. A trois heures et demie nous nous séparions, sans qu'il me fût permis de conduire Édouard jusqu'au steamer; j'étais obligé de me rendre au consulat de France.

Comme j'en sortais, après être resté une heure à la chancellerie, arrive un Français de ma connais-

sance dont les premières paroles me causent une
vive anxiété : — Le bateau à vapeur le *Sagamore*,
nous dit-il, vient de sauter près du grand Warf.
— A peine l'ai-je entendu que je me rends en courant pour m'assurer sur les lieux de l'affreux malheur, qui n'était que trop réel, mais je ne peux me
procurer aucune nouvelle d'Édouard. Était-il parmi
les morts ou les blessés ? Je gagne en toute hâte
l'hôpital, où avaient déjà été déposés ces derniers,
et mes craintes ne se réalisent que trop. Je trouve
le malheureux parmi les autres victimes, mais dans
un tel état qu'il n'a que la force de me dire en me
serrant la main :

— Ah ! pour le coup c'est trop fort... Noyé cette
nuit... brûlé ce soir. . . . .

Cependant, le médecin m'assure qu'il n'a aucune
fracture, et me promet sa guérison : après l'avoir
chaudement recommandé, je le quitte donc, et, appelé par une affaire urgente, je pars pour la mission
de Dolorès, où il me faudra passer la nuit.

Dès le lendemain de bonne heure je franchissais
au grand galop la distance parcourue la veille ; sans
descendre de cheval, je continuai ma course jusqu'à
l'hôpital de la rue Clay, tant il me tardait d'avoir des
nouvelles de celui que j'y avais laissé.

L'hôpital n'existait plus, il n'en restait que des

25

décombres encore fumants; pendant la nuit, l'incendie avait tout dévoré.

Des infortunés naufragés de la *Mariposa*, des brû-
lés, des mutilés du *Sagamore*, qui étaient au nombre d'une quarantaine, huit ou dix seulement avaient
survécu à cette troisième catastrophe du dix-neuf
octobre mil huit cent cinquante et un (1). Pas un
d'eux n'avait connu celui que je ne revis jamais.

Il ne me reste plus qu'à vous adresser, avant de
finir, une question, celle que me faisait mon pauvre camarade Édouard en commençant son récit :

Croyez-vous, maintenant, à la fatalité?.....

(1) **Historique.**

TABLE DES MATIÈRES.

FIN DE LA TABLE.

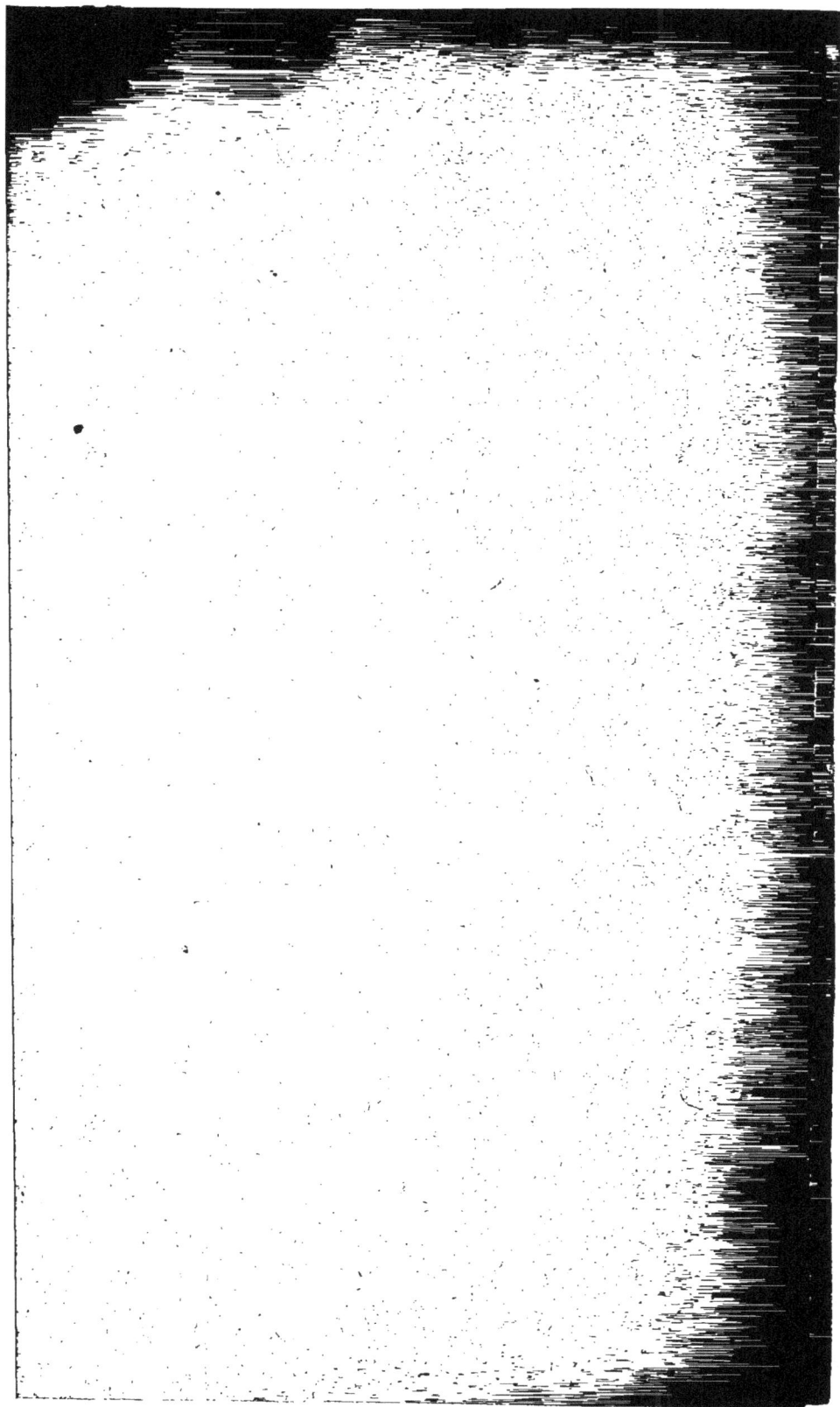

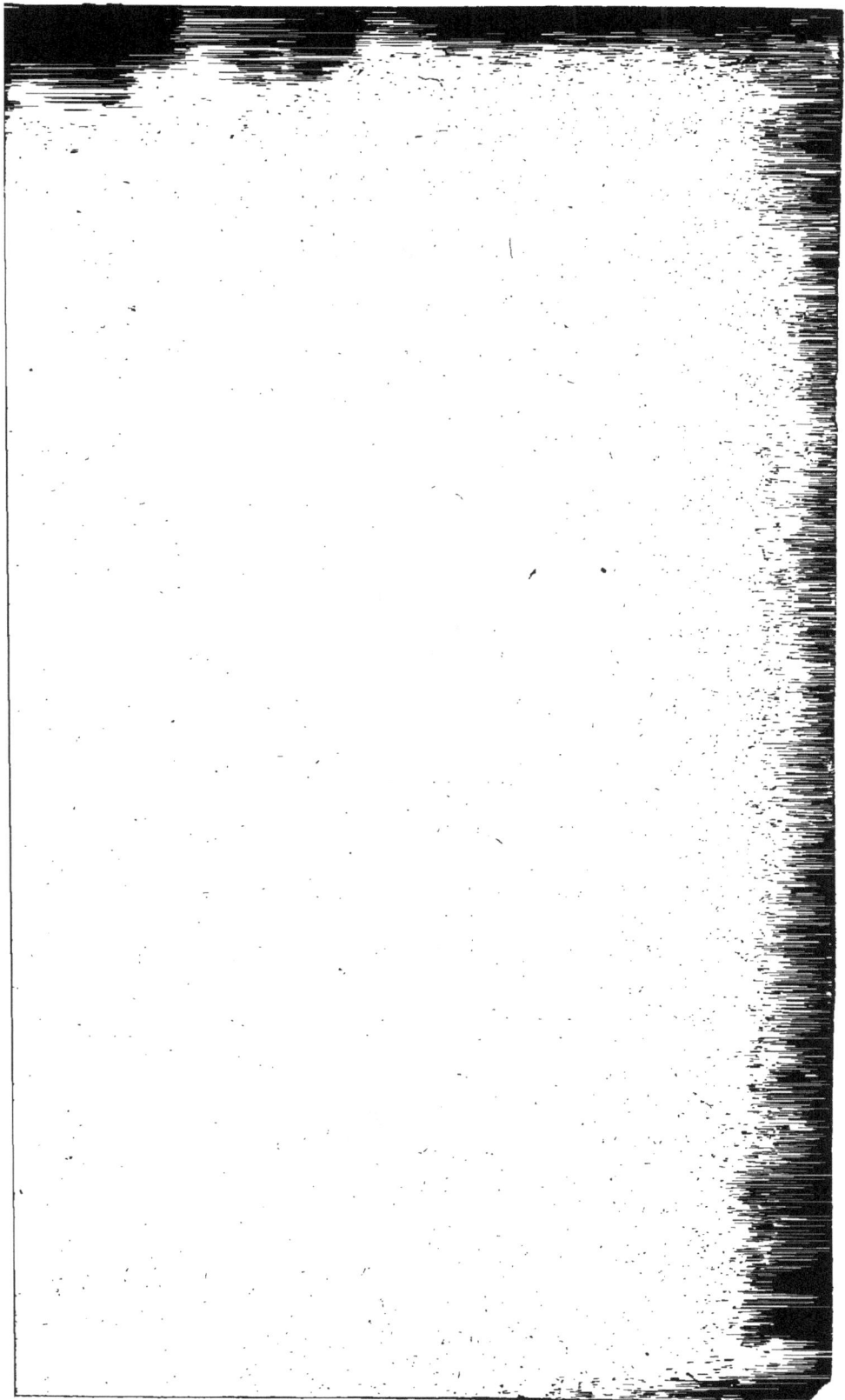